大江大河

中国环境产业史话

E20环境平台　著

U0238055

中国水利水电出版社
www.waterpub.com.cn

内 容 提 要

本书以环境产业最具代表性的企业为串联点，结合相关领域的发展历史脉络，讲述中国环境产业二十年波澜壮阔的发展故事。本书摒弃了以往同类图书的研究叙述方式，更加注重故事性和可读性。既有对产业整体历史和细分领域的深入思考，又有对产业变局和企业变迁的近距离观察，适合产业研究和企业研究者进行参考。

图书在版编目（CIP）数据

大江大河：中国环境产业史话／E20环境平台著
. —— 北京：中国水利水电出版社，2021.3
ISBN 978-7-5170-9463-0

Ⅰ．①大… Ⅱ．①E… Ⅲ．①环境保护—产业发展—研究—中国 Ⅳ．①X-12

中国版本图书馆CIP数据核字(2021)第042940号

责任编辑	徐丽娟	
发行编辑	李　格	
文字编辑	孟青源	
封面设计	陆　云	

书　名	大江大河——中国环境产业史话
	DAJIANG DAHE　ZHONGGUO HUANJING CHANYE SHIHUA
作　者	E20环境平台　著
出版发行	中国水利水电出版社
	（北京市海淀区玉渊潭南路1号D座　100038）
	网　址：www.waterpub.com.cn
	E-mail：sales@mwr.gov.cn
	电　话：（010）68367658（营销中心）
经　售	北京科水图书销售中心（零售）
	电话：（010）88383994、63202643、68545874
	全国各地新华书店和相关出版物销售网点
排　版	大白人梦（QQ：23203960）
印　刷	天津久佳雅创印刷有限公司
规　格	170 mm×240 mm　16开本　22印张　275千字
版　次	2021年3月第1版　2021年3月第1次印刷
定　价	80.00元

凡购买我社图书，如有缺页、倒页、脱页的，本社营销中心负责调换

总策划：傅　涛

总指导：薛　涛

顾问团：汤　浩　　赵一鸣　　刘保宏　　潘　功
　　　　井媛媛　　黄金发　　梁　辉

主　编：谷　林

编　者：李艳茹　　全新丽　　毛茂乔　　李晓佳
　　　　谷　林　　陈伟浩　　安志霞　　刘　琪
　　　　陈　娅　　胡雅倩　　邓　宇　　汪　茵
　　　　王　妍　　顾春雨

序

环境保护是一项不凡的事业。在中国飞速发展的改革开放中，做好环境保护更加不易。既要响应"发展就是硬道理"的经济增长需求，又要呵护碧水蓝天，中国环境保护一直在这样的两难中寻求发展。

在环境保护事业的不断推进中，环境产业得以产生并逐步成长。20多年来，中国环境产业经历了波澜壮阔的发展历程，演绎了环境产业的"大江大河"。

激荡的时代催生不同寻常的风景，2020年的环境产业已今非昔比。无论是在繁荣的都市、忙碌的工厂，还是旷野的乡村，都能感受到环境产业的强烈存在；无论是在人才集聚的高校象牙塔，还是跌宕起伏的资本市场，亦或指点江山的论坛展会，都能感受到环境产业的蓬勃力量。如今，环境产业正在成为生态文明发展的顶梁柱，成为"两山"经济的核心力量。

在环境产业的"大江大河"中，E20环境平台像一朵浪花涌现，恰逢其时、应运而生。20年来，E20环境平台和行业一起见证了伟大的变革时代。从最初对污水治理、供水改革的关注出发，到推动污泥问题、固废处理问题的解决，产业界在面对一个又一个的污染难题时，在政策指引下，以理念引领、技术驱动，乘着改革开放、经济腾飞的

1

大势，成为国家生态文明建设、"两山论"落地的重要抓手。环境产业演奏出一曲曲动人心弦的产业之歌，而E20环境平台正是这首歌里一个始终跳动的音符，一个默契饱满的和声。

从2000年成立中国水网开始，E20环境平台有幸参与到环境产业乘风破浪的旅途之中。作为环境领域纵深服务生态平台，E20环境平台创立之初就怀着一颗促进产业发展之心，致力于通过产业的力量改变环境治理。我们期望，在助力环境企业快速成长的过程中，为生态文明打造产业根基。

E20环境平台的使命紧紧围绕环境产业展开，基于市场化发展的政策研究，平台推出了系列多维度的研究报告，创建了论坛品牌；从中国水网到中国固废网、中国大气网，从网站到微信公众号，创建了产业媒体矩阵；成立E20环境商学院，帮助企业明晰战略方向，搭建与资本的生态合作系统；出版了《两山经济》《环境产业导论》等系列书籍，提出并设计了生态文明建设的经济学理论框架，为产业谋划着更长远的未来。

我们笃定：E20环境平台必须始终为环境产业代言，致力于为环境产业创造宽松的发展环境，陪伴环境企业共同成长。20年一路走来，E20环境平台的发展得到了很多人的帮助和鼓励，因此融入了环境产业的成长，见证和参与了产业的变革。

E20环境平台的心和产业一起，感受到了产业发展每一瞬间的宏大与细微，快乐与痛苦，成就与迷茫。2020年注定不寻常，环境产业面对外部宏观形势变幻，不确定性增加，一些人不免疑惑迷茫。为了在无常中把握有常，借着疫情中的宁静，我们组织团队，形成了这本书，力图展示中国环境产业的前世今生。

一切终成历史，但一切历史都是当代史。时光不恋过往，大江只会奔腾。当所有的故事于时间渡口汇合，就是大江大河，而我们和产业行进在同一条船上。大江大河从来不是只有一个平缓的速度，前行之途有湍流，也有险滩，但我们不忘初心，心有所持，终将奔向更好的前方。绿水青山就是金山银山，就是我们前进的路标。

这正是本书筛选八个领域浓墨重彩书写其产业故事的由来。

谨以此书向伟大的环境产业致敬，向环境产业的先行者们致敬。

傅 涛

于北京玉泉慧谷

目录

四　柳暗花明：中国污泥产业，十年孕育十年耕耘

七　风起云涌：环卫市场的前世今生

八　群雄竞起：危废处理，明天会更好

方兴未艾：

城市污水处理，风不停吹

我国最早的城市污水处理系统建于20世纪20年代，在几十年内一直处于一级处理阶段。尽管有了污水处理厂，但在1970年之前的中国，还没有广泛使用"环境保护"这个概念，更遑论"环境产业"了。

直到1970—1974年的五年间，为了唤醒各方面对环境保护的重视，周恩来总理就环境保护作了多次讲话。而当时正值文化大革命时期，对这个问题的连续表态，足以看出周恩来总理对其的重视程度。

国家层面的重视，"逼"出了新中国第一代环保人。新中国的环保事业、以及后来初具规模的环境产业，也便是在这样恶劣的环境中开始了艰辛探索。

我国环保产业发展进程中走在前列的是我国的城镇污水处理事业。在漫长的污水处理事业探索过程中，一批又一批的企业及企业家从未停止过钻研和耕耘。本篇即从城镇污水处理事业的市场化开端谈起，回顾其走过的几十年。

序　曲

　　中国城镇污水处理事业始于20世纪70年代末，业内公认的市场化则始于2003年的市政公用事业改革。期间近30年的时间里，污水处理都处在懵懵懂懂的试探及蓄势中。在这段漫长的序曲里，最可贵的莫过于那些不经意间冲撞出一条新路、点亮阶段性明灯的人和事，他们凭借生命的冲动与直觉，为产业奠下基石，拉开市场化序幕。

　　这其中，有以天津创业环保为代表的国企，有以法国威立雅、苏伊士以及金州集团为代表的外企，也有以鹏鹞环保、桑德集团为代表的民营企业，尤其是后者，以敢想敢做的冲劲，从无到有，从小到大，充分体现了初始年代污水处理市场发展的蓬勃生机。

〰️ 鹏鹞环保创业故事

环境产业内，常常会听到这样的一句话：中国环保看江苏，江苏环保看宜兴。在宜兴，江苏鹏鹞环保集团（以下简称"鹏鹞环保"或"鹏鹞"），是环保界当仁不让的老大哥。

宜兴是江苏省无锡市下面的县级市，面积不大，只有1,000多平方千米，却聚集了上千家环保设备生产、配套企业，是宜兴乃至中国环境产业的起根发苗之地，被誉为"环保之乡"，这里生产的专用水处理设备占到了全国市场份额的40%以上。

宜兴环境产业的开始，要从四十多年前的几个人说起。

1976年，王洪春（鹏鹞环保董事长）的伯伯姜达君在上海工业设计院做给排水工程师，这份工作让他积攒了不少水处理的技术经验及改进思路。他利用工作便利和自身经验，帮助高塍农机厂开发了新型PVC材质纯水离子交换柱。这项产品，成就了高塍纯水厂的创建和发展。敢于吃螃蟹、不断探索新领域的姜达君，也因此被称为"宜兴环保第一人"。在姜达君帮助高塍农机厂腾飞之际，王洪春的父亲王盘军和高塍村村委委员蒋盘成，也在高塍村创办了以循环水、冷却塔为主产品的高塍太涵建筑设备厂。

此时正值春风拂过的前夕，随后，十一届三中全会召开，结束了"以阶级斗争为纲"，改革开放拉开了大幕，这激活了已经沉寂多年的商业文化。四年后，高塍纯水厂和太涵建筑设备厂分别衍生出22个和19个企业。纯水厂所在的高塍镇，环保企业也快速发展到79个，成为了江南乡镇企业集群的萌芽。

后来，一个偶然的机会，王盘军认识了一位上海元通漂染厂的工程师。工程师告诉王盘军，元通漂染厂要搞印染污水中试，但苦于找不到合适的人。对此，王盘军并不是很有底气，但他想去做，他知道只有在做中才能积累更多经验，抓住更多机会。他联系上元通漂染厂，谈好了条件：他来做试验，漂染厂提供住宿和学习的场所。谈妥后，王盘军自己拿出2,000元钱，在宜兴招收了18名高中毕业生，带着他们去上海勤工俭学——白天为印染厂做中试，并出去打工赚生活费，晚上请上海大学的老师和设计院的工程师为大家上课。

那时，王洪春20岁，和这批勤工俭学的学生一起边学边干。这个2,000块钱创立的小公司，便是后来鹏鹞环保的雏形。它在刚萌芽的环境市场积累经验、锻炼人才，成为中国环保产业的开拓者之一，被宜兴业界誉为"黄埔军校"。

1985年，上海要新建锦江乐园，需要配套自来水和生活污水处理设施。承接该工程后，王洪春、王盘军一行回到了高塍，在打谷场上为他们进行生产。当时国内没有这方面的技术，他们在姜达君等前辈的指导下，先后开发了用于生活污水处理的WCB综合污水处理设备、J型净水器、球型水箱等一系列产品。这项工程让王洪春赚到第一桶金，创业之路由此打开。

1986年，因项目所需，王洪春一家在高塍建立起自己的生产厂，厂名借用当时的乡镇企业"宜兴市高塍建筑环保设备工业公司"（以下简称"公司"）。在满足项目需求的同时，公司也自主开发一些简便易用的水处理设备。由于当时的中国本土公司基本上还没有环保处理设施的需求，因而公司产品主要的销售对象是外资企业，包括可口可乐、雀巢咖啡等。

发展至1988年，公司已成为国内环保行业的领军企业，初具规模。鹏鹞环保和政府商谈，由公司员工集资向政府买下企业。那时的王洪春不知道这就叫"股份制改革"，也不知他们的那个举动将会在中国环保发展史上留下精彩的一笔。他只觉得为了创新企业制度，保持长期发展动能，应当改变一下。但在当时，中国尚未有股份制企业相关的法律和制度，因此，这次改制的计划以失败告终。

直到1993年，随着改革开放的深入，公司经过多方奔走，与政府深入洽谈，终于得到政府批准进行改制，成为宜兴第一家改制的企业，在江苏乃至全国都引起很大的反响。

改制之后，公司更名为宜兴市鹏鹞环保有限公司，取意"鹏程万里，扶鹞直上"。当时，《新华日报》头版头条刊登了"52个农民买下一个乡镇企业"的新闻，释放了中国允许私有化经济的信号，鹏鹞也一下子全国皆知。

在鹏鹞环保成功盈利的示范效应下，以及伴随环保市场整体需求的增加，1989年开始，宜兴投身环保的人愈来愈多。当时宜兴一半以上环保企业的产品、技术、人才都来自于鹏鹞，鹏鹞成为了宜兴环保界公认的"黄埔军校"。

先发的市场和企业的聚集，宜兴因之被称为中国的"环保之乡"，后来诞生了国家级环保产业园。E20环境平台曾受中国宜兴环保科技工业园（以下简称"宜兴环科园"）邀请对宜兴环保进行过深入考察和研究，包括如今行业内耳熟能详的江苏裕隆环保有限公司、江苏碧诺环保科技有限公司、江苏凌志环保有限公司、宜兴市凌泰环保设备有限公司、江苏新奇环保有限公司等，都是宜兴土生土长的环境企业。它们从市场的泥土里自然生长起来，各有分工，形成了中国环境产业的基础之一。随着区域产业的壮大，在宜兴的大小环保企业据说有1,000多家，这些企业的业务大多集中在装备层面，处于产业链末端，同质化竞争日益激烈，加上区域局限，企业鱼龙混杂，对产业的认知有待提升，对宜兴本土企业的进一步发展造成了一定阻碍。

王洪春接受中国水网采访时，曾就此谈过自己的看法："就鹏鹞来说，1994年政府给了我们一个上市指标，但因为鹏鹞那时候一年赚几千万，自觉不需要上市，对产业发展的思考没跟上，就没要。后来我们意识到资本的重要性，选择到新加坡上市。但新加坡股市对当时尚处于发展早期的中国环保产业理解不够，融资效果有限，新加坡上市对鹏鹞业务的支持力度不尽人意。在银行融资方面，宜兴的银行比较保守，资金功能也没发挥出来。当时，我们选择项目的主要标准是看盈利水平，对技术创新、项目规模、品牌效应、社会影响力不够重视，所以错过了一些好的机会。"

E20环境平台董事长、首席合伙人，E20研究院院长，《两山经济》作者傅涛对于以鹏鹞环保为代表的宜兴环保企业的这段过程有过专门描述："早期的环保企业主要是向建设行业提供设备，环保行业从性质上，属于专用设备行业。20世纪90年代之后，投资运营主要由事业单位或者国企来主导进行，工程和设计基本上由国有设计院为主体，环保企业主要是卖设备。通用设备主要以水泵、风机、阀门为主导，多由国企提供。专用设备绝大部分由民企供应，而专用设备中很大的比例，来源于宜兴。在环保产业以销售设备为主的时代，宜兴是中国环保产业的领跑者。

后来环保产业进行了升级，工程建设环节也开始面向市场：设计院改制，事业单位开始企业化运营，工程总承包成为发展趋势。正是在这个阶段里，大部分的宜兴企业落伍了。鹏鹞的发展可以说是宜兴环保产业的一段浓缩的历史。

傅涛介绍，鹏鹞环保一直踩在我们环境变革的第一线上。早在1997年，它们以设备为核心做了中国第一个民营化、市场化的公主岭水务项目。该项目最终以BOT的方式成功建成并运营，震惊国内。2000年后，BOT概念才在国内广为所知。在我国环保行业发展的初期，鹏鹞环保沿着改革的步伐，一直走在最前沿。虽然最初引领了市场发展，但在中国污水处理市场快速发展的十多年间里，却因为自身原因离开了领先位置。

所幸宜兴环保产业的根基很厚实，宜兴环保企业家的精神还在。经历了一个阶段迷失的宜兴环保企业开始重新崛起。在宜兴市政府领导和宜兴环科园管委会的团结和推动下，宜兴各自为战的企业家开始有了更多的区域品牌意识，懂得了合作共赢的价值，越来越多的宜兴企业家，尤其是新生一代接班人，更加开放、团结和奋进。

E20环境商学院也特别受宜兴环科园邀请，专门为提升宜兴企业家的专业能力、帮助企业家们开拓视野，为宜兴环保行业的领先企业家开设了首期CEO特训班，而这也成为E20环境商学院的起源。

接受了市场洗礼的鹏鹞环保，也于2011年从新加坡退市并进行重组。2018年1月5日，鹏鹞环保回到A股，在深圳证券交易所挂牌上市，成为宜兴第一个IPO的环保企业，开启了发展的新篇章。因为成功避免了在PPP火热时期入坑，鹏鹞环保反倒保存了足够多的现金流，先后与北京环卫集团合资，又收购了中铁城乡环保工程有限公司51%股权，实现了与国有企业的强强联手，并与无锡和天津两家专业公司合作，全面进入湿垃圾处理领域。

2018年年底，鹏鹞环保正式成立北京办事处，王洪春的儿子王鹏鹞出任总经理。2019年4月1日，王洪春辞去鹏鹞环保总经理职务，王鹏鹞继任。2021年1月，王洪春正式交棒，辞任公司一切职务，王鹏鹞成为鹏鹞环保的董事长。

至此，这位中国环保产业最早的创业家之一，靠着不断进取的老牌民营企业的"永不言败"精神，终于冲破藩篱，迎来由新生代带领走向未来的新阶段。

〰 文一波的中华碧水计划

在宜兴，鹏鹞环保是当之无愧的行业老大。在全国，中国环保民营企业公认的老大是桑德集团的创始人文一波。傅涛曾说，说起环境产业一定离不了、绕不开桑德集团和文一波。

提及文一波，环保老兵、很少服人的王洪春也禁不住发出敬佩之情："北京的视野、影响力以及北京的资本都被文总发挥得淋漓尽致，桑德集团做大做强的经验，值得我们学习和借鉴。"

20世纪90年代，改革开放春潮涌动。文一波在两个同学的"怂恿"下，半推半就地同意了"下海"，和所有普通运气的创业公司一样，逐渐熬过亏损、连续9个月不开张的煎熬、贷不到款等创业初期的困境，才慢慢将公司做起来。

最初，文一波就为自己的公司起名"桑德"。它是英文单词"sound"的音译，意为"声音"。这个名字犹如一种昭示，表达着企业的个性与态度。后来的文一波，也真切地在环境界呼喊出了自己的声音。

1999年的桑德，在污水处理的技术设计服务、工程承建等初始业务上已经积累了一定的资本。这一年，文一波花几千万元完成了企业股权改制，成为了一家民营企业。当时参股的还有北大方正集团、中金公司等。

此时，单纯的项目设计、工程承建已不能满足文一波的抱负，但当时他的主要业务在工业污染治理市场。尽管1998年9月实施的《城市供水价格管理办法》，引发了城市水业深刻而长远的变革，但一段时间内，其影响范围仅局限在供水领域。那时，城市污水处理都由政府统一建设、投资和运营，资金需求巨大，政府根本没有足够的资金投入，城镇污水处理领域呈现建设滞后、不适应城市现代化的发展局面。

这为文一波带来了商机：脑子活泛的文一波想到"带资建设"——企业自己掏钱投资建设污水处理项目，做好之后由政府再分期付款给企业。但污水处理领域，还没有民营企业参与投资和运营的先例。1999年10月，中国首届国际高新技术成果交易会（以下简称"高交会"）在深圳召开。当时，朱镕基总理、31个省市领导，以及微软、IBM、爱立信、诺基亚等全球最著名的高科技企业聚集深圳。在这场盛会前夕，桑德集团协办的一场文化交流活动吸引了媒体及观众的目光。

高交会前夕，由高交会宣传组主办、桑德集团协办、高的广告公司策划承办的"桑德杯"空中书法大展举办。"桑德环保"几个大字在书法作品下方赫然亮相，包括中央电视台在内的媒体都对其进行了报道。桑德集团总裁文一波更是遭到了记者们的围堵。一篇篇深入的采访报道，将桑德集团及其"中华碧水计划"传遍四方。

按照文一波"中华碧水计划"的设想，由污水处理公司自筹资金投资建设污水厂项目，项目建成后，交由企业按照公司化的方式来管理和运营。政府向排污企业收取污水处理费支付给污水处理企业，污水处理企业借此收回全部投资，并赚取适当的利润。合同期满后，企业将把污水处理厂无偿移交给政府。

"一腔热血，容易冲动，当时我做这个事，就是想让社会包括资本市场都知道。"后来文一波在接受媒体采访时表示。这项计划也让文一波迅速成为市场和投资人关注的焦点。

文一波提出这条路径，并为跟随的企业勾画了一幅壮阔的蓝图："用五年的时间，可将中国市政污水处理率从目前的实际不足6%提高到50%的水平；同时，在6~8年的时间内培育出年产值达百亿元，可与世界环保诸强争雄的民族环保企业。"

2000年年中，文一波将自己的想法写成报告，通过时任全国人民代表大会环境与资源保护委员会主任的曲格平递交给了当时的国务院总理朱镕基。然而，对于这份报告，文一波收到的回应是这样一句话："思路很好，但是在中国不可行。"

文一波是个极不愿服输的人。他有种坚定的内驱力想把事情做到最好，且不情愿去走人多的路。在创业早期接受《中国慈善家》采访时，他表态："别人做过的事我不太想做，很简单的事情我不屑做。"许多年后，在接受中国水网采访时，他仍然坚持："我不喜欢做重复的事情，一直在寻求并创造着蓝海。"

尽管争议不断，他继续为这项计划努力着。通过多方呼吁奔走，2000年11月，文一波如愿以偿，在北京肖家河污水处理项目协议上签下了自己的名字，这是中国第一个民营资本投资兴建的市政污水治理项目。

傅涛介绍，肖家河污水处理厂的地位非常特殊。现在的肖家河污水处理厂已经是北京市重要的污水处理厂。文一波带领桑德集团利用这个契机，果断地实现了BOT这种商业模式上的突破，对我国水务行业的市场化改革，产生了非常大的影响。环境产业应该感恩文一波和桑德集团这样的企业，他们确实是我国新市场的开拓者。

2001年6月，桑德集团在人民大会堂和上海市，辽宁省大连市，湖南省湘潭市，湖北省荆州、荆门市，江西省九江市，江苏省江阴市，以及青海省格尔木市等十几个城市签下合作意向协议。协议中，项目设计日污水治理总量达170万吨，所需的20多亿元资金全部由桑德集团自己筹措。

在当时市场上，很多人对于这个宏大的计划将信将疑。一些人认为："中华碧水计划实际上是针对目前我国城市普遍缺水缺资金的双重困难，将市政污水厂的建设运营由单纯的政府行为转变为市场行为，值得大力推广。"更多的人则是质疑污水领域BOT模式的可行性，包括待完善的污水处理收费机制、大额投资贷款带来的风险，以及承包商的融资能力等。这些疑虑也使不少企业及地方政府对BOT模式处于观望状态。虽然桑德集团以身试水，但在城市污水处理领域却没有激起几朵浪花，跟进的企业少之又少。甚至与桑德集团在人民大会堂签下意向协议的那十多个城市，也有一部分的合作仅仅停留在了意向层面。如果以当时探索的结果的角度来看，文一波成为了一位为整个行业鼓与呼的孤独的先行者。

在发起"中华碧水计划"后两三年时间里，嘲讽的声音逐渐出现。《新财经》杂志以"碧水计划　波澜不兴"为题报道："这一'在国内环保行业掀起巨浪'的计划事实上还波澜不兴，而在今后也难以'掀起巨浪'。"炒作、玩概念等质疑也向着文一波和桑德集团纷沓而来。

事情在2002年有了新的转机：2002年年底，建设部颁布《关于加快市政公用行业市场化进程的意见》，明确了城市水业改革与推荐市场化为主要方向。以招商引资为起点，逐步规范扩大市场准入，打破区域和行业的垄断。该文件终结了多年来市政公用设施是否能够进行市场化的争论，推动中国城市水业改革进入了市场化元年，政府开始重视并强调效率问题。

此后，BOT模式在国内全面爆发，许多企业纷纷效仿。几年之后，全国BOT项目的投资量远远超过了"中华碧水计划"最初的设想。

很长时间内，文一波的几位师长一直对桑德集团的命运放心不下。曾帮助文一波提交"中华碧水计划"给朱镕基总理的曲格平，与文一波在1997年相识，二位都有改变中国落后的环境保护状况的理想，因此惺惺相惜。在"中华碧水计划"发布后的10年里，曲格平每次遇到文一波，都会关切地问道："小文，你那个企业还行吗？"直到2008年，桑德集团进入国际市场并取得良好收益，曲格平才确信桑德集团不会死掉。

事实上，作为"中华碧水计划"的发起方，2004年，桑德集团入主上市公司国投资源发展股份有限公司，并通过资产置换，成功上市，成为行业最早接通资本市场的企业之一，并因此跻身2004"水业年度十大影响力企业"首期榜单，位列第八，与北京首创股份有限公司（以下简称"首创股份"）、法国威立雅环境集团（以下简称"威立雅"）、深圳市水务（集团）有限公司（以下简称"深圳水务"）、北京城市排水集团有限责任公司（以下简称"北排集团"）等国企、外企巨头一起成为行业领军方阵成员，持续领跑中国污水处理市场。

在傅涛眼里，"文一波是中国第一代民营环境企业的代表人物，非常有个性，执着、坚韧、做事果决，敢想敢干，敢为人先，在很多领域都是先行一步，创造了很多的第一。在行业里头，他先做了，蹚出了路，形成了经验，而且愿意和大家分享。"

桑德集团的发展历程，某种程度上是中国民营环保企业的代表。在环保圈内，桑德集团可称为中国环保企业的"黄埔军校"，很多人在桑德集团历练过，包括现在很有名的一些企业家，比如现任北控水务集团有限公司（以下简称"北控水务"）执行总裁李力，就曾在桑德集团工作过10年。

傅涛认为，"老文很有战略眼光，也深入环保之道。虽然他不是搞行业政策研究专业出身，但对政策有很好的敏感性。"

在文一波的带领下，发展中的桑德集团不断延伸产业链，如今已经在固废处理、农村污水领域等众多领域大胆创新，最终使桑德集团成为我国民营企业的龙头，引领市场十多年，成为业界公认的标杆。

2004年，在桑德集团之外，"水业年度十大影响力企业"榜单中还有一些从环保工程公司转型为水业投资公司的企业代表，如金州控股集团有限公司（以下简称"金州集团"）、清华同方水务集团有限公司、安徽国祯环保节能科技股份有限公司（以下简称"国祯环保"）等，都是其中的优秀代表，也成为当年乃至后续水业市场的中坚力量。

从这个角度看，是文一波，这位中国环境产业的先行者，用前瞻的眼光和坚韧的意志，为行业掀开了充盈着梦想与活力的新发展之窗，在此向文总致敬。

风口与机遇

　　水务市场化改革大幕拉开后，原先以各级政府为单一主体的投资方式开始发生变化，市场逐渐向社会资本放开，众多上市公司或投资公司涉足水业，并借助政策东风谋求扩张。这一时期的环境产业，是刚开始展露迹象的风口，一些具有前瞻性的企业把握机遇、开始深度布局，市场的快速成长也给予了这些企业丰厚的回报。

　　伴随着机遇的来临，很多领先企业开始了自己的发展探索：以首创股份、天津创业环保等为代表的资本型企业，投资战略更加清晰；以深圳水务、北排集团为代表的传统水务企业，开始谋求异地增长；以北控水务、碧水源为代表的环境企业，则完成了企业混改，以及与资本市场的对接。

≈≈ 首创股份与湖南模式

相比桑德集团是民营环保企业的领先代表，首创股份则是国有环保企业的领头羊，而且在近20年的发展中，从一开始就站在高点，一直长盛不衰，领跑行业。

2001年，首创股份正式进入水务市场。作为北京市一家主要从事城市基础设施投资与管理的上市公司，自参与市场伊始便是高举高打。例如：以10亿元募股资金收购高碑店污水处理厂一期工程、出资9,000万元与马鞍山自来水公司合资成立马鞍山首创水务有限责任公司、出资19.7亿元与北排集团共同投资设立北京京城水务有限责任公司、出资1,530万美元与威立雅水务公司（原"威望迪水务"）合资设立首创威水投资有限公司等，一系列动作使得首创股份伴随中国水业市场化改革之路迅速发展壮大，并在2004年首届"水业年度十大影响力企业"评选中一举夺魁，也自此开启了其对中国水业的领跑之路。

首创股份董事长刘晓光2003年接受媒体采访时曾说：自己近几年最满意的两件大事，一件是顺利完成了首创置业在香港挂牌上市，另一件就是以首创股份为平台进军水务行业。

他认为，"水是一种不可再生的、战略性的稀缺资源""按照全球经济发展的格局，凡是与人类的生死存亡直接相关的产业将是永远的朝阳行业"，而2003年后，水务行业的市场化时机到了。

刘晓光参加"2012（第十届）水业战略论坛"并作主题发言

　　傅涛介绍，刘晓光带领首创股份借高碑店污水处理厂战略性地进入到水务领域。在当时中国水务还没有改革的背景下，体现了很高的战略眼光。首创股份在湖南进行战略性布局，第一个提出了流域性水务集团的概念，为行业开拓了区域发展模式。在当时水务项目收益率越来越低的情况下，刘晓光提出了把资本、水务和地产进行系统联动的战略思考。目前的水体治理，包括现在很多地方在做的一些垃圾填埋场修复，其实都很大程度借鉴了刘晓光的这个思想。他认为，可以说，没有刘晓光当时的战略布局，首创股份不可能有现在的成绩。不仅对于首创股份，对于整个环境产业，包括现在在E20环境平台做的一些"两山经济"思考，都在很大程度上受到了刘晓光战略思想的指导。

　　对于首创股份涉水，时任首创股份总经理的潘文堂也曾谈过自己的理解："水务行业属资本密集型产业，进入门槛高，投资长，回报稳定，适合大资金运作，非一般中小企业所能为。而且水务市场化程度不高,处于刚刚起步阶段,市场容量大,竞争对手少,加上我们有良好的政府关系,最终选择了水务。"

正是基于这样的判断,加上自身的优势,首创股份一出手便走到行业最高处,并与初创的中国水网开始了亲密的合作:从2002年起到2007年的中国水业战略论坛,以及2012年以前的水业高级技术论坛都在首创股份旗下的新大都酒店举办。刘晓光和潘文堂也多次出席水业战略论坛、水业战略沙龙等各种主题活动,与业界同行共同交流对产业发展的思考与实践。

到了2006年,随着水务行业公用事业改革大潮来临,大批新公司涌入,行业低价竞标盛行。同时,地方政府在减排重压之下,使尽各种融资手段适应发展需要,使城市水业逐渐走出了市政范畴,催生了越来越多的区域化快速投资市场的形成。

已经做到水处理规模全国领先的首创股份决定参考国外发展经验,率先开启流域化、区域化治理模式,追求更高的项目回报率。

刚开始,首创股份也尝试与长江流域、淮河流域的各个市、各个省谈下合作,但发现难度太大,由于涉及到跨省协调问题,没有国家级领导的关注很难协调下来。

2007年,首创股份把区域化治理目标对准了湖南,一是因为湖南四条主要河流"湘资沅澧"都位于同一个省域范围内,湖南省政府就可以协调;二是由于湖南的水污染问题比较严重,污水处理率排名全国倒数第三,湖南省委、省政府都迫切希望改变这一落后面貌。

在这种情况下,首创股份向湖南省政府递交了报告,希望采取社会资本投资的方式,用五年左右的时间,投资50亿元,在湖南省建设100多个污水处理厂。双方一拍即合,只用了两三个月时间就达成了战略合作协议。

2007年12月21日,首创股份与湖南省政府签订战略合作协议,首次尝试以省为单位的"统一规划、整体投资、分步建设、流域管理"运作模式。据初步估算，此次合作项目涉及的污水总处理规模约230万吨/日，并以湖南省"十一五"节能减排规划为目标，保证湖南省城镇未来三年污水处理工程项目（"三年覆盖计划"）顺利完成。2008年2月，湖南首创投资有限责任公司（以下简称"湖南首创"）成立，注册资本五亿元，首创股份的湖南大幕逐渐拉开。

这样的省级区域性合作，在当时国内水务行业独一无二。湖南市场，是首创股份打响企业品牌的一个重要据点。首创股份的湖南模式，也为行业打开了区域治理的新思路。

首创股份为这独特的战略模式给予了顶配的人员支持：湖南首创成立之初，刘晓光亲任董事长，总经理则是如今的首创股份总经理杨斌。

湖南首创在长沙的办公室是一个高层写字楼的半层，600多平方米，保持着首创股份的装修风格，庄重大气。随着业务的扩展，湖南首创的人才队伍越来越壮大，杨斌开始后悔当初没有买下写字楼另外的半层。

上图：杨斌（时任湖南首创董事总经理）与张丽珍（时任中国水网总经理，现任E20环境平台创始合伙人、执行董事）合影

右图：杨斌讲解湖南首创的湘江版图

　　潘文堂曾提及首创股份发展战略可分为三个阶段：第一个阶段是投资阶段，作为一个新兴的公司介入一个行业，是一个扩张的过程。第二个阶段是练内功，提升运营管理能力的阶段。第三阶段为资本运营阶段，主要探索新的融资渠道和融资手段。

　　初入湖南之时，首创股份在湖南拥有的项目数量为零。面对这片几乎空白的市场，初次试水的首创股份将"踏实稳健"设定为第一要务，强调严控项目质量、注重风险控制。在具体事务中，湖南首创一改国企粗放的办事风格，以精细的财务报表、严格的风险控制很好地提升了资产收益率，加之集团雄厚的资金支持，短短几年内，湖南首创在湖南省便开拓出新的天地。

　　事实上，首创股份区域战略所取得的成绩，在其2008年度的成绩单上便有了充分展示。在群雄争霸的环境中，包括威立雅、金州集团、桑德集团、中法控股（香港）有限公司等企业大招频出，在早期的水务市场展开激烈角逐，"水业年度十大影响力企业"的榜首几乎一年一变。而在2008年，湖南首创以异军突起之势开启了"水务区域投资公司"新模式，助力首创股份重回"水业年度十大影响力企业"榜首，并于2009年继续霸榜，开创了首创股份发展的新纪元。

　　据公开报道数据显示，从2008年到2013年，湖南首创在湖南娄底、株洲、张家界、益阳、邵阳、常德、醴陵、湘西等地拥有了14个污水处理项目和四个垃圾处理项目，处理规模由零分别增至100万吨/日（污水处理）和1,500吨/日（垃圾处理）。湖南首创的总资产也超过20亿元，取得了"五年来服务费回收保持98%以上，水务项目整体回报率高达8%"的业绩，发展成为湖南省认可的"有实力的战略投资者"。

　　实践证明，这种流域化、区域化的治理模式，对于提高企业的品牌影响力、减少技术成本管理投入等方面非常有利。从后期的实施效果来看，相关项目的收益率也远超单厂的投资回报。

2012年5月，首创股份增资1.5亿元，为湖南首创再添驰骋疆场的砝码。对于未来五年的发展，那时的杨斌表示，"总资产30亿元将是我们的新目标"，并将进一步完善产业链，由污水处理、垃圾处理领域进一步拓展至供水领域，并逐步涉及污泥、沼气等相关产业，全力打造湖南首创新版图。

从进入水务行业至今，首创股份已经连续16年入选"水业年度十大影响力企业"榜单，近年来，公司通过战略升级、技术引领、模式创新、管理优化，在产业新周期中稳健运行、持续领跑。继2018年营业收入破百亿后，2019年继续保持了逆市高增长。2019年，首创股份签约水环境项目投资额82亿元，实现营业收入14亿元。城镇水务总规模达2,804万吨/日，日均产能供水为522万吨，污水652万吨，区域分布上达到23个省份，850万吨/日的在手订单量以及签约项目。未来，首创股份将坚定在"生态+"战略的指导下，以创新跨越产业周期，开启提升产业效率，进入创新型高质量可持续发展的新阶段。

傅涛介绍，在刚进入产业之时，首创完全可以说是环保产业的"野蛮人"。但是这个野蛮人很谦虚，不耻下问，不断学习、找老师，不仅找个人老师，还找威立雅这样国际领先的机构当老师。与威立雅的合作，对于首创股份来说，貌似是个亏本的生意，但首创股份需要的是领先的经验，跟着师傅学本事。后来通过三个深圳的自来水项目、安徽马鞍山项目和铜陵项目，学徒出师，开始重质量、重运营。首创股份善于学习，不断在机制中间进行创新，开创了以湖南首创为代表的区域模式。首创股份的创新不仅仅在区域联动上，它们还通过水地联动模式，将水的治理跟地产价值联动起来，并通过投资并购实现了快速发展与扩张。

2017年，首创股份与王浩院士合作共建院士专家工作站，启航技术驱动模式；2018年，启动"生态+"战略；2019年，正式启动科技创新驱动战略。现任首创股份董事长刘永政、总经理杨斌都非常重视首创股份的战略和未来的发展。傅涛坚信，随着产业化层次的提高，首创股份会引领一轮新的增长。

〰️ 北控水务的混改样本

水务行业的国企代表，除了前面已介绍过的首创股份，另一个典型就是北控水务。同为中国环境产业的领先者，北控水务的崛起始于它的公私混改。在2008年以前，首创股份的水务规模大于北控水务，但在2008年，北控水务开始蓄力腾飞，从2010年开始独霸榜首至今。

对比北控水务连年的业绩变化，可以发现，2008年是其发展过程中一个明显的转折点。2008年，北控水务发生了两件大事：第一件，为支持北京奥运，大力建设公共设施；第二件，收购中科成环保集团有限公司（以下简称"中科成"），引入混合所有制。行业大多认为，2008年北控水务的这次成功混改，成为了它有迹可循又难以复制的发展秘方。

胡晓勇是中科成的创始人之一。1992年，28岁的胡晓勇放弃稳定的医生工作，开始下海经商。2001年，他跨界进入环保领域，在四川创办了中科成。

当时的环境产业远没有现在这样热闹。多年以后，胡晓勇回想这段创业经历，庆幸自己对于方向的判断："一个五点起床的人，冒着冷飕飕的风出去跑步，跑到中午回来，哪怕中午在下雨，温度一定也比清晨要高。如果在夕阳时候起跑，尽管当时的夕照暖洋洋，等你半夜回来时一定是全身冰冷的。"

当时胡晓勇的创业团队分析了水气固土声领域，按产业化程度最终选择了水业。在水业众多领域中，他们又根据规模选择了市政污水处理。做市政污水处理，关键在于运营。要想在众多运营企业中突围，便需要资本拉动。于是，中科成定位为一家以城市污水处理投资、设计、建设、运营管理、关键设备生产及成套等业务为主业的中外合资专业化水处理集团企业。

中科成选择的战略方向得到了市场的回馈。成立后，中科成以TOT、BOT等方式先后在国内取得了16个污水处理项目，总规模达200余万吨/日，建成100余万吨/日的污水处理能力。企业也从最初的注册资本1,000万元，发展到资产总额逾15亿元的国内著名环保集团。2006年、2007年连续两年，中科成入选"水业年度十大影响力企业"榜单，2007年位列榜单第八名。

合作的另一方北控水务，是北京控股集团下属的水务平台公司。早在2003年，谋求将主业向基建和公用事业方面转型的北控集团，就有意投资水厂业务。2007年，北控集团旗下的香港上市公司北京控股，收购了香港上市公司上华控股。2008年1月，上华控股更名为北控水务，并计划剥离其之前的电脑消费产品等业务，同时寻求对其他水务资产的收购。2008年6月，北控水务以斥资13.71亿港元收购拥有内地污水处理业务资产的中科成共88.43%股权。

北控水务与中科成的接触是在2007年下半年开始的。

据胡晓勇介绍，当时的中科成计划在A股上市，已经做了多年的准备，条件基本成熟，但他们发现A股市场的再融资能力比较差，难以满足水务行业持续性融资的要求。另外，作为中国西部的一家水处理企业，中科成在打造立体资金平台的同时，还需要在市场影响力方面，如地方政府关系上得到提升。经过与北控水务的多次接触后，双方发现，在行业判断、企业文化、优势互补等诸多方面均有相同认识或结合点。

胡晓勇的微信名叫"三有胡",是指有担当、有价值、有分享,提倡开放、综合的业务模式及发展心态。内部的分享是股权多样化,创办之初,20多个人员,个个是股东。几个高管的股份相差无几,胡晓勇以类似班长的身份做事。外部的分享则是更加开放,包括与社会分享。他总结道:"越分享,越安全。"

而刚进军水业不久的北控水务,正谋划剥离非主业,以建设自来水厂和污水处理厂两条腿同时在全国城市进行扩张。怀有专注水业的决心,并保有对专业技术的尊重,"水·生命·爱"成为了公司的人文内核。

当时,一位业内人士比对了北控水务和中科成两家公司的优劣势:"中科成在水务市场运作经验非常丰富,业绩主要分布在中国西部,拥有很大的水务市场。北控水务虽然有资本运作的经验以及广泛的政府背景,也是香港上市公司,但在水务运营方面不如中科成。"

共同的认知和目标,促成了双方在2008年6月完成了当时国内水务市场的大型收购案。6月13日,北控水务作价13.71亿港元收购中科成88.43%股权。收购完成后,北京控股持股44%,中科成原管理层持股43%。北控水务顺利完成混改,正式迈进水务行业。中科成也间接上市,插上了资本的翅膀。

值得注意的是,在北控水务收购中科成的协议中,中科成原有管理层也进入北控水务董事会:中科成董事长胡晓勇担任北控水务执行董事兼行政总裁,中科成另一位创始人周敏担任北控水务执行董事兼执行总裁。并且,更为重要的是,北京控股虽然是母公司,但其并不参与公司的经营管理,而是全权交与原中科成的管理层负责,实行市场化机制。

装入中科成资产后的北控水务凭借自身资金、技术、管理和政府资源优势,通过BOT、TOT模式和股权并购方式迅速扩大其规模并提升了行业影响力。其发展速度及态势大大超出了双方预期：从2009年开始，每年的水务规模增长都在200万吨以上。公司通过银行贷款、发行债券、增发新股等方式，向外募资达数百亿元，为发展及并购提供了充足的资金。混改五年，北控水务业务规模已超过1,600万吨/日，成为了公认的国有企业和民营企业结合的标杆。

2019年，北控水务总资产达到1,263亿港元，总收入245亿港元，水处理规模3,776万吨/日，位居国内行业第一。从2010年到2020年，连续10年荣登"水业年度十大影响力企业"榜首；连续五年入选《财富》中国500强。同时，在全球水务运营商排名榜中，北控水务服务人口居全球第三位，达到7,819万人。

对于北控水务的快速发展，2014年，北控水务董事长张虹海在接受中国水网采访时表示："这几年的发展有点超乎我们大家的想象。在这之前北控集团也尝试过做水，但是一直没做好，而中科成做了好几年，做了百万吨。北控集团的资源背景加上中科成企业家们的狼性，两者结合，能量得到了爆发，发挥了各自所长。"

这段混改姻缘，在胡晓勇看来，也是顺理成章一般的必经之路。"你在单一领域拥有的经验和过程都很珍贵，但仅有此是不够的。要把边界打开、方便续接。"在他看来，企业家精神，就是要发展、要突破，让自己的小公司尽力发展为大企业。"都说要强大，不做大谈何做强？"而这，也或许正是他当年参与混改的初心吧。

傅涛作为北控水务与中科成业务整合的参与者、推动者和见证者，在专门讲述环境企业故事的视频节目《听涛》里，对其进行了高度评价："北京控股和中科成的整合对环保行业意义重大。在中国水业的黄金十年，孕育出一个高速起飞的十年领跑者，这种国企与民营的合作模式，也对后来的市场发展提供了很好的借鉴。"

傅涛认为，这次整合起码在五个方面值得称道：

第一个是来自时任北控水务董事会主席兼执行董事张虹海高瞻远瞩的气度和博大的胸怀。整合后，他勇于放权，邀请中科成的民营团队参与管理，让北控水务在国有牌子之下可以发挥出民营机制的优势，而这正是北控水务后来快速成长的重要原因之一。

第二个是张虹海提出的经营理念——政府放心、市民满意、企业盈利、员工受益、伙伴共赢。它不是从自我出发，而是充分考虑到政府、民众、企业、员工，以及合作伙伴，是五方均获得收益的一种方式，这个经营理念对北控水务的扩张有巨大的影响。

第三个是北控水务的核心团队。不管是之前的胡晓勇、周敏、侯峰，还是后来加入的李力、杨光等，一直保持了一种民营企业的活力，都非常善于学习，听得进去别人的意见。这是促进企业内生发展的动力。

另外两个方面就是香港资本市场的助力，以及与国内水务市场发展趋势的恰逢其时。2007—2017年，正是中国环境产业迅速增长快速发展的黄金十年，北控水务的混改，在开始不久，就搭上了这趟行业快速发展的列车。

党的十九大以来，国家生态文明建设的深入推进以及"两山理论"的深入践行，为环境产业未来发展提供了政策保障。但同时国家对环境治理效果的重视、监管的日益趋严，也迫使环保行业的动力因素发生深刻变革，更加强调服务的本质和生态价值的创造，逐步从"成本中心"向"价值中心"转变。面对这种新形势，北控水务在2018年提出通过构建资产管理平台、运营管理平台向轻资产转型的战略。

目前，北控水务已经连续10年雄霸中国水务行业龙头地位。2020年上半年，新增水务项目签约规模112.77万吨/日，综合类投资总额40.52亿元。

北控水务执行董事、行政总裁周敏表示，未来北控水务将继续坚定轻资产转型方向，进一步强化融资能力、解决方案能力，以及资产的卓越运营能力。同时，也将通过标准化、数字化、信息化手段，加强智慧化系统平台的构建，实现企业平台化，并在将来向社会开放，能广泛链接内外部资源，赋能外部生态伙伴，形成智慧、专业的社会化服务系统，最终过渡成长为平台化企业。

≈≈ 碧水源的创业板传奇

无论是鹏鹞环保、桑德集团，还是首创股份和北控水务，都让我们看到了，资本助力，对企业发展的重要意义。这一章介绍的北京碧水源科技股份有限公司（以下简称"碧水源"），讲述的正是行业里技术企业插上资本翅膀实现腾飞的典型故事。

2001年，留学归来的文剑平39岁。他在这一年创办了碧水源，并与清华大学合作，掌握了水处理的前沿技术——膜生物反应器（MBR）。

成立之后的几年时间里，碧水源一直在默默无闻地发展着。找不到项目，就做大量研究，给各地市委书记写信，提议按照碧水源的技术方案来做。为推广碧水源膜技术，文剑平投入自己所有的资金去做5,000吨大规模污水处理项目，希望先用效果获取市场信任。

2005年起，碧水源在北京郊区获得了几个项目，当时的碧水源还是一个名不见经传的小企业，盈利不多，而开发这样一个大项目需要大量的科研投入，并且即便实验成功也未必就能得到专家论证通过和国家发展和改革委员会的批准立项，这给公司的资金和管理都带来了巨大的压力。

从2005年拿到第一个MBR大项目开始，碧水源就有了谋求上市的想法，并在2007年将公司从有限公司改制成了股份有限公司。

这时候的环境产业，领军企业正先后进入投资建设运营模式，行业对于资本的需求开始显现，催生了最早试水资本市场的一批环境企业。自20世纪90年代末开始，第一批符合条件的企业开始尝试接通资本，包括天津创业环保、首创股份等代表企业。资本的力量也为这些企业带来了发展红利及一段较长时期内显赫的江湖地位。

这些企业有着共同特征：采取投资-建设-运营模式，体量较大。那时候的碧水源，还拿不到资本市场的入场券。

但在需求快速释放的环境市场，在投资-建设-运营模式的企业之外，包括碧水源、天津膜天膜科技股份有限公司（以下简称"津膜科技"）、江苏维尔利环保科技股份有限公司（以下简称"维尔利"）、江苏久吾高科技股份有限公司（以下简称"久吾高科"）等一批以技术见长的轻量型企业开始快速成长。行业的春风为这些技术型企业带来了更丰富的发展空间，也催生了"碧水源们"更大、更具体的扩张梦想。

对照这样的梦想，2008年的碧水源在技术研发、设备更新上，都面临比较大的资金缺口，而当时的企业经营环境也不是很理想。那时候的文剑平，甚至萌生过"卖了资产不干"的想法。

"我们并不缺小钱，公司的现金流一直以来都比较充沛。但是，我们缺大钱，通过市场融资可以使我们迅速扩大生产规模，并可以完成在全国进行产业布局等公司战略。"时任碧水源总经理何愿平说，碧水源希望通过上市募集资金，继续用于膜组器生产基地建设，并且考虑在济南、上海、广州、深圳这些大城市，以及浙江、环太湖区域进行布局。

幸运的是，碧水源没有等太久。

2008年，"建立创业板市场"被写入当年温家宝总理所作的政府工作报告。消息传出，符合要求的创业型中小企业纷纷开始备战创业板。

这一年，碧水源的已储备项目规模约为五亿元。在当年《福布斯》中文版推出的"2008中国潜力企业榜"中，碧水源名列第14位。

"就像延安宝塔点燃各地有志青年的激情一样，创业板的成立坚定了企业家依托科技创新实现创业梦想的信心。"碧水源董事长文剑平在接受记者专访时表示。他认为，创业板应该是"金刚钻"企业组成的板块，创业板公司只有走真正的科技创新之路才能行稳致远。

2008年11月22日，碧水源膜生产基地投产仪式在北京雁栖经济开发区隆重举行

2009年，创业板正式设立，对中国小企业来说意义非凡，为技术型企业打开了资本通道。

2010年4月21日，碧水源成功登陆深圳证券交易所创业板上市，发行市盈率达94.52倍。上市首日，碧水源股价以140元/股的价格开盘，随后一路上扬，最终收盘价高达151.8元/股，对应市盈率超过

200倍。

4月26日,在市场资金的一路追捧之下,碧水源的股价最高摸至175.6元/股,成为当时创业板上最高价的股票。最高点时,文剑平的个人财产一度高达65.66亿元,成为当时创业板企业老板里的首富。

资本加持下,碧水源的扩张梦想得以一步步实现:扩大产能,建立北京本部研发中心和技术服务与运营支持中心,在外埠建立六个以上运营分中心并争取在未来覆盖全国,未来可能还会进入家用水市场,并有意收购其他水务公司……这些构想,在碧水源接下来的10年发展中陆续成为了现实。

环境产业通常被认为是政策和技术驱动型的产业,以技术起家的碧水源借助资本力量腾飞,无疑给了行业其他技术型企业更多刺激和信心。碧水源之后,一大批技术型企业纷纷上市,不但为产业发展带来新的活力,也带来了新的市场变局。虽然2018年后的金融紧缩让很多企业遭遇挫折,碧水源也最终被中交集团旗下的中国城乡控股集团有限公司控股,但中国环境产业里,以碧水源为代表的技术企业的传奇故事仍将继续。

做大的诱惑

在部分先行企业的发展效应带动下，更多外部资本将目光投向了环境产业。同时，由于民众对于环境质量的日益重视，从国家层面，也为环境治理效果定下了任务表。

2014年10月，《国务院关于加强地方政府性债务管理的意见》（俗称"43号文"），对2008年以来愈演愈烈的投融资平台模式举起了手术刀，PPP开始被委以重任，部委及各地方政府陆续推出PPP项目库，市场上掀起PPP热潮。

2015年4月，国务院出台《水污染防治行动计划》，环境治理进入效果时代；9月，住房和城乡建设部牵头其他部委发布《城市黑臭水体整治工作指南》，将民众感受和治理效果提上了新的高度，带动了水业市场迎来高速发展的新机遇，水环境治理成为市场热点；11月，《城镇污水处理厂污染物排放标准》（征求意见稿）发布，吹响了提标改造和污泥处理号角。

在一波政策的推动下，环境产业的风口大开。国际化、资本化、互联网、生态化四重力量推送环境产业变革与重构。单个项目投资发展到了十亿、百亿级城市投资，资本体量及杠杆不断加大。在此情况下，环境企业的雄心和规划也随着市场的变化水涨船高。但也可以看到，随着单体项目规模越来越大、资金需求不断增多、环保要求逐渐趋严，企业承担的风险也在加大。

〰️ 东方园林引爆行业危机

早在进入环境领域之前，北京东方园林环境股份有限公司（以下简称"东方园林"）在园林圈内就已赫赫有名，最让人津津乐道的是，从2010到2013年间，东方园林实现了十倍的飞跃式增长。

东方园林的掌舵人——何巧女，身高1.55米，脸上始终挂着笑容，却也自带一种雷厉风行、强劲飞扬的气场，和她的企业一样引人瞩目。圈内熟知她从"盆栽公司"到"园林大鳄"的发展故事，知晓她为接通资本曾付出的努力及短暂失败，熟悉她时常说出的美丽愿望和豪言壮语。

从何巧女的过往言论中可以看出，她一直心存做一个"大企业"的英雄梦想。创业之初，她就许下一个愿望：要在中国100个城市打造100座最美丽的公园。后来，她说："我要让我的员工成为全世界最幸福的员工。"她还曾在接受媒体采访时表示："看到董姐姐（董明珠）之后，我想我还能再干20年！"

出于对大企业的执念，她甚至在20年前栽过一个大跟头。

2001年，"创业板就要推出了"这条消息像一剂强心针，打在当时的民营企业界里，引起无数人热烈的想象。激动的何巧女联系了好几家券商，每一家手上都有很多企业在排队。当时何巧女想，到2002年下半年，最晚2003年年底，东方园林就应该是一家创业板公司了。

为此，她几乎是没有克制地在全国各地承接项目。业务从苗木供应到设计再到施工，纵向一体化全线铺开。2003年，东方园林在12个省市承接了80多个项目，员工迅速扩张到700多人。而就在东方园林向创业板冲刺的同时，纳斯达克泡沫破灭，监管层无限期推迟推出创业板。何巧女蓦然惊觉，在"上市"的迷梦中，公司扩展速度，无论资金、管理、人才，都远远超过了公司所能承受的极限。园林企业预付款很少，做每一个项目，都需要自己先垫资。接下来便是主动战略收缩：撤掉各地的分支机构，无力完成的合同立即终止。往日聚集在她身边的众多人才迅速地风流云散。

直到2009年，东方园林上市终于排上日程，何巧女终于品尝到资本市场的果实。成功上市后，东方园林创造了四年十倍的增长神话。2010年8月20日，东方园林的盘中价涨到了历史最高的229元，成为了当时的A股股王。东方园林也成为继贵州茅台、中国船舶、山东黄金、神州泰岳之后，A股第五支股价超过200元股的企业，这五家企业也因此被并称为"A股200元五虎"。

"我有一个很宏伟的理想，上市的时候我说要五年十倍，十年千亿。虽然后来不能经常说，但是在我心底里，在我们董事会里，一直坚持这么一个理想。"上市三年后，何巧女在某次接受媒体采访时候吐露。但紧接着，何巧女千亿市值的梦想便遭遇了园林行业的整体不景气，各地新城开发停滞，东方园林暂时陷入困局。

自2013年起，东方园林以城市水生态修复为突破点，开始了从景观向生态的战略升级。到2014年，东方园林生态业务收入已初步形成。这一板块收入较上年同期增加了109.14%。虽然金额并不多，但这成为了东方园林迈向环境领域、一步步转型成为环境企业的起点。

2014年，49岁的何巧女在制定五年计划的时候，曾经纠结自己是否要隐退。年轻的时候，她曾在每天工作16个小时的强度下创业，即使年近50岁时，她仍然保持着"612"的工作方式——每周六天，每天工作12小时。作为一名年近"知天命"的女企业家，她也会犹豫，自己是否已经老了。她甚至选择信佛，去寻找内心的平静。

但信佛的何巧女没有变得"佛系"，反而转身给东方园林制定了一个相对激进的"五年千亿，十年五千亿"的市值发展目标。

战略升级后的东方园林将2015年至2019年定为二次创业期，并一手启动了新的"三驾马车"战略，聚焦于生态治理、环保、文旅领域。2015年，东方园林调整业务，向海绵城市建设等生态环保领域转型，开始二次创业之路。

带着园林领域积累的雄厚资产而来的东方园林，成为了备受环境产业关注的"野蛮人"。2015年时，东方园林的市值达到约380亿，在生态环保、婚庆、苗联网、金融等多个业务板块同时发力，其中环保是东方园林重点发力的板块。在水生态领域，东方园林创立以水资源管理、水域污染治理和水域生态修复，以及景观建设为核心的"三位一体"综合治理模式，并进入100个城市。

应该说，东方园林是环境行业的一个奇迹，也是一个异数。它进入的时机、选取的角度都精准地踩在了政策的鼓点上。

2015年，海绵城市和PPP推广政策密集发布，一方面缓解了地方财政紧张的压力，通过引入社会资金、政策性银行加速放长期贷款等方式解决了项目资金来源问题；另一方面，迫使地方政府积极投入海绵城市建设，这个领域为东方园林创造了新的万亿级别的生态环保项目建设市场。

在市政水处理市场渐趋成熟后，水环境项目似乎正在成为新的必争之地，动辄几十亿的水环境大单让产业短时间内迅速显得生机盎然。此时，对于产业来说，海绵城市及水环境还是一类新概念，对于这一大片新市场，应该怎么做、如何才能做好、企业应加强哪些能力，即使是环境领域的老牌企业也不甚明了。从这个意义上来说，一早选定该领域的东方园林，和行业里的竞争对手几乎是站在同一起跑线上。

2015年8月，在东方园林迁址庆典暨战略发布会上，何巧女更加具体地宣布了关于未来的宏伟蓝图："3~5年内，东方园林生态环保板块的市值达到1,000亿，成功跨入生态环保领域TOP 5。至多十年，东方园林投控集团将冲刺5,000亿市值，打造5个不同领域的千亿市值公司。"

何巧女对环境产业非常看好，为此她声势浩大地投入了大量资源与精力。2015年，东方园林发布的收购计划包括：拟作价14.64亿元收购杭州富阳申能固废环保再生有限公司60%的股权，涉足固废处理（含危废）；拟收购中山市环保产业有限公司、上海立源水处理技术有限责任公司各100%股权，合计交易对价12.75亿元。东方园林希望通过此举，完成从市政园林工程建设企业向以水系治理为主的生态修复企业的转型。

在2015（第十四届）中国企业领袖年会上，何巧女雄心勃勃地表示："今年，东方园林在并购环保公司方面投入了30多亿，明年后年准备还要投入200亿。"而从东方园林2015年新中标的项目来看，生态环境PPP项目虽然数量不占优，但中标及合同金额均已大幅超越传统景观项目。

2016年，东方园林进行了第二次更名，公司全称从"北京东方园林生态股份有限公司"变更为"北京东方园林环境股份有限公司"。从园林到生态，再到环境，每次更名，都显示了企业定位和未来业务的变化。

PPP＋水环境，让东方园林成为产业内最耀眼的明星企业之一。2016年，更是以344亿元的订单金额，超越首创股份成为行业第一。2017年年初，何巧女公开表示，预计到2018年春节前后，公司中标的PPP项目所涉及的总投资额有望达到1,000亿元。

强势跨界的东方园林，震撼了产业内多年的土著们。它至少带来两个讯息：一是"还可以这么玩儿"，二是"环境市场真大"。东方园林之后，环境产业里"野蛮人"跨界的"潘多拉魔盒"仿佛被正式打开，包括中国中车股份有限公司、中国中信集团公司、中国葛洲坝集团公司、中国交通建设股份有限公司等各路巨头陆续跨界而来。与之相伴的，还有风起云涌的收并购。据统计，2015年，环境产业共发生并购案例约120起，涉及交易金额超400亿元，远高于往年数据。

原本以民营中小企业为主的环境产业，开始逐渐加入了新品类的重狙型玩家，一起将产业的热闹氛围推向高潮。

后面的故事却不尽如人意。随着整体经济下行、金融紧缩，很多大肆扩张的民营企业开始遭遇了"冲动的惩罚"：2018年5月21日，东方园林公告称，10亿元债券计划最终发行0.5亿元，导致股价大幅跳水，一度逼近跌停。此次事件，也被业内称为推倒PPP市场"大跃进"多米诺骨牌的开始。

在此之后，东方园林资金困局被媒体曝出。水务行业其他同类公司也相继曝出资金危机。即使国家紧急出台纾困资金，不少企业最后仍不得不断臂求生，向国企或央企转让股权以获得活命与支持。

事后，不顾及现金流的狂飙突进与冒险投机成为行业的血泪教训，而东方园林曾引发的狂潮也如烟花一般消散在产业发展的进程中，但一切都还要继续。

≋ 11家名企鏖战：低价竞争端倪初现

事后诸葛亮不受尊敬，就在于他没有拨开当时的迷雾。火热的市场，离不开狂热的竞争。风险也在其中孕育，只不过，那时候的诸葛亮身在事中，或身不由己。

2015年的水务市场，温州中心片污水处理厂迁建工程BOT项目是一块不可多得的肥肉。这个项目设计总规模为40万吨/日，被称为亚洲最大半地下污水处理BOT项目，总投资6.8亿元，采用半地下全封闭式。根据规划，新厂上面将会建一个体育休闲公园，建成后可饱览瓯江景观，分为高尚运动区、郊野体验区、人文风采区和生活康乐区，成为滨江商业中心的一站式体验性运动休闲区。

由于该项目规模大、示范效应强、投标门槛高，所以自中国水网发布项目预审公告伊始，便引起了行业的广泛关注。

2015年8月7日，该项目在温州市行政审批与公共资源交易服务管理中心公开开标。评标结果显示：

第一中标候选人为杭州钢铁集团有限公司（以下简称"杭钢集团"）、中铁四局集团有限公司、广州市市政工程设计研究总院（联合体），投标报价0.727元/立方米；

第二中标候选人为重庆康达环保产业（集团）有限公司、天津市市政工程设计研究院、中国建筑第七工程局有限公司（联合体），投标报价0.787元/立方米；

第三中标候选人为北控中科成环保集团有限公司、中国建筑第五工程局有限公司、中国市政工程华北设计研究总院有限公司（联合体），投标报价0.818元/立方米。

在结果公告同时，一份项目的开标记录表在网上也被广泛传播。据中国水网多方了解，很多业内人士确认了记录表的真实性。据记录表显示，在三家入围企业之外，还有中国光大水务有限公司、中国核工业建设集团公司、山东水务发展有限公司、云南水务投资股份有限公司、鹏鹞环保股份有限公司、天津创业环保集团股份有限公司、北京碧水源科技股份有限公司、成都市兴蓉环境股份有限公司八家企业各自的联合体参与了项目竞标，名企云集，鏖战激烈。

在如此激烈的竞争中，最终该项目以花落环保产业的"门外汉"——杭钢集团告终。这项结果在水务领域引起了极大的关注与讨论。

最醒目的影响因素便是价格。竞标资料显示，在项目总投资方面，11家竞标企业的平均价格为8.83亿元，最高报价与最低报价相差近4.93亿元。其中杭钢集团联合体报价最低，约为6.80亿元；中国核工业建设集团联合体报价最高，约为11.73亿元。

面对如此价差，有分析人士认为，中国目前知名设计院均参与了设计，而造成竞标者4.93亿价差的原因很多，比如设计工艺路线不同、池体不同，以及参与组合地下建设和地上建设的经验等，都会形成项目投资的价格差异。

对于这种差距，也有行业人士认为，相对于环保企业，在项目建设方面，杭钢集团自产自销钢筋及钢管，成本优势明显。而这一成本优势能否弥补如此巨大的成本差异，杭钢集团内部的财务制度约束对此是否放开，也引发了不少争议。

此外，11家企业的污水处理基本单价报价也同样差距巨大，其中杭钢集团联合体报价最低，0.727元/立方米；山东水务发展公司联合体报价最高，为1.660元/立方米，二者每立方米相差0.933元。

在《华夏时报》的后续报道中提到，一位参与竞标的人士测算，如果没有0.35元/立方米，很难覆盖电力、药剂、人工、用水等成本，再加上大修、管理费、财务成本等，低于0.4元/立方米根本做不了。而按照该项目40万吨的规模计算，一般来讲，水价应该是0.4元/立方米乘以3，也就是1.2元/立方米。考虑到竞争激烈，在尽可能降低建造成本和财务成本的前提下，0.8元/立方米也是一个惨烈的"合理底线"了，而杭钢集团0.727元/立方米的报价则已击穿这一底线。

在温州一战成名的杭钢集团，却并不是大家常言的那种跨界进军环保的"野蛮人"。

杭钢集团与环保的渊源由来已久。早在2000年，杭钢集团下属上市公司杭州钢铁股份有限公司（以下简称"杭钢股份"）就与清华紫光环保有限公司等六家股东发起组建了浙江富春紫光环保股份有限公司（以下简称"富春紫光"）。

2015年3月，杭钢股份发布重组预案称，将置出半山钢铁基地相关资产，置入宁波钢铁有限公司100%股权、富春紫光87.54%股权、浙江新世纪再生资源开发有限公司97%股权、浙江德清杭钢富春再生科技有限公司100%股权，此外，公司拟募集配套资金总金额28亿元，用于富春紫光污水处理项目、宁波钢铁节能环保项目等。

重组之后，杭钢股份转型升级为"以钢铁为基础，涵盖环保、金属贸易电商平台及再生资源业务的产业和资本平台"。到了2016年，杭钢集团的转型战略更进一步：牵头组建浙江省环保集团，将重点围绕以污水处理为重点的"五水共治"，以控烟气为重点的"五气合治"，以清淤土、治渣土为重点的"五土整治"，拓展水处理技术、水处理运营管理、环保装备制造、大气污染治理、固废处理等业务。成立之初，浙江省环保集团还设立了一项发展目标：力争到"十三五"末成为年销售收入300亿、利润超50亿元的大型环保集团。

这一时期，持续数年的钢铁产能过剩达到极限，亏损之巨已难以为继。建立退出通道以及相应的退出机制成为钢铁行业的当务之急。转型危机之下，部分钢铁巨头将目光投向了环境产业。几乎是同期，包括太原钢铁、中国首钢集团、重庆钢铁集团等多家钢铁企业纷纷涉足环保领域。

同样的情况还发生在建筑行业。这些国资背景的巨头企业涌入环境产业后，迅速拉低了行业项目的建设回报率，冲击着行业内原有企业的生存空间。于是，在跨界潮之后，过热的环境产业迅速进入了低价竞争时代。在温州地下水厂之后不久，便接着出现了北排集团以0.39元/吨的价格中标安庆市城区污水收集处理厂网一体化PPP项目，价格的断崖式下跌震惊业界。

而这一时期，环境技术及运维管理技术，尚未有跨越式突破，环保行业融资的财务成本及税费普遍增加，环境治理设施持续提标改造，市政环境基础设施项目并不具备全面降价的广泛基础。

"对这样有市场影响的水务投资项目的竞价来说，合理性和风险可控性已放在第二位了，许多上市公司赌的是近期的股市效应和未来与政府的第二次博弈的可能性。"行业人士分析。上市前的冲刺，以及先低价中标后"绑架"政府提价的生意经，构成了企业不择手段低价拿标的主要动机。

在过热的行业氛围下，在同行及市场的裹挟之下，低价成为了环境企业共同痛恨却又不得不为之的竞争手段。不计成本地拿标，为的是在产业浪潮汹涌更迭过后，还能保有一席之地。

参与其中的企业，或多或少也有一些兵行险招之感。这时候，为他们捏一把汗并尽力疾呼的，更多是业内专家及以E20环境平台为代表的行业平台。他们忧心低价竞争会毁了刚成长起来的环境产业，甚至有人判断，由于低价竞标的影响，行业两三年内或将死掉一批企业。

〰 阜阳水环境项目：资本狂欢的顶峰

2017年6月的一个周末，在安徽阜阳，水行业上演了一场"超燃"的PPP项目争夺战：在阜阳市城区水系综合整治（含黑臭水体治理）PPP项目（以下简称"阜阳水环境项目"）的述标现场，包括大型国企、水业龙头企业在内的57家竞标方"磨刀擦枪"，展开项目争夺的最后决战。

"现场气氛火爆，人头攒动。为拿下项目，所有标点从周六上午一直忙到次日凌晨三点，大家都很紧张。"一位了解内情的专业人士表示。

现场还有更为壮观的景象：一投标单位在夜色中用卡车运送标书，标书整整装了三大纸箱。用卡车装标书，让不少常年参与项目的专业人士也大受震撼："前所未见，标书用卡车装，规模罕见"。

当时中国水网微信公众号"E20水网固废网"第一时间对项目进行了报道，并对后续进行了跟踪。首篇报道一出来，即引发数万浏览，成为当年观看次数最多的文章。

"可能因为这个项目涵盖内容很多"，行业人士表示，由于涉及治理的黑臭水体和湿地工程很多，技术方案复杂，且项目需要覆盖从设计到维护的全周期，因此投标内容比较繁多。

水环境项目是"水十条"、海绵城市建设、黑臭水体治理、PPP等相关政策催生出的水务新市场。这些项目通常金额巨大，大得惊人：如2016年，茅洲河流域（宝安片区）水环境综合整治项目，工程总投资估算152.10亿元，EPC招标控制价140亿元；通州-北京城市副中心水环境治理八个项目投资总额合计约280亿元。

这些项目可能玩法多样，同样叫"水环境"的项目中，可能有的包含农村污水及垃圾，有的包含多个污水厂项目，有的则是公园、湿地、城市改造工程等；项目中标方也是多种多样，包括建筑工程类公司、市政建设公司、财大气粗的央企、有一技之长的环境企业都有机会从中分一杯羹。

水环境项目描绘的大视角和想象空间，吸引着环境产业在市政领域苦战已久的水务公司。阜阳水环境项目便是其中最令人心动的果实之一。

该项目于2017年4月18日发布资格预审公告。项目共分三个标段，标段一、标段二涉及泉北、颍东片区、颍西片区三大片区的45条河道工程、25条河道景观工程、289.5千米截污管道、112座桥梁以及一二十座调蓄池、蓄水闸坝等工程。标段三包括凤凰湿地、明镜湿地、东部湿地和白龙湿地四个湿地，总面积18平方千米。三个标段预估投资分别为：49.91亿元、60.76亿元、30.66亿元，总投资规模逾140亿元。

申请人资格方面，以标段一为例，申请人需满足的核心指标便是净资产、融资能力、业绩三项：净资产不低于15亿元，能够提供不低于45亿元的融资能力证明文件，拥有累计投资规模不低于25亿元水环境治理项目建设（投资建设或自行建设）业绩或运营业绩，其中至少有1个投资规模不低于8亿元。

可以说，对于这样规模的项目，上述的资格要求算不上严格。涉足该领域、满足条件的企业并不少见，这便出现了环境领域项目招标中罕见的经典一幕：参与的竞标方共有57家，因有些投标方分别参与了三个标段的竞标，预估实际参与投标联合体有30多家。

"基本上你能想到的名企都来了"。开标现场人头攒动的沸腾场面，再一次生动地展现了水环境综合治理PPP市场的繁荣、竞争的激烈。

三个月后，这个备受瞩目的水环境项目公布结果：中电建路桥集团有限公司、中国水利水电第五工程局有限公司、博天环境集团股份有限公司、中国电建集团华东勘测设计研究院有限公司（联合体）中标标段一；中国葛洲坝集团股份有限公司、中证葛洲坝城市发展（深圳）产业投资基金管理有限公司、安徽国祯环保节能科技股份有限公司、天津市市政工程设计研究院（联合体）拿下标段二；中交上海航道局有限公司、东华工程科技股份有限公司、中交第二航务工程勘察设计院有限公司、上海交通建设总承包有限公司（联合体）拿下标段三。至此，被50余家企业竞相争夺的132亿元的阜阳项目终于尘埃落定。

尽管几年过去，但是这场热热闹闹的招标场景，仍然深刻地留在了水务人的脑海中。有人把它当作谈资，有人用它来进行反思。

从时间上来看，作为水环境PPP项目，阜阳水环境项目出现的时间算是"中期"，但它更像是一场狂欢的顶峰。2017年9月13日，关于阜阳水环境项目的系列报道在"E20水网固废网"微信公号中共收获了2.5万人次的关注度，此后，即便是单体规模90.58亿的芜湖污水PPP项目，关注度也不复往昔。

令人惋惜的是，此类吸引着一大波行业企业热情的水环境项目，却还没有为关注者和参与者的热情准备好足够成熟的模式框架。从阜阳水环境项目的细节上，也能看到水环境项目的基本属性。如项目的中标条件中，包含建筑安装工程费下浮费率、可用性服务费绩效考核挂钩率、年运维绩效服务费、年可用性服务费四项。其中，后两项是中标企业的收入来源，而这两项的来源均为政府付费。

水环境PPP项目重投资、低回报、过度依赖融资和地方财政支付等属性特征，造就了一些以不断拿项目、融资发债、拿工程利润、再拿新项目的模式而发展的企业，它们随着行业浪潮迅速长大，又极易在落潮时候漂流跌宕，为日后行业的动荡变革埋下了隐忧。

激进后的新局

2017年，随着PPP的深化，环境产业似乎还在开足马力向前狂奔，企业、项目、战略，都显著呈现大开大合之势。从表面看，市场正进入新一轮的快速发展期。不过在一些动态背后，我们也可以看见一些以投资驱动的重资产龙头企业开始在悄悄向轻资产发展模式转型。2018年，PPP逐步规范之后，市场逐渐收缩，适逢国家经济下行和金融紧缩，以东方园林等为代表的PPP市场激进企业开始陷入债务危机，行业收益严重下滑，多家企业现金吃紧，甚至流量净额为负，高速前进的产业市场犹如被猛踩了刹车。行业迎来深刻变革，市场重新洗牌。面对资本困境，不少企业投身国企，开始了自己与国企捆绑的发展涅槃。

仅2018年的前11个月就有11起"国资系"接盘民营环保上市企业的案例发生，如东方园林、环能科技、兴源环境等。2018年后，这一市场特征仍然很明显，碧水源、国祯环保等也都相继发布了引入国资入股的消息。

在不少企业遭遇危机的同时，也有一些企业由于谨慎保守而一定程度上得以幸免。整个环境产业，在危机与机遇中震荡前行。

∽∽ 外资：从引领到收缩

20世纪80年代以前，中国一直把城市供水排水由政府集中统一管理。带来的主要问题是，政府资金不足，经营效率底下，无法满足高速的城市化发展对于水业市场发展的需求。在这样的背景下，一些国际化水务公司开始进入中国，为我国早期的水务市场带来了先进的技术、管理以及资金。尤其是2002年建设部出台《关于加快市政公用行业市场化进程的意见》之后，外国资本采取独资、合资、合作等多种形式，在中国的水务市场掀起热潮。

这其中，尤其以威立雅和苏伊士（2016年其大中华区品牌统一为"苏伊士新创建"）最为知名。特别是威立雅，成为现今很多国内水务龙头企业的"导师"。傅涛曾特别提到，威立雅在中国的水业发展前期，其实充当了导师的角色。首创股份"2001年高调进入水务市场，拜的师傅就是威立雅。为了更好地拜师，首创股份还专门与威立雅成立了合资公司"，"还有光大国际，跟着威立雅做了一部分投资"。此外还有中环保水务投资有限公司（以下简称"中环水务"）、中国水务投资有限公司等，"中国早期几乎所有的投资运营公司，都在对标威立雅，向威立雅学习"。

随着国内市场日益成熟，国内的水务企业也开始出师，快速成长起来。曾经辉煌一时的外资企业，面对日益强大的强劲对手，或黯然离开，或进行业务收缩，或进行战场转移。

2014年7月24日，香港-中国光大国际有限公司宣布其全资附属公司中国光大水务投资有限公司（以下简称"光大水务"）以9,200万元向威立雅收购青岛威立雅运营有限公司（以下简称"青岛威立雅"）78%股权及光大威立雅香港控股有限公司（以下简称"香港光威"）40%股权。收购完成后，光大水务将持有青岛威立雅99%股权及全资拥有香港光威，香港光威持有青岛光威污水处理有限公司（以下简称"青岛光威"）60%股权。

青岛光威及青岛威立雅主要负责青岛污水处理项目（海泊河及麦岛厂）的管理和运营。收购完成后，青岛项目污水处理量将提升到30万立方米/日。青岛项目将由中国光大国际有限公司（以下简称"光大国际"）主导管理，进一步提升项目的管理与运营效益。

对于这则水业收购资讯，不少业内人士认为，威立雅在中国水务市场的发展线路图或许将呈现逐步收缩的趋势。这个老牌水务巨头的在华布局，以这样一种形式进入了下一个阶段。

外资队伍是中国水务领域最早的一股市场力量，早在国内环境产业尚未萌芽、需求刚刚释放之时，几家国际水务巨头便开始布局。苏伊士子公司德利满在20世纪70年代进入国内市场；英国泰晤士水务集团（以下简称"泰晤士水务"）于1989年进入中国；威立雅在20世纪80年代初即通过其工程子公司OTV-Kruger进入中国，从1994年开始进入水务市场等。

吸引外企企业的最大驱动力，便是初生的中国水务市场的较高回报率。水务行业关系国计民生，赢利稳定。最早期，来自官方的数字表明，外商在中国的投资行业中，水务市场以24.48%的利润率高居榜首，但这个数字被威立雅中国区的高层坚决否认。

但这并不影响威立雅成为中国水务市场的"领跑者"。

2002年后的五年，是威立雅扩张最快的时期，并在2004年入选"水业年度十大影响力企业"榜单，连续四年位列前三甲，其中于2005年和2007年分别位列榜首。

2002 年 5 月，威立雅与浦东自来水公司成立合资公司。2005 年 1 月 28 日上海浦东威立雅自来水有限公司水务运营中心揭幕

在以威立雅为代表的外资水务公司快速扩张的同时，随着中国市场化改革的推进，本土环境企业也在快速成长，环保市场涌入者不断增加，先行者的巨额利润不断被侵蚀。

与此同期，国际金融环境出现恶化，国内政府也开始整顿水务市场乱象。在此背景下，

各国际水务投资控股集团的战略发生了分化。以香港汇津水务公司等为代表的国际水务企业选择收缩在中国水务市场的业务或完全撤离；而以威立雅、苏伊士新创建为代表的企业则在认真的市场分析之后，进行了战略调整，以更加积极的姿态开拓中国市场。

威立雅继续扩张着，并开始将其国际业务发展的战略中心转移至亚洲，中国市场是亚洲发展的重中之重。战略调整后的威立雅仍然居于让国内企业仰望的地位并收获着令人艳羡的收益率。2008年7月，威立雅在中国水网上发表了一篇文章披露，在这一年各类水务成本上升的时候，威立雅的收益率数据仍在12%~18%之间。

这段时期的水务外资企业，对中国水务市场继续保有乐观的发展预期，巨大的市场甚至吸引了新的外资企业进入。2005年8月23日，西门子工业系统及技术服务集团在上海宣布，正式进军中国水市场。西门子水务CEO罗杰乐观地预计，未来中国市场年度增幅将达到8%。

然而，几年过去，乐观的情绪早已消失得无影无踪。这些进驻中国的外资水务企业不仅未能从水务巨头翘楚的位置上向"全球500强"更近一步，相反，外资企业从长期把持的中国水务龙头老大的地位上一路下挫，难见复兴迹象。

2008年之后，由于金融危机的影响，在国际上也掀起了"国有化"的浪潮。这一阶段，在财政政策和金融政策转变的宏观背景之下，中国水业一定程度地出现了"国企并购民企"现象。加上这段时间内出现的收购西安自来水公司折戟、溢价收购意图被质疑等影响，威立雅的市场战略逐步趋于保守。同期，外资的全球市场战略发生了重要调整，这种战略调整的表现是：不再投资不擅长的领域和项目，对中国新的水务项目更为审慎，收购步伐也明显放缓。

报道显示，2012年威立雅全球营业收入120.78亿欧元，其中亚洲市场贡献了16.2%。而据E20研究院2013年的研究数据，北控水务已经以2,094万立方米/日的水处理总能力超过威立雅，成为首个水处理规模超过2,000万立方米/日的企业，国内企业在水务市场开始领跑。在2013年"水业年度十大影响力企业"榜单中，北控水务位居第一，威立雅第二，位列第三名的首创股份也距之不远。此外，以桑德集团为代表的民营资本也驶入了快车道，在水务市场上占据一席之地。

随着国内环境产业的迅速成长，原本只属于外资企业的高利润、低成本的优势开始逐步消失。一些国内企业，被资本市场认可为信誉好的优质客户，融资成本降低，以北控水务为例，其融资综合成本不超过5%，与外资已相差无几。其次，管理、用人本土化，以及鞭长莫及的垂直管理模式弊端，使外企优势也难以凸显。

最初吸引外资的高回报率，也在政策调整及竞争加剧中逐渐走低。10%以上收益率的水务项目如今已是凤毛麟角，在近年来的"环保+ PPP"大潮中，看重回报率及风险控制的外资水务企业，几乎悉数选择观望。苏伊士亚洲区执行副总裁孙明华表示："回报率到7%就算好的项目了，而现在融资的成本大约为5%，在规模大、时间长的前提下风险较大。"

此外，外资品牌的影响力和公信力也正发生着急剧变化，一些洽谈项目，外资企业甚至不具备投标资格。随着中国企业的日益壮大，国际水务巨头那一个个有点绕口的名字，已渐渐不再那么光辉闪耀。有人为之总结出了许多种原因，但都无法回避中国环境产业日益壮大，中国企业快速成长的事实。"沉舟侧畔千帆过，病树前头万木春。"对于中国环境产业和中国环境企业的未来，我们还是应该抱有更多的希望和期待。

民企遇挫与国资潮起

我们的期望，不仅是针对外资企业的退后甚至离场，也基于近两年民营企业大规模的变局。

2019年6月，碧水源与中交集团全资子公司中国城乡控股集团有限公司（以下简称"中国城乡"）签署了股份转让协议及补充协议，作价28.69亿元出让10.14%的股权，中国城乡自此成为碧水源的第二大股东。2020年3月，双方正式签订股权认购协议，中国城乡将通过表决权委托方式以及公司非公开发行股票的方式，成为碧水源的控股股东。

此前的两年内，碧水源经历了一路凯歌后的回落低迷。在2018年及2019年上半年，这个在业内看来相当灵活顽强的公司，业绩出现明显下滑。与大多数环境企业一样，在国家去杠杆的大潮中，流动性变差，资金链紧张。

碧水源的股权变更在行业里引起了一番讨论，但也只是简单讨论，之后，便随着滚滚的信息流很快过去了。2019年年中，大家对于环境民营企业的股权变动好像已经习以为常。

2015年4月，环境产业发生了一起并购交易：清华系旗下四家公司清华控股股份有限公司（以下简称"清华控股"）、启迪控股股份有限公司全资子公司启迪科技服务有限公司（以下简称"启迪科服"）、清控资产管理有限公司、北京金信华创股权投资中心（有限合伙）分别出资14.1亿元、47亿元、7.04亿元和1.88亿元，合计近70亿元受让桑德集团持有的桑德环境资源股份有限公司（以下简称"桑德环境"）29.8%股份，清华系成为桑德环境控股股东。11月，桑德环境正式更名为启迪桑德。这起并购在当时被称为"史上最大并购案"，刷新了2014年12月北京控股有限公司30亿元人民币收购金州环境投资股份有限公司92.7%股权的交易纪录，以及首创集团51亿元全资收购新西兰TPI NZ（Transpacific New Zealand）公司的交易纪录。

同时，它还有着更多层面的意义。一些人把它看作一起"大型混改"，一些人则认定它具有"国企并购民企"的含义。但无论是哪一派，当时的环境市场所散发的气息还是乐观而积极的，并对"启迪桑德"这个新生儿怀有期待。"这宗并购将在中国环境产业发展史上产生深远影响，会推动环保产业的技术创新和产业升级。桑德联手清控，是'孵化+投资+并购'模式的重要开端"，行业人士表示。

此次交易之前，桑德在香港上市公司遭遇做空、原定的定增计划被迫放弃，水务资产整合计划宣告失败。引入投资者，成为桑德"积极推进上市公司的可持续健康发展，实现长期发展战略"的重要举措。

一开始，行业只是把这起交易认为是一宗企业间的并购事件，直到三四年后，大家才恍然发现，这场交易其实是产业大势变动的开端。

从国家的"四万亿投资计划"开始，政府对基建拉动经济的热情高涨，基础设施的建设逐渐蔓延至环境产业，环保基础设施建设领域成为少量能够承受起重资产之重的行业之一，引发了一个不长不短的繁荣期。在"水十条"、海绵城市、PPP等契机的影响下，越来越多的环境企业选择通过融资、负债将企业规模做大。无论是社会层面还是环境产业，基建拉动实际上都是不可持续的。

在2018年，"去杠杆"的力度和领域进一步加大后，这些企业遇到了相似的资金链危机。另一方面，风头正劲的环保板块，已成为国企多元经营、国有资产保值增值的上佳选择。由此催生了环境领域的一系列股权变动事件。

2018年8月，北京三聚环保新材料股份有限公司发布公告，公司控股股东北京海淀科技发展有限公司（以下简称"海淀科技"）的股东北京金种子创业谷科技孵化器中心，将其持有的海淀科技2%股权无偿划转给北京市海淀区国有资产投资经营有限公司（以下简称"海淀国投"）。划转完成后，海淀国投持有海淀科技股权比例达到51%，成为其控股股东。

2018年10月，环能科技股份有限公司（以下简称"环能科技"）控股股东成都环能德美投资有限公司（以下简称"环能投资"）、实际控制人倪明亮同北京中建启明企业管理有限公司（以下简称"中建启明"）签署《股权转让协议》。中建启明将受让环能投资持有的环能科技1.83亿股股份，成为环能科技控股股东。2019年9月，环能科技正式更名为中建环能科技股份有限公司（以下简称"中建环能"）。

2018年10月，成都天翔环境股份有限公司发布公告称，四川省铁路产业投资集团有限责任公司将支持公司债务重组、重整等工作，同时双方拟在水务、固废处理等环保业务领域展开合作。

2018年11月，南方中金环境股份有限公司发布公告，公司实际控制人沈金浩及股东沈洁泳与无锡市市政公用产业集团有限公司签署《股权转让意向协议》。如正式协议最终签订，公司的控股股东、实际控制人将变更为后者。

2018年11月，山东美晨生态环境股份有限公司公告称，公司控股股东、实际控制人拟从自然人张磊，变更为由潍坊市国资委控股的潍坊市城市建设发展投资集团有限公司。

2018年12月，东方园林公告称，实际控制人与北京市朝阳区国有资本经营管理中心旗下的北京市盈润汇民基金管理中心（有限合伙）签订了《股权转让框架协议》，转让不超过总股本5%的股份。

2018年12月，深圳市铁汉生态环境股份有限公司拟通过大股东转让股份的方式，引入深圳市国资委100%控股的深圳市投资控股有限公司。转让完成后，深圳市投资控股有限公司将成为公司的第二大股东。

2019年11月，博天环境集团股份有限公司（以下简称"博天环境"）公告，拟引进中国诚通生态有限公司作为战略投资者。2020年6月，公司宣布拟通过股权转让和委托表决权方式转让公司控制权给青岛西海岸新区融合控股集团有限公司。在随后的一月内，又计划通过大宗交易等方式，将控股权转让给中山市国资委主管的中汇集团，但最终交易没有达成。

作为我国最早一批水务企业，博天环境的成立和发展颇具传奇色彩。2004年，公司大股东美华集团战略性撤退，赵笠钧和管理团队以1美元价格买下公司60%的股权，同时承担了2,000万元的银行债务。此后，赵笠钧作为集团的灵魂人物，带领博天环境高速前进。

2010年，赵笠钧在"2010（第八届）城市水业战略论坛"上第一次提出：博天环境要赶超威立雅、苏伊士，成为世界一流的环境企业，并设下了到2020年要实现百亿营业收入的十年目标。当时很多人不相信这个宣言，但2015年，博天环境实现了20亿的目标，营业收入由3.55亿元增长至19.91亿元，年复合增长率达53.89%。同年，赵笠钧当选为中华全国工商业联合会环境商会会长。

自2016年开始，博天环境接连在海绵城市、流域治理、环境监测检测、土壤修复等多个环境服务领域取得瞩目成绩，并有五个项目成功入选国家级PPP示范项目，连续三年入选"水业年度十大影响力企业"榜单，是那几年水务领域发展最迅猛、最受瞩目的企业之一。2017年2月，博天环境成功在上海证券交易所上市。开盘后，其股票经过连续15个涨停板，股价最高达到40.55元/股，总市值达到162.2亿元。也是在那一年，博天环境在一周时间内获得近117亿元的PPP订单，年度累计中标金额近两百亿元。

2018年以后，资本市场受到重挫，"去杠杆"的力度和领域进一步加大，不少环境企业遭遇了相似的危机，博天环境也未能避免。然而，回顾博天环境发展历程，我们仍然可以看到一个优秀企业的诞生，始终有种正能量一直支持其发展，正如傅涛在《听涛》栏目中所述："博天环境始终与正能量同行，与信心同行，赢得了行业的尊重，未来仍值得期待。"

在博天环境之后，水务行业的老兵国祯环保也于2020年正式"投入"中国节能环保集团有限公司（以下简称"中国节能"）的怀抱。

2021年1月，国祯环保发布公告称，公司中文名称由安徽国祯环保节能科技股份有限公司变更为中节能国祯环保科技股份有限公司（以下简称"中节能国祯"）。中节能国祯是环保行业最早一批代表性公司之一，成立于20世纪90年代初，在2003年首届"水业年度十大影响力企业"名单中，国祯环保是唯一一家入选的民营企业。

2010年，国祯环保引入战略投资者日本丸红株式会社，2014年成功登陆资本市场。2019年9月，重庆三峡环保（集团）有限公司高调地宣布计划收购国祯环保，不想时隔不到半年，国祯环保最终迎来中国节能，中国节能及其全资子公司中节能资本控股有限公司合计持有国祯环保股份总数的23.69%，成为其第一大股东。

回过头来，进一步拆分这些事件，2018年发生的国资入股环境民企事件中，40%为技术类企业，没有做任何类型PPP业务，即事件与PPP无关。而在与PPP相关的剩余60%重资产企业中，大概70%开展了水环境景观工程类PPP业务，而PFI模式成为主因的比例又达到78%，这些企业在前些年PPP高速增长阶段借助承接大量PFI项目使得业绩大幅增长。总体来看，这一轮PPP中新增类型——PFI模式结合资本泡沫的大起大落，构成了环境领域这一轮企业并购的主因，而工程类PFI退潮所引起的连锁反应更是导致环保股票在2018年出现踩踏事件的直接原因。

与水务民企的"消失"相对应，多地地方政府或地方国资控股的环境企业相继成立。省级层面，已有河南城投生态环境治理有限公司、辽宁省环保集团、陕西省环保集团、浙江省环保集团、山东环保产业集团、山西省环境集团、江苏省环保集团、广西环保产业投资集团等，市级或县级则数不胜数。

带有公用属性的环境产业，在市场化进程中，几乎每次宏观调控和经济低迷，都伴随有产业内"国长民消"的忧虑。但毫无疑问，这一次的风，看起来比以往每一次都要强劲。有人对此较为悲观，认为产业做大了也就没有民企什么事了；也有人认为，一部分企业或许会在产业的大浪淘沙中退出，但也将有一部分真正贴近需求的企业不断崛起。

E20研究院执行院长、国家发展和改革委员会与财政部PPP双库专家薛涛分析："虽然中央要求竞争中性，但是如果涉及投资运营，由于融资能力差异，国企央企与民企的并购整合是必然现象。但在不太需要资本的地方，比如技术工程设备等，民企反而有优势。民营企业可以扬长避短地参与运营属性较强并适合自身融资体量的PPP竞争，同时，d类轻资产业务模式适合民营企业和中小企业参与，比如环境监测、垃圾收运、河道治理中的可移动装置等。"

"目前遇到的困境，恰好预示着环境产业即将进入更好的时代。"傅涛认为，随着投资热潮褪去，环保行业资产增值的时代已经过去了。十九大之后，强调为人民服务，让资产回到国企、央企以及政府手中，这不是一个行业的悲哀，其实是行业的进步。市场留给大家的是更广阔的服务空间，服务的要求越来越高，也越来越考验环保企业的技术能力和服务水平，这正是需要更多市场的机会。所以，这将是一个新时代，一个需求真实、消费理性、注重效果的新时代，最伟大的环境企业也将在这个时代下产生。

〰 三峡集团与长江大保护

估计很多人都没有想到，在环境产业各路诸侯经过30余年的竞逐混战后，三峡集团会成为行业里的主咖。

2016年3月，中共中央政治局审议通过《长江经济带发展规划纲要》，长江生态保护上升到国家战略高度，保护长江的蓝图正在绘就。2018年4月，国家发展和改革委员会联合国务院国资委印发三峡集团新的战略发展定位文件，明确三峡集团在长江经济带发展中发挥基础保障作用、在共抓长江大保护中发挥骨干主力作用。

这也意味着三峡集团在新时代有了新的战略发展目标。按照三峡集团党组书记、董事长雷鸣山的最新提法，"三峡集团要在水资源相关产业大显身手，两翼齐飞，不仅要做最大的清洁能源集团，而且要做最大的生态环保集团。"

从后来的项目信息及企业动态中可以看到，在流域治理板块，三峡集团独树一帜，拿下了水环境后半场的大多数项目，并通过合纵连横将水生态环境保护的方式方法带到了一个从未有过的高度。

三峡集团的出现有一定的必然性。从2019年全年，甚至更长远的时间维度来看，"长江大保护"工作都将是重中之重，牵动着越来越多环保企业重点市场部署的步伐。之所以提出"共抓大保护"，实际上关键不仅仅在"保护"，更在于"大"，由于原来点状的治理模式不足以支撑系统，所以要从整个流域、整个区域、整个大环境上，从更大的空间尺度和时间尺度来重新考量长江保护问题。

在系统治理这一层面，治污不再是单个项目的事情，治理主体所遇到的困难已经远不止于单点中的设计、建设、资金、技术。"长江大保护"任务之下，行业太需要一个平台去落实国家政策层面要求，关注省市、部委等各方的管理诉求和利益诉求以获得更多支持，整合系统机制和服务能力，为系统化治理制定规则，和其他行业进行合作等。这个平台需要体现国家意志，需要有高于行业、甚至高于部委的视角。

2018年以来，三峡集团前后签署了几十份战略合作框架协议，快马加鞭地牵手了一大波新老朋友，努力实现合作、互利与共赢。由于合作企业阵容强大，被行业称为"三峡集团的豪华朋友圈"。经过数年的积累和梳理，2019年6月5日，长江生态环保产业联盟宣布成立。联盟汇集了产业相关的最精锐力量，将多家头部金融机构、研究机构、咨询机构、环境企业、建筑公司纳入其中，E20环境平台作为环境产业的生态平台和国家智库，也成为联盟成员中的一员。

"长江大保护"，资金是基础。作为"长江大保护"核心的筹资平台，长江绿色发展投资基金于2019年11月正式成立，这个由国家发展和改革委员会与三峡集团共同设立的国家级产业投资基金，首期募集资金200亿元，未来计划形成千亿级规模；2019年10月，三峡资本控股有限公司、北控金服（北京）投资控股有限公司还联合成立了长江绿色发展基金管理有限公司，注册资本1亿元；此外，在长江生态环保产业联盟中特设"金融专业委员会"，中国农业银行、国家开发银行、中国农业发展银行、中国工商银行、中国银行、交通银行、中国建设银行入列金融专业委员会，为大保护基金提供支持。

在优越基因及行业地位的带动下，三峡集团与中央部委、地方政府的沟通更加便捷顺畅，为推进区域联合打下基础。2018年以来，三峡集团就与长江经济带沿岸的湖北、湖南、重庆、宜昌、九江、岳阳、芜湖等省级或地级地方政府签署大量合作协议，并与生态环境部、水利部、国家发展和改革委员会、中国证券监督管理委员会等部门进行了全面沟通及深度合作。

对照"长江生态环境全面改善"的大目标，可以发现，当前的水环境治理还有诸多短板需要补齐。管网、截污、污泥、水系生态多样性营造等。此外，"共抓大保护"的提出，恰逢环境产业寒冬之际。企业爆雷、项目烂尾的情况并不少见，导致在清旧账的过程中"次旧账"的产生。由于涉及空间广、任务重，在探索长江大保护治理过程中，三峡集团几乎能够遇到环境水务企业遇到过的各种痛点。

由于要解决的问题更加系统综合，三峡集团也必将面对环境企业未有过的、更接近本质的困难和压力。包括带动社会资本，解决资金回报问题；探索流域综合治理机制，厘清点和面的关系；发挥大业主专业化能力，推进技术的适应性落地等。

毫无疑问，解决长江经济带环境治理问题，需要三峡集团、环境技术类公司和重资产公司共同摸索。由此出发，三峡集团在2019年后，进一步地探索了与行业企业的深度联合，豪掷逾50亿元铺开了一张壮阔的资本版图，通过协议转让、二级市场吸筹等多种方式，与多家环境企业形成战略联盟和利益共同体。

典型包括：上市公司纳川股份（10.57%）、兴蓉环境（5%）、北控水务（9.06%）、武汉控股（19.90%）、浦华水务（40%）、国祯环保（11.63%）、旺能环境（2.61%）、洪城水业（4.11%）等。此外，据其官网披露，目前三峡集团已对接上游重庆水务集团、泸州市兴泸水务（集团）股份有限公司，中游武汉市水务集团有限公司、长沙水业集团，下游安徽省六安水务公司、江苏省环保集团、南京水务集团有限公司等15家地方水务平台，确定八个平台股权合作方案。截至2019年年底，三峡集团已选定20个股权投资项目，总投资额154亿元。可以预见，这样的大手笔还将继续。

傅涛曾就此专门撰文，他认为长江大保护不是一家央企能够独立完成的，而是需要以政府主导、以企业为主体、公众共同参与，才能很好完成的任务。

2018年5月，作为我国唯一以节能环保为主业的中央企业，中国节能也被中央推动长江经济带发展领导小组确定为"长江经济带污染治理主体平台"以垃圾等固体废弃物全产业链处理为重点，致力于提升长江大保护污染治理水平。

傅涛认为，在过去的几十年发展中，环境产业诞生了不少大型环保公司，它们在全国范围内拥有数量庞大的环境项目。不过，这些项目之间只有资本纽带和微弱的技术支撑，没有形成强烈的逻辑关系，没有真正强大的运营平台，也没有形成系统。因而从这个角度来讲，这些公司还只能说是体量大的小公司。未来期待真正的大公司出现。

三峡集团和中国节能或许就是这样的大公司。据说，很多地方政府已经与三峡集团、中国节能签署战略合作框架协议，根据城市特点和问题寻找有针对性的解决方案。而环境产业原来那些领先企业，也将会以合作，甚至竞争的方式，各自进入长江大保护的汪洋之中。

结　语

傅涛在"2020（第十八届）水业战略论坛"上阐述时代变局下的水业未来时谈到：过去的20年，城镇污水处理市场以规模为标尺，以资本为驱动。通过这些年的历练，引领方向的扎实的产业基本面已经形成。2020年是水业发展的分水岭。"扑面而来的疫情，给世界带来许多变化，加剧了百年未有之变局。新时代的特征对2020年后的水业，影响犹大。"城镇水务市场的支付环境、监管环境等都发生了改变，包括政策性国企的兴起与资产回购，都显示出与以往的不同。水务市场需要变革，尤其在十九大以后，要坚持为人民服务的初心，重新找到新阶段的价值。水务行业现在正式回归服务业，服务模式以感知和目标客户为核心，也将不断涌现出一些新模式和新业态。在如今万亿级的水业资产规模的基础上，水业资产会成为水业跑道划分的核心标尺，这些资产将重新成为市场驱动的关键。

参考文献

[1] 成卫东.【环境人】王洪春：永不言败追求卓越.中国水网,2015-10-12, http://www.h2o-china.com/news/230667.html.

[2] JIEI.鹏鹞环保上市：从青萍之末到千里烟波.JIEI创新实验室,2018-01-05,https://mp.weixin.qq.com/s/o9a-VmBH-Kw3H0uaPs1Gxw.

[3] 王芳.发展环保产业成就美丽世界——宜兴环保企业转型发展亮点扫描.中国高新区,2016年12期.

[4] 高的·潘.高处出击势如破竹——桑德集团公关策略回顾.中外企业文化,2001年15期.

[5] 范颖华.文一波：环境产业急先锋.小康·财智,2010年3月刊.

[6] 张枭翔,张旭.文一波的执念.中国慈善家,2014年06期.

[7] 小内.中国女首善,女版贾跃亭？揭秘深陷漩涡的何巧女.互联网圈内事,2018-10-21,https://mp.weixin.qq.com/s/gSOdVmPxqdpvUNHHvCrUGw.

（本章作者：李艳茹　谷　林）

生机盎然：

农村污水市场，野百合也有春天

每一个故事都有开头，农村污水处理市场的故事又从哪里说起呢？农村环境治理问题在近些年越来越被重视起来，而农村污水问题也在"下河游泳已成往昔"的感叹声中，逐步显现出来。

我国农村污水治理伴随着问题的凸显，默默集聚着力量。直到市政污水治理取得阶段性胜利后，政策才开始大力度向农村污水治理倾斜，进而市场全面爆发。但在市场的探索过程中，问题也不断显现，身在其中的企业通过尝试和论证，不断完善市场，推动市场的发展。

与城市污水相比，农村污水因为乡村与乡村之间的区位条件、人口组成、群体聚集度、污水成分规模、水环境承载力、经济水平等不同，很难用同一个模式、同一种工艺去处理污水。

农村市场还需要政策的春风，需要加大财政对于农村污水处理和废水利用的支持力度，一方面要多渠道争取各项专项资金和专项国债资金，另一方面要引入社会资金参与农村的污水治理与水资源利用项目。同时，还需加强后续运维管理工作，完善农村环境科普教育，改善农村优美环境，让农村环境更洁净，从而增强人们的幸福感和获得感。

同时，环境产业也应当创新模式和技术，在农村污水处理市场上贡献力量并获得收益。

本篇从农村污水市场力量集聚期谈起，通过11个片段，来回顾农村污水市场的整体发展。

寂寞的角落

距今15年前，在中国大地上，大中城市污水处理率尚不足50%，就更别提广大农村地区了。无数条河流缓缓流过城市，也流过乡村，倒映着高楼和树木，只是渐渐地不复清澈。

当时人们提到农村环境污染问题，主要是指化肥使用带来的面源污染，以及乡镇企业、畜禽养殖等带来的污染。

和环境产业其他细分领域一样，农村污水处理市场的萌芽离不开政策的驱动。

2005—2008年间，国务院、建设部、环境保护部出台了一些关于加强农村环境保护的政策措施，引起了行业对于农村污染问题的关注。

"十一五"期间，国家计划解决1.6亿农村人口饮水安全问题，农村污水处理市场容量随之扩大，为环保企业带来了一线商机。

2008—2009年，国家对于农村环境治理资金运营方式主要是"以奖促治"，即农村开展整治并达到效果后，中央会以资金进行奖励。各地农村污水治理项目开始一些初步的探索、试点。

这一时期，参与农村项目的主体多为环保局、水务局、农业局等，一些地方部门通过与高校、研究机构合作，试验性地采用处理技术。由此，也诞生了多种多样的农村污水处理技术，如人工湿地技术、净化槽、净化沼气池、"泛氧化塘"工艺、"三化池"处理工艺等。一些技术来源于自主研发，也有相当一部分通过国外引进或国内外技术合作的方式落地。

整体而言，这个时期的农村污水处理市场是静谧的，偶尔有一些市场主体参与，和逐步热火朝天的市政污水处理市场相比，很不起眼。

农村状况按照当时市政污水市场的标准评价也许不值一提，大中城市里纷纷开建10万吨以上的污水处理厂，BOT模式的开创更是进一步提速。市政污水市场的蛋糕才刚开始切分，而农村污水体量不成规模，费用来源存疑，根本不在大佬们的视野里。2007年，美国汉氏技术有限公司获得江苏省如皋市农村污水BOT项目，这是非常罕见的事。更多的是地方上相关政府部门搞的试点项目，每天的处理量也就几十吨。

我们看看这一时期，农村污水处理的寂寞角落里发生了哪些故事。

〜〜 廖志民的两个金达莱

2004年10月29日，现江西金达莱环保股份有限公司（以下简称"金达莱"）的创始人廖志民在其深圳金达莱环保有限公司（以下简称"深圳金达莱"）下成立了子公司江西金达莱环保研发中心有限公司（以下简称"江西金达莱"），顾名思义，就是要做些环保技术的研发。谁都没想到，这个子公司未来将取代深圳的母公司。

1993年，本科毕业于清华大学环境系的廖志民带领四名员工开启环保创业征程，创办了深圳金达莱，主营工业废水处理，服务涉及包括电子、电镀、食品加工、印染等行业。

经过15年发展，2008年深圳金达莱营业收入达到1.7亿元，净利润4,426万元，净资产1.5亿元，开始谋划在深圳证券交易所上市。但却由于募投资金使用必要性问题，以及收入成本核算的会计制度差异问题，没有实现IPO。

花开两朵，各表一枝。江西金达莱成立后，不负使命，在2008年研发出了一项独门技术：FMBR（兼氧膜生物反应器）技术。这一技术利用一些特殊的复合微生物菌群把污水中的有机物进行高效分解，实现了有机污泥近零排放、污水气化除磷和同步脱氮等方面的技术突破。具体来说，就是将特性微生物技术与膜分离技术相结合，利用微生物共生原理在兼性厌氧的环境之下筛选出优势菌群，从而达到日常运行基本不外排有机剩余污泥、同步脱氮除磷的效果。

得益于这一技术创新，金达莱取得了巨大成功，尤其是在村镇污水处理领域。

金达莱还有另外一个JDL技术适用于重金属废水处理，主要应用于电镀、线路板、金属矿开采、冶炼等重金属废水处理领域。母公司深圳金达莱IPO被否后，廖志民等控股股东先是收购了深圳金达莱持有的江西金达莱股权，又用江西金达莱控股主体收购原兄弟公司，再将深圳金达莱的主要资产转移至江西金达莱。自此，深圳金达莱彻底退出历史舞台。

江西金达莱继续走向资本市场，2014年在新三板正式挂牌；2019年申报科创板，2020年11月成功登陆科创板。

江西金达莱在村镇领域闯出名头，确实跟FMBR技术有关系。这个技术适用于有机污水处理，主要针对生活污水、养殖、印染、食品加工以及其他工业有机污水的治理，应该说研发的目的并不是农村市场，只是它的特点比较适合零散、面广、多样的农村污水处理，所以农村市场给了它成长的沃土。

凭借FMBR技术为基础的村镇污水处理一体化设备，以及起步早的优势，在国内乡镇污水治理中，金达莱颇有一些江湖地位。其技术设备已经遍及全国28个省市，运用在云南洱海的湖泊面源污染控制、山东荣城的村落污水连片整治、重庆铜梁县的乡镇污水综合治理等国家和省市重点工程中。

≈≈ 富凯迪沃的机会

2005年开始，归国学者王昶教授开始净化槽设备的研发并申请多项专利；2008年在天津市科学技术委员会的支持下，应用于西青区六埠村的农村生活污水示范工程，随之开发了单户型、多户型、楼宇型及集中型净化槽处理工艺项目。

后来，王昶成为专注于农村污水解决方案的富凯迪沃（天津）环保科技有限公司（以下简称"富凯迪沃"）的技术总监。王昶在公开采访中表示，近些年富凯迪沃发展非常迅速，现在在天津市村一级的农村污水处理几乎都是其所承担的。

和金达莱一样，富凯迪沃能在农村污水市场存活也有其独门技术——农村生活污水归一模块化净化槽技术。此外，富凯迪沃还研发了平推流和全混流模式耦合技术、归一化预处理的水解技术、多台净化槽串并联集成技术等集成技术。

在E20环境平台主办的"2017（第三届）环境施治论坛"上，王昶详细解释了富凯迪沃针对村镇的污水处理技术。

富凯迪沃针对村镇污水处理成功研发FK-JHC净化槽和FH＋MBR复合生物膜反应器，分别适用于农村污水分散处理与乡镇污水集中处理，在数十项项目工程中已经得以成功应用。

而FK-SJC水解槽是富凯迪沃另外一个专利产品，与化粪池截然不同，它是由厌氧水解区、生物滤床区和好氧区构成，能够让不同的家庭生活污水归一化，形成水溶性的污水，大大降低后续的管网管径要求以及生化处理负荷。它利用污水中的硅酸盐颗粒物自身的重力，自由沉降到底部，与污水分离。厌氧微生物产生的气体使有机颗粒物以及胶体等上浮。好氧区的微生物以及后生动物进一步快速分解所形成的浮渣。生物滤床增大了水相中的微生物浓度，加快了水解过程，可以降低后续的生化负荷和提高管道的流通性。

王昶说："农村不收水，再好的装备处理效率都是很低的，标准再高，也达不到全面的一个好的高的标准，我们的系统适合于中国。更可贵的是我们能够在北方、在零下十几摄氏度的时候正常运行，让很多同行非常震惊。"

富凯迪沃的农村生活污水归一模块化处理模式能实现矿化、脱氮、除磷以及活性污泥的减量化。农村生活污水归一模块化净化槽串并联系统在应用过程中不断完善，截至2018年5月，已在天津市西青区、宁河区、静海区、武清区、宝坻区、津南区、滨海新区以及蓟县建立了村镇260多个处理站点。除此之外，还有广东湛江、江苏扬州、河北邯郸、安徽马鞍山，以及宁夏自治区平罗县和山东德州市等50多地处理站。

在"2018（第四届）环境施治论坛"上，王昶说，富凯迪沃天津市宝坻区2017年农村生活污水处理和旱厕改造项目喜获2018年度中国农村污水处理优秀案例。

农村市场的机会是留给有准备的公司的，金达莱和富凯迪沃因为自己的技术储备获得了发展的机遇。

一阵春风

和环境领域所有细分市场的诞生一样，农村污水处理市场的萌芽也是由于政策的推动。

从2010年开始，国家财政部、环境保护部等部门联合开展农村环境"连片整治"专项工作，并支持执行效果好、且具备相应财政实力的省份开展"拉网式全覆盖"运营方式。

《国家环境保护"十二五"规划》明确提出要"鼓励乡镇和规模较大村庄建设集中式污水处理设施，将城市周边村镇的污水纳入城市污水收集管网统一处理，居住分散的村庄要推进分散式、低成本、易维护的污水处理设施建设。到2015年，完成6万个建制村的环境综合整治任务。"

这些政策的制定可以说是催生农村环境市场的最初的春风。

标准方面，基本沿用城镇污水标准。只有少数地区有农村污水排放标准，如宁夏回族自治区2011年发布了我国第一个地标——《宁夏农村生活污水排放标准》（DB64/T700-2011）（该标准已修订为《宁夏农村生活污水处理设施水污染物排放标准》，并于2020年5月28日开始实施），对化学需氧量、生化需氧量、总氮、总磷、氨氮、粪大肠菌群数等主要指标制定了新的排放限值，几级标准均低于《城镇污水处理厂污染物排放标准》同级的限值；福建省2011年发布了

《农村村庄生活污水排放标准》（征求意见稿），但直到
2019年年末，福建省《农村生活污水处理设施水污染物排放
标准》（DB35/1869—2019）才正式出台；2013年，山西省
人民政府通过《山西省农村生活污水处理设施污染物排放
标准》，于2013年6月30日发布，2013年7月30日开始实施。
2015年7月，浙江省《农村生活污水处理设施水污染物排放标
准》发布实施，规定农村生活污水排放必须达到规定的排放
标准，确定了pH值、化学需氧量、氨氮、总磷、悬浮物、粪
大肠菌群、动植物油等七项主要控制指标及限值。

　　资金方面，中央政府对于农村环境问题的直接资金主要
来自中央财政2008年起设立的农村环境保护专项资金，2011
年累计下拨80亿元，2012年为55亿元，2013年为60亿元，
2014年为55亿元。截至2015年年底，国家总计投入305亿元专
项资金在23个省市开展农村环境连片整治示范，支持7万个村
庄实施环境综合整治。而地方政府的资金来自省市区县各级
政府的配套资金，区域间差异较大。

　　此外，中央及省级资金多用于设施建设，而设施体系的
运营维护多由区县镇乡等地方政府给予配套。

　　2013年11月，环境保护部印发了《农村生活污水处理项
目建设与投资指南》《农村生活垃圾分类、收运和处理项目
建设与投资指南》《农村饮用水水源地环境保护项目建设与
投资指南》《农村小型畜禽养殖污染防治项目建设与投资指
南》等四项文件。此四项文件中内容可操作性强，配合中共
十八届三中全会公告中"生态红线"的提法，继续为农村环
保市场送来政策春风。

　　2014年《关于推广运用政府和社会资本合作模式有关问

题的通知》文件的出台，为社会资本参与农村污水处理基础设施建设提供了机会，可以为农村污水处理行业提供资本与金融的保障，助力农村污水治理的快速发展。但此时PPP大潮还未正式到来，距离农村污水市场的真正兴起尚且较远。

2010年以前，特别是二十世纪末、二十一世纪初这段时间，农村市场里出现的各种迹象还有偶发性，金达莱和富凯迪沃等公司的创业故事都是这个阶段的产物。2011年之后，很多企业开始有意识地布局农村市场。

借着需求侧的春风，产业内开始出现专注于农村污水处理的环境企业。

注册地在浙江象山县的正清环保成立于2012年11月20日；专注于分散式污水设备产业化的合续环境也是2012年成立的；中斯水灵成立于2013年。他们都将农村污水处理作为自己的主营业务。

正清环保讲究的是"系统工程"，在复杂的系统里，不断地熟悉、深入、沟通，将农村特有的地理条件和人文脉络理解透彻。中斯水灵则注重"高科技"，引入了欧洲VFL公司污水处理产品与技术。合续环境的特点是坚持用工业设计思维推动产品研发，以标准化和模块化设计为规模自动化生产创造条件，以贴近生活的方式不断完善产品功能。

另外一个显著信号是，一些在市政污水处理市场上已经具有实力的企业，也将目光转向了这个不受关注的角落。其中不乏桑德集团、首创股份这样的大公司。

〰 文一波发现了新蓝海

2015年之前的农村污水处理市场是静悄悄的，大家都把注意力放在城市了，没有太多人去关注它。然而，总会有一些眼光不一样的创业者，会默默地、勤奋地进行伟大的革新。

作为中国第一代环保企业家，桑德集团（以下简称"桑德"）董事长文一波已带领企业走过28年。

2018年春，E20研究院执行院长薛涛等带队拜访桑德总部。文一波总结他带领桑德一路走来的心得时这样说："我不喜欢做重复的事情。在企业发展过程中，我一直在寻求并且创造着蓝海。"

"当别人都在不知所措的时候，我们早就做好了准备。"文一波认为，企业要长远发展，绝不能仅寄希望于任何一个单点领域，要不断地寻找蓝海，预见未来。他带领桑德在环境领域开拓的过程体现了他的思路，包括对农村污水处理市场的判断。

2011年，随着城市污水处理率的提升，桑德开始更加深入地思考新的模式和市场。"城市做完，乡镇是个蓝海。"基于此，桑德开始研究针对乡镇市场的技术路线和商业模式，在技术、设备等产业链做进一步探索和储备，率先进入村镇污水治理市场，再次成为这个细分市场的领头羊。

其实，进军农村水环境市场，桑德早有布局：2009年开始对国内村镇污水现状做了细致的调研，2010年成立村镇污水处理工艺与设备开发专项攻关小组，创新性地提出以低动力生物膜法为核心的节能省地型SMART成套化、模块化工艺。

2011年，桑德SMART村镇污水处理系统在湖南省长沙县首次得以成功应用。

但与其他领域相比，农村水环境领域还很不成熟，付费主体不清等问题还依然存在，虽然这个市场看起来很大，但问题的解决还需要不断探索。

2017年年底，桑德中标的43.21亿元湖北省襄阳市汉江水环境保护建设PPP项目是一个很好的探索。文一波认为，农村水环境市场如此之大，如果引入PPP等模式推进，就一定要解决融资问题，否则仍然不可持续。

在"2019（第五届）环境施治论坛"上，桑德生态科技有限公司总经理助理王波博士说：从2009年开始组建第一支农村污水治理技术研发团队至今，桑德已经在农村污水处理治理有10年的探索历程，这10年间桑德以因地制宜、优先考虑资源化利用、高效低耗和易于管理等为原则，基于厌氧、生物膜法、生态处理等技术，按照规模大小，将村镇污水处理系统分为户级、村级和镇级三类，并结合污泥处理处置技术和智慧运维管理系统，为村镇污水处理提供系统解决方案。

10年间，桑德四大核心技术在全国近30个省区农村污水处理项目中得到实践应用，服务的人口近1,000万，塑造了一大批经典案例，比如北京市通州区姚辛庄村污水处理项目、江苏省丹阳市村庄污水处理项目、湖南省长沙县18个乡镇污水处理项目等。

在商业模式上，桑德创新地提出按效付费的建管一体化模式，避免建成的污水站出现晒太阳现象。根据政府需求和地区经济水平，可灵活组合，比如PPP（合资、合营）、BOT＋BT（厂网同步建设）、设备＋OM（智慧运维）、EPC＋OM（智慧运维）、ROT（品质提升）等。

由于农村污水项目规模小，需形成规模效益，因此，桑德提出适用于乡镇打捆（以市区县/流域为单位）、农村打捆（以市区县/流域为单位）、村镇打捆（以市区县/流域为单位）、市县打捆（以市区县/流域为单位）、城区中就地截污治污（不方便接入市政管网的污水就地处理）等项目类型，湖北襄阳村镇污水处理项目便是市县打捆模式的典型案例。

〜〜 国中水务再一次转型

黑龙江国中水务股份有限公司（以下简称"国中水务"）不是环境领域的新玩家，第一波水务市场的浪潮中，它在供水、污水领域都几番拼搏，但最终也没有搏出位，总是走在战略转型的路上。

2013年12月11日，国中水务公告称，计划以1,200万美元收购丹麦BioKube公司，该公司主要针对家庭等提供小型污水处理系统。

国中水务称，农村和小城镇供水和污水处理市场是公司未来的核心开拓市场，公司将针对农村水务市场特点积极布局，分别收购和引进海外小型供水和污水处理的先进设备与技术。

"国内部分地区农村供水安全存在隐患，癌症村、高氟水、苦咸水、工业废水的违规排放，农村污水普遍缺乏有效治理，污水横流、垃圾遍地，令人扼腕叹息。"时任国中水务董事长朱勇军在接受记者采访时感叹道。

在谈到商业运营模式时，朱勇军坦言："国中水务将通过借鉴国内其他先行企业、地方政府解决问题的先进经验，探索并完善尝试新的商业模式。"

自此，该公司开始针对农村水务市场特点积极布局，通过与国外公司合作，加大力度引进适用于农村水处理市场的先进技术以及小型供水和污水处理的配套设备。

2014年，国中水务分别与山东省和黑龙江省住房和城乡建设厅签订合作协议，在两地进行乡镇污水处理等基础设施建设。1月进军山东约200个乡镇的水务市场，8月进军黑龙江约100个乡镇的水务市场。

2014年10月，国中水务继续深入拓展乡镇污水处理市场，预中标四川省容县度佳镇等12个乡镇生活污水处理厂BOT新建项目，四川省也成为山东省、黑龙江省之外，公司乡镇市场拓展的重点区域。

在上述项目之外，2014年，国中水务还与四川省宝兴县签订了关于农村集居点生活污水处理设施采购合同，为宝兴县22个村镇提供日污水处理规模合计2,160吨的小型污水处理设备，合同金额约1,000万元。

但是，随着朱勇军卸任，国中水务的农村水务市场之路似乎就无疾而终了，至少在2015年之后，这个细分领域就很少再看到国中水务的身影。

我们都说"长江后浪推前浪，前浪死在沙滩上"。作为一个领域中的先驱者是有诸多劣势的。先驱者没有什么经验，需要完全摸着石头过河，假如有时候不小心犯了什么错误，或者驾驭不住自己的发展趋势，后果可能会很致命。因为先驱者做的是以前完全没有人做过的事情，而后人就可以观察他们的教训并从中学习，然后超越他们。事实是非常残酷的。

国中水务这个农村污水处理市场的先驱者的消失和以往它从行业主流中的每一次消失一样，都是突如其来又莫名其妙。但这个故事表明，我们有时候可以换个角度去看待似乎不是很热的市场，也许里面暗藏玄机。

〰 合续环境的三大利器

深圳合续环境科技有限公司（以下简称"合续环境"）成立于2012年，是农村污水处理细分领域里最早一批专为此市场创建的公司。

2016年年末，为贯彻落实国家扶贫号召，充分利用云南省祥云县的资源，更好地发挥合续环境污水处理设备领先企业的优势，12月15

日，合续环境与云南省大理州祥云县人民政府签订了招商引资合作协议，合续环境正式迁址祥云县，更名为云南合续环境科技有限公司。

从产品角度来看，这家公司称自己是一家以分散式污水处理设备研发、生产、销售为主的高科技环保企业，致力于将分散式污水处理设备工业化、标准化、智能化、信息化，是国内分散式污水设备研发制造的一流企业。

该公司目前已完成云南省大理、曲靖、腾冲、澄江、石屏等多个分散式污水处理试点示范项目，且为提高本地化服务能力，合续环境在云南大理、玉溪以及楚雄设立三大生产基地，未来将更好地服务于云南省城乡人居环境提升行动。

在"2019（第五届）环境施治论坛"中，合续环境董事长李文生说，"农村污水处理看着容易，很多企业都觉得非常非常困难。行业到底出了什么问题？"

李文生将很多平台治理公司比作"大一女同学"，城市污水市场是"大三师兄"，农村污水市场则是青涩的男同学。"大一女同学"都喜欢成熟的"大三师兄"。有城市污水市场在，也能对比看到农村污水市场的不成熟。但回头看，可能更多女孩最后还是嫁了同级男同学。从时间维度来看，成不成熟只是一个阶段。农村污水治理，瓶颈也正是"不成熟"。整个行业对这个领域的关怀有所欠缺，分工不成熟、配套不成熟、管理不成熟。

李文生提到，在农村污水领域，一直没有看到成熟、专注、愿意投入的设计院；行业在农村污水市场发展的前两年更多关注设备、装备、标准化产品部分，也反映了这一环节做得不够好，产品和客户期待有差距；管理也制约着行业发展，投资主体在进行项目投资、研究的时候，在管理问题上测算也存在依据不清晰、没有经验可借鉴的问题。这些问题都影响了项目各方的参与积极性。

李文生表示："绝大多数乡镇还不是自来水，仅实现直供水。县一级还有很多污水处理厂和自来水公司都在政府手里，现在模式要求存量和新的项目打包一起，厂网是行业需求，两污一体是现状要求，农村污水是吸引投资主体、平台参与的主要模式，有条件尽量往一个包打。"

中国农村问题复杂，很多农村基层工作都是通过乡镇、村级干部实施的。若把农村污水当作城市污水对待，则是把复杂问题简单化了。因此，他提议在实际项目中，应让村组织和村民尽可能参与进去。"分户模式在很多地方成为好模式的主要原因，在于农民的获得感。把污水设备放到家里，跟挖他的院子把污水收集出去的感受不同。我认为，农村污水一定要本地、本村化，并考虑运维人员的本地化，如果没有当地运维人员，不仅成本会增加，效率还会大打折扣。"

合续环境拥有贝斯、耐斯、CHtank（中国罐及卧罐）三大完整的分散式污水处理产品线，可满足城市无管网区域生活污水就地处理、城市黑臭水体控源截污、乡镇生活污水组团式集中处理、农村生活污水小集中、联户、分户处理等不同需求。

为了满足农村村级小集中处理的市场需求，合续环境的CHtank-卧罐产品根据不同的出水标准要求开发出系列产品。产品设计理念除特别强调运行稳定达标外，还强调工艺上最大限度地减少有机污泥产生，半年清理一次无机泥，使农村运维没有污泥处理负担和减少点检频次。

合续环境重视日本先进供应链产品的引进和合作开发，联合日本安永合作生产适合中国罐等分户联户产品系列小气量气泵，适合分户安装的0.6吨处理量中国罐使用的35升/分钟气量气泵能耗仅16瓦。

追踪合续环境的市场足迹可以看出，它最初曾想利用手中三大产品利器，和水务环境巨头们展开合作，与桑德集团、博天环境、北控水务等都有接触或签约。

2019年4月10日，合续环境与陕西省水务集团污水处理有限公司在陕西省西安市举行了合作签约仪式——合资成立陕西水务合续环境设备有限公司（以下简称"陕西合续"）。

陕西省水务集团是陕西省政府批准成立的国有独资企业。陕西省水务集团污水处理有限公司是水务集团二级子公司，是陕西省委、省政府建设美丽陕西，改善水环境，保障污水处理设施安全、稳定和高效率运营的重要载体，已与20多个县签订了城乡污水处理投资运营协议。其中多数项目采取了城乡一体、供水排水一体等农村污水处理的创新模式。

而与省级国资平台公司、大型水务平台合作打造区域制造中心，正是合续环境2019年的重要发展战略之一。

爱你想你怨你念你

在这个阶段，"水十条""五水共治"从真正意义上共同开启了农村污水处理市场。同时又有PPP助力，市场格局及行业共识初现。

这个领域不再是被个别人、个别企业看作是蓝海，环境领域头部企业纷纷下场。怎么做项目、拿市场，各个企业都有着自己不同的探索。

据E20研究院2018年调研，我国大部分农村地区的污水仍处于无人治理的状态，污水处理率不足10%，分散式设备有效运行率不足20%。蓝海确实名符其实。

政策方面

2015年4月，国务院发布《水污染防治行动计划》（"水十条"），明确提出要"加快农村环境综合整治，实行农村污水处理统一规划、建设、管理，推进农村环境连片治理。有条件的地区积极推进城镇污水处理设施和服务向农村延伸。到2020年，新增完成环境综合整治的建制村13万个。"

正是因为"水十条"对流域水环境、对总体治理效果的重视，才使得原本不受重视的农村环境治理受到更多关注。

同一时期，中共中央、国务院《关于加快推进生态文明建设的意见》中也明确提出要"加快美丽乡村建设，加大农村污水处理力度"。在"十三五"规划纲要中，明确要求开展生态文明示范村镇建设行动和农村人居环境综合整治行动。政府需求政策频出助推农村污水处理市场不断释放。

2016年12月，环境保护部与财政部共同发布了《全国农村环境综合整治"十三五"规划》，规划重点关注"好水"和"差水"周边村庄，优先整治南水北调东线中线水源地及其输水沿线、京津冀和长江经济带三大区域，针对性更强。其中提出"十三五"时期的三大优先整治区域，包括南水北调东线中线水源地及其输水沿线、京津冀和长江经济带，涉及880个县（市、区）8.14万个建制村，约占全国市场的58%。

住房和城乡建设部发布的《关于请做好农村生活污水治理示范县项目对接工作的函》，要在全国100个县（市、区）开展全国农村生活污水治理示范。一系列政策的出台明确了政府对村镇污水采用PPP模式处理处置的决心。

资金方面

国家安排有直接支持农村污染治理项目建设的专项资金，这种资金绝大部分走的环保系统。环保系统多年来在农村环境整治里获得财政部的资金支持，每年大概60亿元用于部分省份项目。一般来说，中部省份获得的资金支持会比较多，沿海省份更多要靠自己。

农村项目很多是通过省财政和高级财政补助方式形成的，这种政策性资金方式会容易带来某种倾向：先把设施干好了，管网慢慢筹钱再来干。

因此，即使是在市场真正出现的2015年后，农村污水治理项目也主要以政府为主导，通过购买工程的方式开展，企业市场行为主要在设备、材料制造及工程建设领域。

由于这一阶段PPP的推进，陆续有一些金融手段结合PPP模式直接用在了农村污水市场上。如中国农业发展银行贷款，期限为20年，可以用政府购买服务的长期政府支付信用来质押。也有一些央企、知名环境公司通过PPP方式直接获得多个打捆项目。

从地方上来看，各地也在陆续出台农村污水治理的政策。

浙江省委省政府印发了相应的文件，出台《关于深化"千村示范、万村整治"工程扎实推进农村生活污水治理的意见》《关于印发浙江省治污水实施方案（2014—2017年）的通知》等系列文件，部署"十百千万治水大行动"。

福建省住房和城乡建设厅、财政厅关于《鼓励社会资本投资乡镇及农村生活污水处理PPP工程包的实施方案》提出：以设区市或县（市、区）为单位，将辖区内的乡镇污水处理设施、配套管网、污泥处理以及村庄集中式处理项目、流域综合治理项目整合组成一个或若干个工程包项目，采用PPP模式，引入社会资本；鼓励实行厂网一体化投资和运营；并提出新建项目要"强制"应用PPP模式。

标准方面

根据E20研究院《村镇污水处理市场分析报告（2017版）》，由于国家层面还没有出台村镇污水的排放标准，造成地方工艺确定和建设标准困难等问题，对于工程方面也缺乏统一的技术标准规范。

因此，各个地方根据当地的实际情况，相继制定并出台了相关的农村污水排放标准，地方标准的制定总体参考了《城镇污水处理厂污染物排放标准》（GB 18918—2002），各个地方标准主要可分为两种：一是按受纳水体环境功能分类分级，高功能严要求，如北京、山西、宁夏；二是按污水处理模式和规模分级，集中处理高要求，分散处理低要求，如浙江、河北、福建。

国家层面为农村污水处理排放制定标准确实存在困难。在"2016（第二届）环境施治论坛"上，薛涛表示，在10吨以上的农村污水项目中，有45.78%的项目是直接套用市政执行标准，还有27%的套用一级B标准，明确发文的地方标准只占全部项目的26%。10吨以下的项目，情况更严重。

2018年，生态环境部和住房和城乡建设部联合发布了《关于加快制定地方农村生活污水处理排放标准的通知》，要求各省（区、市）抓紧制定地方农村生活污水处理排放标准。这就意味着，国家在相当长的一个时期内不再统一制定国家标准，各省（区、市）结合当地具体情况，制定适宜的地方标准。

政策要求加上市场发展，2017年开始，农村污水处理标准方面开始出现某种意义上的"大跃进"，各地标准制定争先恐后，一些地区过严标准引来争议。

截至2019年，宁夏、浙江、河北、山西、重庆、陕西、江苏、北京等省市已经发布了地方标准，还没有出台排放标准的地区，也普遍将《城镇污水处理厂污染物排放标准》（GB 18918—2002）作为自己农村污水处理的参考排放标准。

生态环境部随后又印发《农村生活污水处理设施水污染物排放控

制规范编制工作指南（试行）》，进一步规范各省市科学合理地制定标准。

在"2019（第五届）环境施治论坛"上，中国人民大学环境学院副院长、中国人民大学低碳水环境技术研究中心主任王洪臣教授指出，农村污水治理是近几年行业普遍关注的重点领域，很多企业都开始大举布局农村污水治理市场，但火热背后，农村污水治理却雷声大、雨点小，举步维艰。造成这种现象的因素有很多，如财政投入、规划建设模式、运营管理模式等，而一些不切实际的排放标准则更加严重地阻碍着农村污水治理的进程。

王洪臣指出：首先，标准分级混乱。有的标准按排水去向分级，但绝大部分农村污水去向无法定性。农村污水很多说不清楚，不能简单用分级来确定标准；有的标准按设施规模分级，但规模取决于采用集中还是分散的规划布局；有的标准按本地经济状况分级，但本地经济状况实际无法定性。

第二，排放限值宽严不相济。很多省市的一级标准等同或严于国家城镇标准的一级A，但三级标准又放宽到不处理也可达标。王洪臣指出，标准该严的不严，该松的不松，排放限值宽严不相济。

第三，标准要素缺失。王洪臣指出，排放标准应该包括限值、取样方法、评价方法三个要素。但目前，几乎所有省市的排放标准都没有明确的取样方法和评价方法，导致实际执行过程中，采用瞬时样、全达标的取样评价方法。

第四，制定标准不考虑实施效果或后果。"很多标准制定时，不考虑实际的达标率，导致执行阶段'就高不就低'，攀比心态严重。"如农村受纳水体普遍没有水功能区划，有区划的也不会是Ⅳ类或Ⅴ类水体，在不清楚排水去向的情况下，为了稳妥，地市县往往会优先采用最严的标准。

第五，越来越严的标准。从目前已经发布了地方排放标准的省市来看，北京的农村污水排放标准远严于城镇污水排放的一级A标准；河北的相当于一级A；上海介于一级A与一级B之间；宁夏、山西和陕西相当于一级B；浙江和重庆远低于一级B。

技术方面

清华大学环境学院王凯军教授曾表示，我国污水处理技术繁多，市场相对混乱。针对农村污染物排放没有专用的技术标准体系，也没有明确的农村生活污染控制技术路线。

例如桑德集团的SMART村镇污水处理系统解决方案，是将已经退出历史舞台的生物转盘工艺重新搬上舞台，这个技术并不复杂，但是可以有效应用在农村污水处理中。

金达莱董事长廖志民也认为，农村污水处理技术一定要容易装备化，否则很难大众化，也很难普及使用。

对于技术现状，王凯军、文一波指出，我国农村污水处理工艺技术种类繁多，标准不一，执行困难。"如果在一个县或者一个市同时出现几种，甚至十几种技术，那么最后的整合运营就会非常困难。"而技术标准不接地气，农村和村镇污水排放标准不统一也是一大症结。

薛涛认为当前农村污水处理技术可以分为三个流派：道法自然派、工程技术派、设备装备派。工程技术派是想复制市政污水处理的做法，通过建设工程，集中收集处理；设备装备派就类似于廖志民所说的，根据农村污水的特点，使用整套设备分散处理；道法自然派，强调的是利用农村自然环境，各种天然的条件，强调生态的手段来处理农村生活污水，减少使用更多的物理、化学手法。

与技术相对应，总体来看，目前农村污水处理方式主要有三种。纳管区域集中处理方式：主要是城镇近郊区的村庄，通过管网将农户污水收集并输送至城镇污水处理厂统一处理；村落污水集中就近处理方式：通过管网收集村落内住户污水，并集中到村污水处理站统一处理；分户原位处理：采用小型污水处理设备或自然生态处理等形式将单户或几户的污水在住户的房前屋后原地处理或利用。

"农村污水处理无论选择哪种技术路线，都要依赖于运行模式和商业模式的选择。"王凯军表示。

PPP

薛涛在"2017（第三届）环境施治论坛"上说，2016年起，主流商业模式正趋向于区域打捆PPP。PPP项目在不断增加，不仅限于农村生活污水治理和垃圾处理。一些大型企业跟地方政府大包大揽。我们看到区域打捆中有两类，第一是区域污水治理打捆，第二是把农村环境综合治理打捆，其中第一类打包的是地域范围，第二类打包的是领域范围。

大包揽、区域打捆、PPP，使得这一时期的农村污水处理项目似乎从丑小鸭变成了白天鹅。如这一时期出现了：20亿元的江苏省宜兴市农村污水治理项目、21亿元的福建省龙海农村污水PPP项目、超24亿元的广东省雷州村镇污水PPP项目，以及雄安新区78个村环境问题一体化治理项目等。

福建等省份更是要求以市、县域为单位打包生成项目，并作为每次督查、考评、通报、约谈的重点内容。截至2019年，以县域为单位捆绑打包农村污水治理PPP项目，已落地实施54个，投资额约118亿元。

这一时期随着市场的形成，相关的研究、活动开始出现。"2015（首届）环境施治论坛"之后，E20环境平台每年都有针对农村污水处理市场的论坛召开，为政府、产业界提供了一个发声、讨论的平台，到2019年已经连续五届。E20研究院陆续推出了有针对性的细分领域研究报告。

问题还有很多，但产业界对这个市场的爱与想、怨与念多了起来，尤其是PPP的强劲风潮，使得很多细小单元打包到一起的农村水环境综合治理项目格外受到青睐。这个市场开始"有内味儿了"。

〰️ 首创股份看上了嘉净和思清源

春江水暖鸭先知。敏感的企业总是知道市场的风向。在2013年后的发展浪潮里，首创股份在并购方面拔了头筹。

2014年12月30日，首创股份公告收购苏州嘉净环保科技股份有限公司（以下简称"嘉净环保"）股权，总投资1.275亿元，持有其51%股权。

嘉净环保是一家从事村镇分散污水处理成套设备的研发、制造、销售、安装、运营和维护的综合性环保公司。

首创股份收购嘉净环保（收购后的公司简称为"首创嘉净"）完善和提高了公司在产业链中设备制造领域的实力，在打造完整产业链架构方面取得了实质性的进展，被看作大举介入小城镇污水处理市场的行动。

接着，首创股份通过增资收购了北京思清源生物科技有限公司（以下简称"思清源"）51%股权。2015年2月10日，收购签约仪式举行，北京首创清源生物科技有限公司（以下简称"首创清源"）宣告成立。

思清源是注册在北京的高新企业，其创新型的"rCAA（好氧-厌氧反复耦合）"处理工艺在污水处理领域有卓越的处理效果，被广泛使用于生活污水、工业废水、河湖治理、废气治理等诸多领域。

思清源一直注重科研开发和技术应用，成立近十年来，在国内以清华大学实验室为科研依托，和中国科学院等相关单位都有着良好关系，同时和众多国外科技公司有着密切合作，在高难度污水处理、污水厂提标改造、微污染水体治理维护等方面拥有优秀的实用技术和业绩。

成立之初，首创清源表示，拥有自有技术，再配合庞大的资本运作实力，未来，公司将努力发展成为"城市建设综合环保的投资商和产品的提供商"，成为环境保护的龙头企业。将依托自有技术和庞大的资本运作实力，开展污水厂提标改造、固废处理、土壤修复、河湖治理。

随着首创股份"生态+"战略的发布，首创清源定位为"村镇生态环境综合服务商"，并成为首创股份生态环境板块的重要战略组成部分。

2018年6月，首创股份拟以8,127万元挂牌转让首创嘉净2,100万股股份（21%股权），折合3.87元/股，较之前2.5元/股收购价格溢价54.8%。

在农村污水治理领域，自2014年以来，首创股份陆续投资、建设、运营了30余个项目，总投资额超过130亿，服务人口超过460万。

据首创股份总经理杨斌介绍，从BOT模式、PPP模式，到EPC＋O模式，从江苏常熟、浙江余姚，到海南三亚、广东中山，首创股份在近六年内推进项目、运营维护和服务政府的历程中，积累了经验，锻炼了队伍，并逐渐形成了自己对农村污水治理的系统化解决方案，逐步实现了农村污水治理领域的上下游布局。除了投资−建设−运营一体化外，首创股份还形成了从工艺包设计到设备集成到智慧化运营等的产品和服务，不断夯实村镇污水治理的体系化经营能力。

小城镇、农村污水处理市场成了首创股份重点拓展的新兴市场。

〜 北控水务：流域带动村镇

北控水务算得上是较早进入农村污水处理市场的企业之一，早在2008年就开展了村镇污水治理的研究储备，但大规模、有意识的布局，则和首创股份差不多是前后脚。

与首创股份通过收购入局不同，考虑到农村污水市场单个项目规模小、分散性强，北控水务最终拟定了"流域带动村镇"治理模式。

流域治理本就是北控水务在水处理领域的重要业务之一，"流域带动村镇"是成为其拓展农村及小城镇污水处理市场的主要模式也就不足为怪。

北控水务隶属乌江流域的贵州省南明河水环境治理一期工程已取得显著成效，该项目投资达到数十亿元级别。有了成功的经验，北控水务开始集中力量对流域周边村镇的污水展开治理。

2014年8月7日，北控水务与江苏省盱眙县正式签约城东水务项目；8月12日，公司中标河南洛阳市洛河水系综合整治示范段工程，该项目包括清淤、疏浚、生态修复等基础环境工程，预计该项目建设期年投资收益率为8.2%，回购期年投资收益率为9.2%。

2016年，宁夏、湖南湘潭等全国农村污水处理试点省市已经开始与北控水务等企业以及设计院等积极对接，完善农村污水处理。流域治理带动周边村镇的治污模式有望继续扩大推广范围及区域。

2017年12月11日，北控水务、五矿二十三冶建设集团有限公司（联合体）预中标湖北省赤壁市乡镇污水处理PPP项目，总中标金额1,329.51万元。

项目运作方式为BOT模式，项目合作期限是28年，其中建设期1年，运营维护期27年。

2017年10月20日，北控水务和江苏省宜兴市政府就农村污水治理

PPP项目和城乡污水管网PPP项目正式签约并签署战略合作协议，总投资额达67亿元。

该项目是当时国内最大的分散式治污项目和盘活存量管网资产项目，真正实现了北控水务在宜兴的厂网一体化和城乡村一体化，提供全面覆盖终端农户、管网、水厂的污水领域全产业链服务。

≈≈ 碧水源在农村市场也有"一招鲜"

在市政污水深度处理领域，MBR是碧水源出奇制胜的法宝。在农村污水处理市场，碧水源研发出一套集成式高效点源污水处理设备——智能一体化污水净化系统（CWT），专门针对我国农村污水治理污染源分散、污水流量较小、管网收集系统不健全、懂专业处理技术的人员稀少等特点。

碧水源在江苏省宿迁市泗洪县总投资2.56亿元的乡镇及村居污水处理工程项目使用的就是上述技术。项目建成后可解决该县23个乡镇150个村居污水处理问题。

CWT已在北京、天津、湖北、广东、云南、江苏等多个省份的乡镇建设水环境治理中使用，遍及海南三亚河上游农村区域、北京密云古北口镇司马台村、云南大理州洱源县（洱海流域）城镇及村落等。

在模式方面，碧水源通过对新建站点采取"企业建厂站、政府配管网"；对已由政府建成的厂站，则采用区域污水设施打包、委托运营的方式，成功打造了一条在全国颇具示范效应的农村治水路，投建了如北京密云石城镇污水处理站、怀柔汤河口污水处理工程、门头沟陈家庄污水处理站等农村治水的典型工程。

碧水源在农村污水处理市场的典型项目包括：

云南洱源县（洱海流域）城镇及村落污水收集处理工程项目。该项目按照一次规划，分两期实施，对洱海流域城镇和村落实施污水收集处理，共有八个城镇污水处理厂和113个村落污水处理站点，均采用碧水源MBR工艺技术，总设计规模2.72万吨/日，同时配套建设污水管网1,060千米，实现截污治污全覆盖。污水处理厂（站）出水主要指标达到地表水Ⅳ类标准，为改善洱海水质做出重要贡献。

海南省三亚河上游农村区域移动式污水处理站。海南省三亚市是全国首个"城市修补、生态修复"试点城市，三亚河污染的整治工作于2015年全面启动。按照规划，在三亚河周边一些污水管网不完善的地方，建立可移动污水处理厂，充当污水处理的替补。碧水源在三亚河上游农村区域安装15台自主创新开发的集成式高效点源污水处理设备CWT，参与到整治三亚河这个重要的"双修"项目中，首期安装10台，单台处理能力500吨/日，从源头保障这条三亚的母亲河水清景美。

湖北钟祥建制镇14座乡镇污水厂及配套管网建设项目。项目总处理规模为0.97万吨/日，配套污水收集管网506.84千米，污水处理采用碧水源CWT设备，出水达到国家一级A排放标准。该项目的建成改善了以汉江为水源的水厂原水水质，保障了居民生活用水和工业生产用水的质量。

≈ 央企中车来了

中国中车集团（以下简称"中车集团"）是强势进入环保领域的央企代表，2013年左右进入农村污水处理市场。2015年签订了首个PPP订单：常熟农村污水处理项目。

2017年7月中旬，由中车集团携手上海世浦泰集团等共同合资组建的中车环境科技有限公司（以下简称"中车环境"）在京注册成立，首期注册资本13.8亿元。

中车集团是品种齐全、技术领先的轨道交通装备供应商，也是世界知名的跨行业高端装备制造企业，涉及汽车、新能源、新材料、船舶海工、环保和半导体等行业。依托轨道交通领域的部分先进技术和高性能设备，中车集团多年前就延伸进入水处理、固废处理等领域，并形成了相当规模的产业基础和市场应用。

上海世浦泰集团在中国水务领域提供投资、研发、设计、设备制造、工程建设和运营维护于一体的成套解决方案，在德国和中国均拥有专业且经验丰富的技术、生产及运营团队，可为各地政府、村镇、企业提供一体化、定制化的水务解决方案。

中车环境是中车集团控股的专注于环境保护与资源开发领域的唯一专业化一级控股子公司，致力于"提供专业的环境服务、一流的环境保护设备和可靠的环境基础设施"。上海世浦泰集团作为中车环境的技术提供方，为合资公司提供世界领先的MBR污水处理工艺及装置、分散式智能模块化村镇污水处理装置等。

武装了资本和技术后，中车环境在农村污水处理市场开始扩张之旅。

2018年2月，中车集团作为牵头单位与中车环境、中车唐山机车车辆有限公司、福建路港（集团）有限公司联合中标福建省泉州台商投资区农村污水收集处理工程PPP项目。总中标金额为73,420.5222万元。

2018年2月，由中车集团作为牵头方，与中铁一局集团市政环保工程有限公司、广西博世科环保科技股份有限公司组成的联合体，中标云南省澄江县农村生活污水处理及人居环境提升工程PPP项目，项目总投资额22亿余元。

2018年10月，中车环境与安徽华骐环保科技股份有限公司组成的联合体成功中标安徽省五河县农村污水治理PPP项目，项目总投资额约为3.8亿元。

2018年11月，中车环境中标江苏省泰州市高港区村庄生活污水治理工程PPP项目，成交金额为54,907.16万元。该项目总计生活污水量约为4,159立方米/日，出水水质最低执行一级B标准。

2018年11月，福建省漳浦县村镇污水处理PPP项目中标结果出炉，中车环境与博天环境联合体中标合同包一。项目总投资45,326.35万元。

2018年11月，江苏省泰州市高港区村庄生活污水治理工程PPP项目预中标结果公布，中车环境、江苏大都建设工程有限公司（联合体）预中标该项目。

2018年12月，中车环境作为牵头人与博天环境联合中标临潼区农村生活污水PPP项目，该项目总投资额为6.8亿元。

2019年9月，湖南中车环境工程有限公司中标湖南省衡东县乡镇污水处理设施建设项目一期工程设计施工总承包+运营（EPC＋O），中标金额1.01亿元。

如果继续搜索，中车环境的农村污水PPP项目还不止这些。若说做出什么评价，可能为时尚早。

万物生

春来万物生，生发出来的有让人快乐的事物，也有让人不那么愉快的事物。但有生机总是好的。农村污水处理市场正是如此。

区域打捆、大包大揽，看起来"很香"。正因为这样的捆绑，使得治理效果与水环境关系更为紧密，问题进一步暴露。专家开始呼吁出水标准因地、因用途而异。企业、行业思考更加周全。企业开始考虑投资回收期、实际回报率等。不少农村污水处理PPP项目难以进展下去。

随着一些设施的建成，农村污水处理也遇到了市政污水处理早期遇到过的问题：设施建成后闲置，不运营。在环境治理领域，我们在同一个地方跌倒了两次。

2018年4月，国家审计署发布2018年第2号公告，称江苏省七个县（市、区）在覆盖拉网式农村环境综合整治项目中建设的195个污水处理设施有146个闲置，涉及投资10,449.77万元，真正运行率还不到10%。

2018年8月，河南省《信阳日报》公布市环境攻坚办对于"信阳市现有农村污水处理设施运行情况调度行动"的调查结果。结果显示，信阳市已建成农村污水处理设施100套，其中有32套不能正常运行，处于闲置状态。

世界银行集团高级供排水专家秦刚在"2019（第五届）

环境施治论坛"上指出：一个真正的PPP项目，建安成本只是冰山浮在水面上那一小部分，水面下的部分比水面上更多。水下部分包括工具、零件、维修、档案、预防性维护、应急性维护等。一个真正的水业PPP项目，政府跟社会（私营资本）应该像长期开发和管理一座花园一样合作，不能把眼睛只放在建设、运维某一方面。

也有一些新情况正在发生。

2020年3月，世界银行执行董事会批准给中国提供贷款8,910万欧元（相当于1亿美元），采取PPP模式，改善四川省的农村供水和污水服务。

世界银行中国局局长芮泽表示："这个项目将支持改善四川农村地区20多万人的供水和污水服务，减少未经处理的污水直接排入长江支流，保护生态环境，为国内和全球公共产品做贡献。项目还将推广透明度更高的政府和社会资本合作的服务与融资模式，基于绩效，注重改善对用户的服务提供。这是针对农村地区的一个创新解决方案，对中国其他地区乃至其他国家都有潜在的示范效应。"

四川德阳水环境治理PPP项目将在四川省德阳市旌阳区城乡结合部和农村地区实施，项目将遵循国际最佳实践，通过竞争性招标选择一个经验丰富的运营商，由旌阳区与该运营商签订25年期基于绩效的投资及管理合同，建立一个现代化的供水和污水管理公司。项目将要求新公司提供优质服务，并通过用户满意度调查及其他意见反馈机制进行定期评估。地方政府也将从项目中获得技术援助，对运营商进行有效监管。项目将撬动商业银行贷款及股权投资，与世界银行贷款结合使用，并为供水及污水处理收费调整设计路线图，改进成本回收，推动可持续的农村供水及污水服务。该项目的准备工作由世界银行与国际金融公司（IFC，世界银行集团的私营部门窗口）联合团队共同承担，借鉴了国内外的经验，为中国水务领域的首个世界银行贷款PPP项目。

除此之外，一些地区付费机制初现，有望解决部分问题。

最鼓舞人心的还是政策：2018年年末，生态环境部、农业农村部联合印发《农业农村污染治理攻坚战行动计划》，意味着为期三年的农业农村污染治理攻坚战正式打响，各项任务将进入实施阶段。

作为治水风向标的北京市人民政府，2019年年末印发了《北京市进一步加快推进城乡水环境治理工作三年行动方案（2019年7月—2022年6月）》，截至2022年，北京将围绕城镇污水处理、黑臭水体治理、农村生活污水处理三大重点领域，进一步强化水环境治理任务。

政策层面的加码，农村环保市场迅速扩容，正成为资本眼中的"肥肉"。这一判断主要立足于农村环保设施的缺口以及未来即将释放的巨大需求。

有数据显示，截至2016年年底，我国建制镇个数为1.81万个、乡个数为1.09万个。伴随城镇化的推进，建制镇逐渐增加、乡逐渐减少。目前有53%的建制镇未建设污水处理设施，农村地区的"脏乱差"问题突出且普遍。

∼∼ 后来者华航环境

近年来，随着宏观政策的指引和行业自身发展的魅力，大型国企、央企加大了在环境领域的布局。这个领域不仅吸引了建筑类央企，还有一些意想不到的跨界者进入。

2017年11月22日，中国航天建设集团有限公司（又名"中国航天科工集团第七研究院"。以下简称"航天建设集团"）绿色智慧产业平台暨华航环境发展有限公司（以下简称"华航环境"）正式揭牌成立。

为了全面发展环保业务，中国航天科工集团有限公司（以下简称"中国航天科工"）对原华航公司、航天设计院环境安全院、BIM中心进行了业务整合，并将节能环保技术中心、安全评价中心以及2017年7月并购的德国WKS公司业务等纳入华航环境进行统一管理。

航天科工是中央直接管理的国有特大型高科技企业，世界500强企业。在"十三五"规划中，中国航天科工将环保产业列为重要业务板块。近年来，不断推动军民融合产业更好更快的发展。

而华航环境是中国航天科工子公司航天建设集团环保业务的新平台。华航环境党委书记、董事长林小强2018年曾表示，华航环境作为航天建设集团环保业务的一个实施主体，是集团深入贯彻十九大会议精神，践行生态文明建设神圣使命，落实院十三五规划的重要转型升级举措。

华航环境无疑是环境领域的后来者，它也将目光投向了"新兴市场"——农村污水处理市场。

2019年9月10日，华航环境作为牵头单位，与航天建筑设计研究院有限公司、陕西航天建设集团有限公司组成的联合体，成功中标台山市2019年农村生活污水处理设施建设项目三个标段EPC总承包项目，中标总金额为2.86亿元，这是继江门市台山农村污水处理设施一期项目、新会区农村生活污水处理设施项目之后，华航环境深耕岭南环保市场取得的又一项成绩。

德国WKS公司的加持，给华航环境增添了"智慧因子"，环保业务能力得到迅速提升。

2020年开年，华航环境中标的北京市房山区农村污水治理工程（处理站一片区）PPP项目就采用德国WKS公司的环保装备及工艺技术，并嵌入WKS公司和华航环境智慧信息技术，以数字化、装备化形式打造标杆农村污水处理项目。

这个PPP项目由华航环境与北京金河水务建设集团有限公司、北京中联环工程股份有限公司组成的联合体获得。项目中标金额为32,116.38万元，该项目拟对北京市房山区155个村庄实施污水处理工程，共涉及污水处理站134座，总处理规模17,850立方米/日。

这是华航环境节后复工复产后的PPP第一标，在特殊的疫情期间，更有着标志性意义。华航环境对此表示，该项目的实施将是德国水处理技术与航天品质的融合，是华航环境绿色智慧产业战略大发展的重要一步，也是华航环境对国家建设美丽乡村号召的积极响应。

在此之前，华航环境除了岭南地区江门市台山农村污水处理设施一期项目、新会区农村生活污水处理设施项目、台山市2019年农村生活污水处理设施建设项目三个标段EPC总承包项目外，还拿下了北京市房山区美丽乡村试点村污水处理站建设项目等。有了点中车环境的节奏。

〰 有不做农村污水处理市场的环境公司吗？

哪些公司进入了农村污水处理市场？这个问题已经不成问题。事实上，只要有合适的机会，没有环境公司会放弃农村市场。或者说，只要有合适的赚钱机会，对于企业来说，市场根本不分城市、农村。不管白猫黑猫，抓到耗子就是好猫，不管城市农村，能赚到钱就是好市场。只不过模式和手段会有所不同而已。

略看一下最近两年多来的市场情况。

广西博世科环保科技股份有限公司：2018年1月5日晚公告，公司参与的联合体签订湖北省宣恩县乡镇污水处理厂及配套管网工程PPP项目合同，项目新建部分投资额为3.5亿元，占公司2016年度经审计主营业务收入的42.61%。

中电环保股份有限公司：与安徽省萧县住房和城乡建设局签署了乡镇污水处理工程东部区域PPP项目合同。该PPP项目总投资约为1.8亿元，主要建设七处乡镇污水处理厂（设施）和部分行政村污水处理项目，采用DBFOT（设计–建造–投资–经营–转让）的方式运作。合作期限为25年，其中建设期1年，运营期24年。

上海中海龙智城科技股份有限公司：2018年1月11日上午，公司收到了广东省村镇污水处理项目的中标通知书，拿到了2018年开年第一个千万订单。

东方园林：2018年1月16日，东方园林公布中标广东省梅州市梅江区农村生活污水处理设施及配套管网建设项目一期工程PPP项目、梅江区周溪河综合整治PPP项目。

启迪环境科技发展股份有限公司：2018年1月17日，公司宣布中标湖北省恩施土家族苗族自治州来凤县乡镇污水处理全覆盖工程和来凤县城市污水处理厂提标升级、扩容改造及污水收集管网扩建工程PPP项目。

深圳市铁汉生态环境股份有限公司：2018年11月，中标广东省兴宁市省定贫困村创建社会主义新农村示范村建设和全域推进人居环境整治建设生态宜居美丽乡村工程项目（标段二）EPC总承包项目。

中建水务环保有限公司：2018年成功中标江苏省溧阳市农村生活污水（含集镇区雨污分流）项目，该项目总投资约16亿元，合作期限为29年（建设期2年，运营期27年）。主要建设内容包括溧阳市农村生活污水综合治理和集镇区雨污分流项目两部分。

福建海峡环保集团股份有限公司：2018年7月，中标福建省建宁县乡镇及农村生活污水处理工程PPP项目（二次招标），中标金额为1.67亿元。

中持水务股份有限公司：2019年1月中标了河南省汤阴县农村"厕所革命"78个村建设工程施工采购运营总承包项目，该项目的实施标志着公司正式深入农村综合环境治理业务领域，同时该项目的顺利实施满足了客户的需求，带来了良好的示范效应。在此基础上，公司在2019年9月中标了2019年河北省廊坊市安次区农村生活污水治理工程项目EPC工程总承包项目。

国祯环保：2019年7月，公司以联合体形式中标安徽宿州市埇桥区农村污水治理工程PPP项目，项目总投资为31,176.76万元。

中国交通建设集团有限公司：2019年10月，公司同意下属中交第三公路工程局有限公司与中交集团下属中国城乡控股集团有限公司、中国市政工程西南设计研究总院有限公司（以下简称"西南院"）共同投资福建省惠安县农村生活污水治理工程PPP项目及崇山等三家污水处理厂（含配套管网）TOT项目。项目总投资13.93亿元，项目资本金2.79亿元，约占总投资20%。

宁波正清环保工程有限公司（以下简称"正清环保"）：2019年12月10日，公司成功中标浙江省缙云县农村生活污水治理设施运维服务采购项目第二标段，总投资约985万。项目拟在缙云县10个乡镇街道进行农村污水处理设施的运维服务，终端总数约451个，项目合作年限1年，考核优秀可续签2年。

中环水务：对农村污水处理市场相对谨慎的中环水务也在试水。签约毕节污水处理示范项目结合"厕所革命"和灌溉回用需求，实现农村污水处理的资源化利用。

中建环能科技股份有限公司：针对农村污水治理难题，公司推出了以生化技术为核心的小型一体化污水处理设备——MagBR磁介质生物反应器进行单户或多户的污水就地处理。此设备将一户或者是附近几户的生活污水分片收集之后，进行就地处理。一般采用小型的污水处理设备或者是化粪池、坑塘等自然处理模式进行处理。

这个名单还可以再加长，但市场的升温并不意味着一切完美无瑕。

在一些企业收获农村环境治理项目的同时，2019年，中国水网曾以《多地农村环境治理项目中标后被放弃，遇冷蓝海何去何从？》为题专门报道了一些看似奇怪的现象：包括河北盐山县、河南省淅川县、甘肃省陇南市、辽宁省北票市等多地农村环境治理项目中标后被放弃。这个名单也很长。

结　语

2020年正值"十三五"规划期末考核，村镇污水市场仍将不断释放。但蓝海市场有机遇也有挑战，农村污水治理的推进过程一直存在着行业矛盾，管网建设不到位、污水厂晒太阳、运营缺乏专业管控等问题均制约着行业的发展以及效果的达成。

王洪臣表示："从治理需求来讲，农村污水治理市场的确是蓝海，但从市场成熟度来讲，才刚刚起步。探讨该问题的时候，一定要将改厕、收集、处理放到一起考虑。技术研发及工艺选择，也要遵循'能在农村天天正常运行'的原则。"

薛涛则在2017年就提出了农村污水处理市场的"百慕大三角"：第一，经济能力制约。这会使技术选择变得非常复杂，尤其在农村这类欠发达区域追求性价比，这就变成了政府更重的一个考量。第二，管理能力制约。本身乡镇村的政府管理能力就弱于大型城市，在农村既没有大型的排水集团，也没有水务局进行管理。再加上农村分散和文化水平低等用户特点，管理能力制约肯定是在商业模式选择和技术选择时需面对的重要障碍。第三，地域情况差别大。不同地区情况不一样，用同样的标准要求，必然会带来很多浪费。地方容量不一样，有没有必要花这么多钱做最高标准？地域差别大，在选择农村污水处理技术、运营、投资等多方面都会带来困扰，也给政府统筹管理带来挑战。

我们希望农村污水处理市场的参与企业能够安然驶出百慕大，也期盼着这个领域诞生第一家上市公司。

2020年2月27日，金达莱发布公告称，公司与2月26日向中国证券监督管理委员会江西监管局提交首次公开发行股票并在科创板上市辅导备案材料并获受理，辅导机构为申港证券。4月，因为保荐代表人、签字注册会计师方面的问题，金达莱上市之路再起波折。但最终于2020年11月11日成功在科创板上市。

还有安徽华骐环保科技股份有限公司，也一直在冲击创业板的路上。2019年12月25日，公司首次公开创业板发行股票招股说明书。此次募集资金拟用于扩大主营业务规模、提升技术能力、提高市场占有率。具体将应用到安徽省和县华骐化工污水处理有限公司5,000吨/日污水处理厂项目，以及安徽省五河县城市污水处理厂二期工程项目、小城镇一体化污水处理设备产业化项目、生物膜法水质净化及利用技术工程项目、补充营运资金项目。2021年1月公司正式在深圳证券交易所挂牌。

农村污水处理市场是一个风口吗？这是毫无疑问的。

"站在风口上，猪都会飞！"这大概是小米公司雷军作为创业教父打给创业者们最大的一剂鸡血。这句话也传到了环境产业。

环境产业三十年，也有很多个风口来过。

风口，宏观来说就是经济周期，十年一次大的经济周期，三年一次小经济周期。环境产业也无法脱离其左右。

经济周期上行，再加上资本市场助力，也就是2010—2017年，是资本市场与环境产业惺惺相惜的时代，环境企业都以创业创新、创造奇迹为荣。直线上扬的趋势在2018年变成了起伏中前进。

2018年，在"'两山理论'的宁波实践论坛"上，傅涛指出："回归到环保领域，受宏观大背景下的影响，经济增长很不乐观，环境产业从仙界又回到了凡界。很多环保企业尤其是民营上市公司，受影响较大，甚至到了生死攸关的程度。未来产业发展方向在哪里？在这种情况之下，环保是不是要为经济增长让步？"

　　所以风口当前，还是需要扪心自问：农村污水处理生意的本质到底是什么？模式是什么？到底靠什么赚钱？公司的产品和服务真的有价值吗？能达成什么样的环境效果？用户的真实需求被解决了吗？投入产出比是否符合市场规律？

参考文献

[1]李晓佳. 产值将达 1300 亿, 污水处理主战场向农村转移. 中国水网,
2015-12-24, http://www.h2o-china.com/news/234724.html.

[2]李晓佳. 千亿产值诱惑! 看水务巨头的村镇污水处理市场布局. 中国水网,
2016-05-12, http://www.h2o-china.com/news/240346.html.

[3]李晓佳. 文一波: 我不喜欢做重复的事情, 一直在寻求并创造着蓝海. 中
国水网, 2018-03-23, http://www.h2o-china.com/news/271713.html.

[4]李艳茹. 正清环保潘蔡叶: 不想做老中医的富二代　不是好企业家. 中
国水网, 2016-09-19, http://www.h2o-china.com/news/246402.html.

[5]李艳茹. 水务装备企业的十字路口: 独家工艺包装还是标准化? 中国水
网, 2019-07-18, http://www.h2o-china.com/news/293989.html.

[6]李艳茹. 农村污水＋特许经营, 是保障升级还是揠苗助长? 中国水网,
2019-11-16, http://www.h2o-china.com/news/298901.html.

[7]李艳茹. 多地农村环境治理项目中标后被放弃, 遇冷蓝海何去何从? 中
国水网, 2019-04-23, http://www.h2o-china.com/news/290643.html.

（本章作者：全新丽）

乘风破浪：

供水行业沉浮三十载

　　城镇供水作为关系国计民生的核心服务单元，是市政公用事业中最重要的组成部分，是保障社会经济健康发展不可或缺的根基。伴随着中国市场经济改革发展的浪潮，城镇供水领域的改革始于20世纪80年代。从水厂单元的改革，到城市水业总体资产作为交易对象；从对产权的探索、对效率的思考，到对资本的憧景、对扩张的向往，再到对责任的坚守、对服务的回归，供水的改革已悄然走过三十余年。

　　要准确地对中国城镇供水三十多年的改革历程做出阶段划分不是一件容易的事，一是改革本身复杂多样，且各地改革进程不一致，界限并不明显；二是各方看待改革的角度和标准也不相同。正因为如此，本文对阶段的划分并不单纯以时间为依据，而是综合考虑了改革进程中的典型事件和案例。因此，本篇选取了九个故事与读者分享，希望通过先行者亲身探索的经历和鲜活的经验，为未来供水行业的改革和发展方向提供有意义的参考和启示。

　　在时代的指挥棒下，在跌岩起伏的产业历史长卷中，供水行业为我国公共服务改革奏响了独一无二的交响曲。

一石激起千层浪

说起中国水业市场化的发展，必然会涉及早期入华的外国水务巨头的身影。自二十世纪七八十年代起，以威立雅、苏伊士、泰晤士水务、柏林水务、安格利水务等为首的国际水务巨头就开始进入中国市场。随着我国城市公用事业领域市场化改革的推进，越来越多的国际水务集团迅速抢滩并扩大市场，成为中国水务市场上最活跃的主体。它们依托领先的技术和运营管理经验，以及雄厚的资本实力，对中国水业的早期发展起到重要的引领作用，成为国内企业学习的榜样。这一时期的项目，虽然算不上个个完美，有的甚至引发了不少争议，但依然掩盖不了第一批水业市场化改革探索者实践出真知的风采。这些项目，凭借着勇者的态度和无畏的精神在漆黑的荒漠里点亮一盏盏灯；无论成功延续至今，还是中途黯然离场，都给后来者留下宝贵的经验与财富。

≋ 外资入华记

在过去很长一段时间里，供水行业是一个典型的带有福利性质的公益性行业，由政府投资建设，政府直接运营管理，象征性地收取水费。

20世纪80年代，伴随改革开放的深入，国内经济迅猛发展，但建设资金严重短缺。80年代中期，外资开始进入中国城市建设。1984年，中国开始组织BOT试点——上海设立了"九四专项"，直接到国外筹资，到1986年，共筹集外资32亿美元，其中几乎有40%用于包括水务项目在内的城市基础设施建设。

复旦大学环境科学与工程系教授戴星翼介绍："以1986年日元贷款支持长春市中日友好水厂建设为标志，外资成为了中国供水企业筹集资金的一条重要渠道。到1992年年底，中国城市供水行业先后借助世界银行、亚洲开发银行等国际金融组织，以及日本、法国等国政府提供的中长期优惠贷款，建设的城市供水项目有140多项，利用外资达17亿美元。"

这一时期的贷款，主要为我国政府通过直接或间接担保进行，在一定程度上促进了国内自来水厂的建设速度，但并没有从根本上解决供水行业的资金问题。同时，贷款主要以供水设备款的形式提供给中方，提升了国内供水行业的设备水平，却也产生了对国外设备的依赖。此外，国外贷款的设备通常价格较高，地方政府的还贷压力较大。

到了20世纪90年代，在城市化和工业化的强劲带动下，供水需求飞速增长，单靠政府间贷款已很难满足供水行业的投资需求。为此，原对外贸易经济合作部出台了政策，鼓励外商通过合作、合资或者独资的方式建立BOT项目公司，投资中国的基础设施领域，由此外资水务企业开始直接投资中国水业。

1992年，世界水务巨头苏伊士投资广东中山市坦洲水厂。这是中国第一家全部由外商投资建设并经营的水厂。行业普遍认为，从这年开始，外资水务企业撞开了中国水务的大门，开启了"直接投资元年"。

这个时期的项目是供水市场化改革最早期的探索，以单个自来水厂为标志，开启了供水单元改革时代。

1996年，英国泰晤士水务集团（以下简称"泰晤士水务"）以BOT模式、投资约7,000万美元取得了上海市北自来水公司下属大场水厂项目为期20年的经营权。2001年，泰晤士水务收购了原英国宝维士公司持有的该项目50%的股份，大场项目变成独资公司，也成为中国第一个由外商独资经营的水厂。1997年6月，威立雅投资3,000万美元，与天津市政府签订了20年的特许协议，对天津凌庄饮用水厂进行改造和运营。

1998年7月，威立雅和日本丸红株式会社组成的联合体成功中标四川成都市自来水六厂B厂的BOT项目。该项目是我国第一个经国家批准的城市供水基础设施BOT试点项目。

......

2000年的资料显示，最早进入中国水务市场的苏伊士参与了中国100多个水厂的建设，其中直接经营的水厂有13个，投资额达2.1亿美元。

外资水务企业在中国获得了大量的水务项目，带来了许多技术、管理、运营的丰富经验，促进了我国供水行业的发展和管理模式的变革，产生了多方面积极的影响。本土水务企业纷纷向他们学习，期望与他们合作。

但是，这个时期中国水务市场的开放领域也仅限于单个的自来水厂，并未涉及管网和面向公众的收费服务。直到2002年，才开始有供水系统的整体开放，并掀起了外资并购水务企业的风潮，开启了以整体产权制度改革为标志的市场化改革阶段。威立雅、中法水务投资有限公司（以下简称"中法水务"，是苏伊士与香港新创建集团共同合资组成的水务平台）等外资水务企业，接连在陕西、广东、北京、上海、重庆、山东等地拿下水务大单，势如破竹。

2002年，威立雅溢价收购上海浦东自来水公司50%股权，7亿资产以20亿成交，开创了城市水业溢价收购的先河，同时也成为国内首例自来水整体产权多元化改革的成功案例。事实上，威立雅浦东自来水项目是威立雅在中国的第一个包括了管网在内的运营服务项目，也是威立雅在中国新的投资战略的新起点。以此分界，之前的项目是威立雅自己作为主体实投，而之后的项目威立雅都在投资上退居次要位置，转而在运营上占据核心，不同的项目寻找不同的资金合作伙伴。

同年11月，重庆中法供水有限公司正式挂牌成立，该公司由重庆水务集团和苏伊士合资组建，负责重庆市江北区、渝北区和部分两江新区饮用水的生产及销售、水厂和配套设施的建设、经营、管理及与供水相关的业务。这次合作引进了苏伊士先进的管理理念与管理模式及世界一流的供水技术，提高了水质、完善了用户服务体系，提升了客户服务水平，被众多水务同行视为当时最为成功的案例之一。

跨国水务巨头的介入，不但为我国水务市场改革带来了资金，也带来了领先的管理理念和运营经验。是时，相比国内水务企业的惨淡经营，外资水务公司多利润丰厚。国家统计局2000年的一份报告中指出，1999年外资在中国最有利可图的产业是自来水厂。虽然无法获取当时的具体项目信息和统计数据，但可以肯定的是，这一阶段进入中国水务市场的外资企业获得了"让后来者仰望"的收益。尤其是合同约定的保底水量，让企业的运营风险得以控制，运营收益有更好的保障。这一做法也引发了业界关于固定回报的争议。

就此，2002年，《国务院办公厅关于妥善处理现有保证外方投资固定回报项目有关问题的通知》（国办发〔2002〕43号）要求，"妥善处理现有外资固定回报的BOT项目"，之前以"保底水量"投资运营的项目首当其冲。

当时尤其以泰晤士水务旗下的长春项目引人注目。

1999年，吉林长春市人民政府通过招商引资方式，引进香港汇津公司（以下简称"汇津公司"）。汇津公司是活跃在中国水务基建市场上的主要的水务投资与项目运营公司。自1996年以来，汇津公司在中国投资了七个水处理厂（包括输水主干管和管线）和一个污水处理厂。

2000年，汇津公司投资3,200万美元，建成了当时长春市第一家污水处理厂。长春市排水公司与汇津公司签署《合作企业合同》，长春市政府制定《长春汇津污水处理专营管理办法》（以下简称《专营办法》），合作期为21年。

2002年，泰晤士水务成为汇津公司的主要股东。2003年2月，长春市政府发布《关于废止〈长春汇津污水处理专营管理办法〉》（长府发〔2003〕4号），认为《专营办法》违反了国务院有关"固定回报"的规定及《中外合资经营企业法》《中外合作经营企业法》等有关法律，经市常务会议讨论决定予以废止。《专营办法》废止后，排水公司停止了向合作企业支付任何污水处理费。

2005年8月，历经两年的纠纷，长春污水项目最终以长春市政府回购而结束。

这场纠纷引发行业诸多争议，也对泰晤士水务是一个不小的打击。再加上国际市场形势变化和泰晤士水务的战略调整，随后一段时间，泰晤士水务停止快速前进的步伐，开始进行全球业务收缩：2004年4月，上海大场水厂由上海水务资产经营公司回购国有；2005年，泰晤士水务的德国股东RWE宣布撤出并对外寻求交易；据2006年媒体报道，泰晤士水务向英国BiWater水务出售了汇津公司的股份，并计划进行大裁员……

与泰晤士水务的收缩相比，这个时间里的威立雅和苏伊士却在中国正纵横捭阖。

早在2002年，威立雅就将其国际业务发展的战略中心转移至亚洲，而中国则成为其拓展亚洲市场的重中之重。2003年12月，威立雅、首创股份和当时国内水业领先者深圳水务集团（以下简称"深圳水务"）签订了协议，联合收购当时深圳水务45%的国有股权，轰动一时。2005年1月，威立雅以10.05亿元完成了对云南昆明自来水公司49%的股权收购。2007年，威立雅与天津泰达投资控股有限公司合资组建新的水务公司——天津泰达威立雅水务有限公司。威立雅占新公司49%的股份。尤其是以17.1亿元高溢价收购甘肃兰州自来水公司，影响力在业内无出其右。

截至2006年年初，苏伊士已经在中国16个城市拥有了19个合资企业，签署并实施了160多个水厂的设计和建设合同。其中包括受雇为上海化学工业园区提供废物处理服务，合约期30年。

2006年6月，中法水务与重庆市自来水公司合资管理和运行重庆一座日处理量为30万立方米的污水处理厂，双方各持股份50%。中法水务发展有限公司，计划收购常熟自来水有限公司49%的股份。2006年11月，中法水务以6.01亿元收购常熟自来水有限公司49%的股份……

在中国水网2003—2007年举办的中国"水业年度十大影响力企业"评选中，以威立雅、中法水务为代表的外资水务企业连续多年上榜，且均名列前茅。尤其是威立雅分别在2005年、2007年领衔榜单。2007年，威立雅已经成为中国水业市场项目最多、服务总规模最大、新增项目最多的水务投资企业。

对于这段时期的外资企业，傅涛曾在《听涛》节目中专门给予了致敬："我们从2000年开始的环境水务领域的改革开放，实际上从某种程度上是师从法国的（威立雅、苏伊士都是法国企业）。很多著名的案例都是出自于威立雅、苏伊士之手，尤其是威立雅。中国需要感谢威立雅、苏伊士这样的世界500强公司，他们带来了很好的经验、很好的理念，在我们走向标准化、规范化、专业化的路径上，做了我们的导师。"

大幕拉开，风景这边独好？

20世纪90年代末至21世纪初，水业改革在中国大地上遍地开花。不仅外资纷纷闻风而来，以深圳水务、首创股份等为代表的国资也开始加入这场改革盛宴。水业改革在中国的大地上遍地开花。随着《城市供水价格管理办法》《关于加快市政公用行业市场化进程的意见》等政策的出台，我国加快了对市政公用行业市场化改革的探索和对特许经营制度的实施步伐。供水行业的市场化改革更是呈现出"好风凭借力，送我上青云"的一派蓬勃发展的态势。外企、国企、民企在这股改革的洪流中乘风破浪、大步向前，发挥着各自的优势。这一时期，我国水务行业已经从巨大的潜在市场向现实市场迈出了实质性步伐，水务已成为中国发展最快、最具吸引力的产业之一。本篇选取这一阶段供水行业市场化改革中比较有代表性的澳门自来水特许经营项目和长沙自来水改革的探索历程，给后来者以启迪。

≋ 澳门自来水：特许经营的"完美答卷"

说到我国供水领域中典型的特许经营项目，就不得不提起已经成功续约的"澳门自来水特许经营"项目。的确，每一个特许经营项目的成功都难以完全复制。然而，该项目中合作双方的契约精神、达成的协作理念、项目成就的服务模式对于供水行业、甚至公用事业行业都产生了深远的影响，并在水务市场化改革中被充分借鉴。

过去，在澳门，"有井就有人住"。由于海水咸不可食，清甜可口的水井便是当地的稀缺资源。对于老湾仔人而言，去珠海喝茶再带些水回去是年轻时改善生活品质的时兴活动。

二十世纪中叶，随着澳门的高度发展，人口激增，地下水资源频频出现紧缺，加上冬季"咸潮"停水，澳门居民饱受水荒之苦。然而，以华商投资为主导的澳门供水事业却面临着资金投入有限，难以平衡水源保障、引水工程建设、管网扩建更新、水处理技术提高等多重发展难题。为了解决供水投入资金短缺、提高供水效率、改善公用服务质量，更好地满足澳门经济发展和市民用水需求，澳门参照法国特许经营经验，孕育了亚洲第一个城市供水领域PPP项目。

1985年，私营近50年的澳门自来水公司在先后接收香港新创建集团有限公司和苏伊士的入股之后，成功实现改组，并获得了为期25年的供水服务特许经营合约——最终产权保留给政府，投资经营权将以专营协定的方式委托给澳门自来水公司负责。

作为亚洲第一个供水PPP项目，合作双方均具有清晰的目标——提高澳门供水服务水平，解决澳门用水难题。因此，澳门自来水特许经营合约始终保持着极高的项目透明度，注重合约履行过程中的监管，不但执行有关项目的合约协议均在特区政府公报中予以披露和发布，而且规定澳门自来水公司需要每五年提交供水指导计划、投资计划以及每年提交年度投资方案至澳门特别行政区核准。

在1986—1990年第一个五年发展中，澳门自来水公司在西江磨刀门水道引水工程、水处理能力、水质检验能力、自动化泵站、供水管网等方面投资近1.36亿元来综合提升供水能力，逐步实现了供水系统自动化。伴随着极高的项目透明度，澳门市民见证了澳门自来水公司良好的发展态势以及理想的经营状况。在1991—1995年第二个五年发展中，澳门自来水公司计划投资2.5亿元，进一步扩建西江磨刀门供水系统，修建了自来水处理厂、配水库，扩充检测能力与模拟实验装置，日供水能力提高至27万立方米，水质达到欧共体饮用水水质标准。稳步提升的供水服务能力增强了用户与政府对澳门自来水公司的信心与信任。过程中，合约双方积极履约的意识为该项目的有序推进奠定了坚实的合作基石，足以应对澳门供水未来不可预测的挑战。

二十一世纪以来，由于环境污染、全球变暖，珠三角淡水供应受咸潮影响愈演愈烈。为了保障澳门用水安全，澳门自来水公司不仅安排专职工作人员监测磨刀门河道和珠海四个水库的水质，还修建了珠海广昌泵站以取道西江水接泵抗咸。但是2004年9月，海水倒灌、涌入"命门"西江，澳门自来水水质监测大楼内的气氛十分紧张。

"珠海广昌泵站取水口的检测报告发来了，氯化物浓度600毫克/升。"

"这咸度超过了供水标准的16倍，大水塘勾兑稀释也会超过250毫克/升！"

"这已经超过咱们的能力范畴，灾情紧急，我们需要向澳门海事局请援！"

时任澳门自来水总经理的范晓军肩负着公司与广东珠海、珠江水利委员会的沟通重任，率先提出了从国家层面，通过流域规划等方法，多层次解决珠海和澳门咸潮问题。在国务院、水利部、广东省政府和澳门特别行政区政府的积极协调之下，2005年1月17日，贵州天生桥一级水电站开闸放水，沿途1,300多千米，史无前例的"千里调水"方案正式实施七天后，滚滚的西江水跨越黔、桂、粤三省区域抵达澳门，化解了珠澳两地的咸潮之困，两地老百姓都过上了一个幸福安稳的春节。

"千里调水"这一壮举不仅让水利部在澳门老百姓中树立了很高的威信，澳门特别行政区政府和澳门自来水公司也赢得了社会各界的信任。为了从根本上解决"压咸补淡"的困难，在粤澳合作联席会议机制下，2006年广东省人民政府和澳门特别行政区政府建立起了常态化的供水合作机制，与此同时，原水购买也从企业行为上升到了政府责任，极大程度上缓解了珠澳两地供水公司在原水成本上的压力。

回顾澳门供水专营合同的25年，澳门自来水公司以"供优质食水，创优质生活"为承诺，有效履行专营合同，期间为了与全澳共同渡过亚洲金融风暴曾自降3%水费长达10年。在咸潮、非典疫情等重大危机面前，与政府一同面对，共渡难关，不仅获得了澳门特别行政区政府和澳门市民的广泛认可，而且建立起了坚实的互利共生关系。在与政府良性沟通的基础上，2009年11月30日，澳门供水PPP项目顺利续约20年，新专营合约进一步明确了政府与供水企业的责任与义务，一方面明确澳门自来水公司专注自来水的生产、供水及客户服务，另一方面持续强调政府对项目运营质量过程中的监管责任，通过对比周边城市供水服务，激励澳门自来水公司不断提高管理效率。

E20环境平台曾两次作为第三方机构，受邀参与了澳门专营合同履行情况的评估工作。在走访澳门特别行政区政府代表及澳门民政总署代表的过程中，E20团队深入体会到了澳门供水PPP项目的优势：合约双方对供水责任的清晰认知，并始终保持开放和专业的态度，以积极解决过程中遇到的各种问题，保障居民公平用水的权益。例如，澳门自来水公司在原水费和水费收取上的特别之处——近年来原水费上涨的势头比较明显，按照新专营合同，特别行政区政府向珠海购买原水，收取澳门自来水公司水资源费，代替之前的由公司直接向珠海购买原水，相当于特别行政区政府补贴了原水价格。与此同时，水费模式由之前的澳门自来水公司自收自得变为澳门自来水公司代澳门特别行政区政府向市民收取，水费返还澳门特别行政区政府后，政府再支付澳门自来水公司供水服务费，并给予企业每年一次调整供水服务费的机会。这一改变有效维持了水价的稳定，维护了市民的利益，并且有助于政府更好地调控水价，维护企业保持合理收益水平，持续健康发展。

35年来，用心耕耘供水事业的澳门自来水公司不仅与澳门社会各界之间形成了和谐共生的关系，而且通过自动化、信息化的管理，逐步形成了国际一流的智慧供水体系，形成了政企协同和高效服务的发展态势。2020年，这个已经存续35年的供水PPP项目迎来新专营合约的中期评审。作为亚洲第一个成功续约的供水特许经营项目，社会各界都在期待澳门供水合约展现出更加强大的生命力，并以创新的服务理念、高标准的服务水平为水务行业改革注入更加新鲜的活力。

≋ 长沙自来水：厂网分离"急刹车"

世纪之交，城市公用事业改革的春风吹遍了神州大地。像澳门特别行政区采取的特许经营制度，是公用事业改革中最常见的形式之一，它将产权和经营权分离，并通过对经营权的竞争，大幅提升了水业的服务质量和服务效率。与此同时，各地水务企业也开始了多元化的、不拘一格的探索。为了在各个环节引入更强的市场竞争机制以提升整体效率，探索"分拆环节"的改革形式也踏上历史舞台。湖南省长沙市自来水公司（为方便表达，下文将长沙市自来水公司以及改制后的主体统称为"长沙自来水"）就是亲历者之一。

在过去，我国城市的公用事业大多由政府投资建设，财政补贴运营，国有企业一统天下。带来的弊端显而易见：在经营上，"自然垄断"属性使企业不用承担经营后果的相应约束，"民生"属性又限制了企业获得高回报的可能性；在投资上，过度依赖政府，当政府财政能力有限时，公用事业往往难以进一步发展。长沙自来水是当时少有的几乎靠经营盈利和银行融资维持自身经营发展的城市供水企业之一。一方面，实行公司制管理，注重内部改革寻求企业效益；另一方面不断借助银行贷款，满足快速增长的供水服务需求。但是，如何更好发展的问题依然存在。

又到了冬季，长沙市自来水管频频爆裂，就是这一问题的最好例证。管网失修、设备老化，而政府短期内无力进行改造和更新，直接影响供水服务质量。为了适应城市建设快速发展的需要，为了加快公用事业垄断行业改革的步伐，长沙市主管部门和自来水公司大刀阔斧地开启了水务产业化、市场化改革的探索。

长沙自来水最初的改革主要集中在内部管理方面，使企业对技术和管理重要性的认识有了很大的提升。但改革比较局部和零散，还没有涉及深层次的产权问题。能否打破垄断，让更加多元的资本进入到供水行业中来，促进发展，提升效率，成为了供水管理者日思夜想的难题。

2003年9月，在拒绝了境外资本玩家要求承诺固定回报率的抵押式贷款收购后，长沙市公用事业改革领导小组办公室正式启动了长沙市第四、第五水厂的招商引资TOT项目。随后，依照国际惯例，聘请了相应的中介机构作为财务和法律顾问。

2003年10月16日，长沙公用事业水务专题招商会在深圳举行。会上，长沙市公用事业管理局拟将改制后的长沙自来水所属的四家国有独资有限公司即第四水厂、第五水厂、第一污水处理厂、第二污水处理厂的资产权和经营权进行整体转让。

当时，这四家水厂和污水处理厂已完成资产评估等程序，并将出台相应的配套措施，授予特许经营权。长沙自来水计划从打破行业垄断入手，对行业进行体制裂变，实现以裂变促竞争，以竞争促发展；并计划组建长沙水业投资管理有限公司，将五座自来水厂改制为五家具有独立法人资格的制水公司，全面推向市场。

自来水公司按照"裂变竞争，厂网分离"的原则，拟实现制水和供水的分离，彻底打破延续半个多世纪"制供一体"的局面。时任长沙公用事业改革领导小组组长的郑若敖表示："制水和供水分离，制水公司的水质达不到要求，供水公司可以选择另一家制水公司的水；另一方面，政府的职能从管行业转变为管市场，从对企业负责转变为对公众负责，对社会负责。随后，长沙自来水将制水公司全面推向市场，吸纳各种社会资本参与竞争，实现主体多元化和多家运营的竞争态势。"2003年年底召开的长沙市城市工作会上，长沙市对公用事业打破垄断形成了细化清晰的表述："在管住管网和线路的前提下，形成一家管网、多家水厂和一条线路、多家运营的竞争态势。"自来水"裂变"已在不知不觉中朝着这个方向前行。

当时的改制，引发市场很多关注。国际国内水务巨头对水厂产权收购表现出极大兴趣，先后有20多家外来投资者签订了投资意向，随后经过资格预审、报价、谈判、筛选等程序，最终有三家潜在投资者进入终极谈判。但由于在一些具体合同条款上无法达成一致，谈判一直处于僵局。

期间，长沙自来水的改制于2004年起全面展开，并于2005年1月成功改制成为长沙水业投资管理有限公司（以下简称"长沙水业"）。

2005年3月，长沙水业向长沙市公用事业管理局递交了《关于盘活供水资产、促进供水事业健康持续发展的几点建议》，在认定这种产权转让的固定回报性质后，提出了改变单纯对外转让第四、第五水厂全部股权的交易形式，而将长沙水业整体作为招商引资对象，引入战略投资者的建议和设想。

长沙水业关于单个水厂股权转让的市场化改革在经历了反复酝酿后踩下了"急刹车"。长沙市政府最终理性地放弃了这种固定回报的市场化改革方式。

诚然，打破行业垄断，是为了通过竞争促进供水质量和服务的提升，让市民得到更好的服务和实惠。但无论怎样改革，都不能忽视供水属于"民生行业"的根本属性。因此，在探索改革的进程中，也需多注意方式方法，结合实际情况，避免出现更大的风险和问题。

这样的问题不是没出现过。早在1996年，上海大场自来水厂BOT项目完成招商之后，上海水务部门一度认为可以厂网分离，水厂独立结算，走市场化道路。但是试行一年之后，又发现各种问题，最重要的是成本居高不下，最终又将厂网一起合并至上海自来水公司。

2007年，在中国水网主办的"2007（第十五届）城市水业战略论坛"上，时任长沙水业董事长邱振华就改制中的重难点问题作了发言。谈到对长沙水业改制的感受，邱振华坦言："水业改革要引入自由竞争，并且不适宜搞厂网分离，要通过改革提高效率，不要为改革而改革。一定要处理好'改革、发展、稳定'的关系，和谐式改革、阳光式改革。"

表面上看，长沙自来水第一轮的市场化改革没能触动市场竞争机制和投融资体制的变化，因此不能称作真正意义上的市场化改革。但是，经过这一阶段改革的探索，长沙自来水通过拒绝承诺固定回报的收购、中止不规范的TOT转让，通过以母子公司管理模式保留供水产业链的完整等，比起同时期草率的市场化改革少走了弯路。长沙水业稳健的改革方式为长沙自来水轻装上阵走向第二轮市场化改革打下了坚实基础，理清了明确的方向，积蓄了充足的力量。

到底什么样的改革方式更有利？长沙的经历给供水行业的改革发展道路积累了宝贵的经验：其一，供水的改革要保留产业链的完整性。供水厂网是一个有机系统，不适宜被拆解；其二，改革不能影响为百姓提供优质的供水服务，要秉持改革的初衷。

改革之路漫漫，企业上下求索

伴随着中国水业市场的改革深化，外资水务企业凭借自身的资金实力、技术和管理优势在中国获得了大量的水务项目。天津、上海浦东、重庆、深圳、海口……外资频频出手，拿下一城又一城，引起了行业内外的广泛关注、思考，甚至警惕。2007年兰州威立雅事件将外资溢价收购水务资产推向了舆论的顶峰，此后，外资水务企业逐渐减缓了在中国水业市场"跑马圈地"的速度，有的甚至开始慢慢退出供水领域。然而，供水行业探索改革的步伐从来没有停歇，产权、体制、效率、融资、价格、扩张……供水行业经历了许多具有代表性的改革事件，既取得了积极的成效，感受到成功的喜悦，也走过弯路，遭遇过盲目行为带来的惨痛教训。争议仍在继续，改革仍在进行，吾辈上下求索。

≈≈ 兰州威立雅：溢价收购的巅峰论战

2011年10月27日，一位家住上海浦东区的网民在天涯论坛上的市民呼声板块发布了一则题目为《浦东威立雅自来水有限公司，你凭什么这么牛？》的帖子，帖文中讲述了自己与自来水公司之间因多收水费问题导致的一场"拉锯战"。评论区里网民热议纷纷，有人分享了自己和楼主类似的遭遇；有人帮楼主分析导致问题出现的原因；有人为楼主出谋划策，寻找解决的方法……最后，这则原意为"吐槽+求助"的帖文跟帖逐渐演变成了对供水企业，乃至对外资参与国内供水经营行为的"讨伐"。

评论区的讨论进行到2014年8月，一位网友提到"看看兰州就知道为什么牛了吧"。这一评论让2007年曾引爆行业的威立雅高溢价收购甘肃省兰州自来水公司（以下简称"兰州自来水"）的事件再次进入读者视线。

威立雅早在20世纪80年代就已进入中国市场，2007年时其已在中国大陆和港澳台地区近40个城市拥有超80个项目。对兰州自来水的收购案之所以引起广泛关注，不仅仅在于以17.1亿元的收购价格换取仅45%的股权这一情况在当时实属罕见，尤其是对一个体量不算大的西北边陲地区城市的自来水公司而言；更重要的原因是，威立雅17.1亿元的收购价格相当于当时参与竞购的其他两家的出价之和的两倍还多……当时参加竞标的中法水务与首创股份报价分别为4.5亿元和2.8亿元。

2002—2007年间，威立雅收购国内供水集团的风头正劲，对国内供水企业的收购行动"横扫"华东、华南、西南地区的直辖市及省会城市。然而，这种不惜"一掷千金"只为拿下兰州城市供水服务项目的行为，让很多业内人士觉得不像是一个拥有百年经验的国际水业投资机构会做的决定。

曾有业内人士为威立雅兰州项目的"资产包"算过一笔账，结果却将大家的关注引到了"溢价收购"行为的另一面。以兰州当时的日供水量和水价来计算，兰州自来水的年收入也只有2.7亿元，一段时间内很难收回17.1亿元的成本。不仅如此，兰州自来水当时还背负着11亿元的贷款和6.19亿元的债务。因此，不少人怀疑威立雅在交易中还预留了其他转移成本的通路。甚至连当时兰州供水集团的高层也表示："招标时，我们都不敢相信这一报价。我们做过估算，按照现在的水价和供水状况，30年内威立雅很难收回其投资。"

时任清华大学水业研究政策中心主任的傅涛曾在中国水网上发文《水业资产溢价背后的"十式腾挪"》指出：自2002年以来水业资产改革中的溢价风潮突显，此番兰州供水集团股权转让价格的走高必会引起一些地方政府对大量"无本"现金的悸动，使一批进入正常程序的改革项目受到波及。傅涛还在文章中预测以单元服务形成的资产溢价转让，溢价的越高服务价格就越高。同时，傅涛强调，要警惕单方面放大政府资产实现溢价的表象，否则必然误导其他没有经验的地方政府，迷信招商的资产溢价结果，忽略其中的交换代价。

时任威立雅中国区副总裁的黄晓军通过中国水网为兰州项目澄清道：威立雅不是"傻子"，非常清楚兰州与上海的不同。17.1亿元的投资不仅是单纯用于购买水务资产的资金，其中还有部分为增资，投入到项目的长期发展中，以保持项目的长期良性运作；即使存在溢价，这个溢价也是合理的，因为威立雅在乎的是"资产包"里的内容，看中的是资产质量和以后的发展空间。

就此，傅涛也在"2007城市水业战略论坛"上特别分享了其对城市供水行业改革的看法。他认为供水改革要注意特许经营模式下产权与经营权的约定，呼吁行业尽快出台系统规划，建立引导行业改革的系统政策。

2008年，兰州计划调整水价。兰州威立雅水务（集团）有限责任公司（以下简称"兰州威立雅"）在听证会上公布的成本监审结果显示，其实际亏损数达到5,484.59万元，每立方米亏损0.261元。这一数字遭到参加听证会的代表质疑："企业每年的折旧费是5,000多万元，光自身折旧费都负担不起，水企的欠债如此多，又是怎么获得兰州30年的供水特许经营权，控制了多个省市的供水企业的？"公众的质疑以及"外资要挟论"的出现印证了傅涛此前的担心。

无论是何种缘由促成了威立雅2007年的狂飙突进，2008年，威立雅的"兰州模式"止步于西安。当时，西安市自来水有限公司在与威立雅接触的同时也前往陕西省内和西南省份的一些外资并购水厂进行了考察，发现并购后的经营状况并不理想。因此，西安市自来水有限公司拒绝了威立雅的溢价并购提案，成为中国水务企业明确回绝外资并购的首起案例。

此后，水务行业溢价收购的热情也逐渐消弭。我国供水企业也开始了依靠自来水公司本身走集团化和供排水一体化路径的国有水务自我改制之路。

然而，这则溢价收购案的"余波"引起了政府、水务行业及公众对威立雅等外资企业的长期关注。2014年兰州城区"饮用水苯超标"事件再次让威立雅站上风口浪尖。尽管这次事件中，威立雅并非唯一的责任方，但公众对于威立雅"水务运营监管不力、管网设备更换检修不及时"的指责也并非全无道理。

"一波未平一波又起"，威立雅的溢价收购案为水业资产溢价转让敲响了警钟——世界上没有免费的午餐，每一笔资金后面都藏着相应的代价，高溢价的成本无论如何是要收回的。在中国水业改革整体缺乏高层次的政策引导和重重矛盾之下，部分地方政府有着巨大的融资冲动，过度溢价正因此而产生，需要引起足够的警惕。

〰️ 小城也有大梦想：江南水务的上市之路

2011年3月17日，上海市浦东区证券交易所内，江苏江南水务股份有限公司（以下简称"江南水务"）的负责人拿起手边的签字笔，在《证券上市协议》文件的末尾郑重地签下名字，终于在心中舒了一口气。江南水务自开始准备上市以来，一路上披荆斩棘终于走到了今天。回想一路走来的经历，每个参加过上市筹备工作的江南水务人都会不由得想起那段"痛并快乐着"的时光——为中国证券监督管理委员会（以下简称"中国证监会"）的电话质询做准备的那段时间。

那时恰逢岁末年初，江南水务也迎来了关于上市的好消息：刚刚通过中国证监会初审了！当大家还沉浸在上市前的兴奋中时，一个让公司头疼的烦恼却又接踵而至：中国证监会发来问询通知，质疑一个县域级的供水企业如何保持未来持续的增长空间和盈利能力。显然，想让资本市场相信一个以供水为主营业务的县域级供水企业有足够的能力"搏击长空、翱翔蓝天"，绝非想象中那么容易。这让公司陷入新一轮的紧张与焦灼之中。

回顾江南水务从重组改制之时到为A股上市做最后冲刺，漫漫八年间，公司在供水能力、经营管理能力上默默耕耘，成绩有目共睹。不仅如此，公司积极尝试数字化转型，利用领先技术将产销差降至6%~7%，在全国供水企业中名列前茅。同时，公司也将数字化工具应用于人员的绩效管理，促进绩效管理的进一步提升。成本管理的优化，绩效管理的提升，江南水务实现了三年盈利持续递增的经营目标，达到了A股上市的门槛。

此外，江南水务地处经济实力雄厚、发展势头强劲的苏南地区，拥有良好的区位优势。生产经营活动的增加和外来人口的迁入必将大幅带动用水量的增长。但江南水务并未止步于借助区位优势谋求发展，而同时将目光投向了广阔的农村市场，积极响应国家政策推进城乡供水一体化，这一前瞻性的举措也取得了非常好的效果。自身的实力加上未来可期的发展前景，江南水务已然拥有了IPO的入场资格，只是如何把这个入场资格转变成中国证监会认可的"通行证"呢？于是，上市筹备小组与中国水网取得联系，希望可以获得帮助。中国水网自成立以来，一直关注我国供水行业的健康发展，帮助供水企业解决改革发展道路上的难题。在了解江南水务的情况后，中国水网从行业视角提出建议，助力江南水务更加清晰地发现、提炼自身的优势与价值，明确了以供水服务为首要竞争力的未来发展方向，推动公司商业模式升级。除此之外，中国水网也借助自身平台优势"牵线搭桥"，帮助江南水务找到优质的供应商，以强化其在服务方面的优势。沿着"立足供水，做强做大水务主业"的战略规划，江南水务用一项项清晰的计划和排期回应了问询，也将自身优势更好地展现给了大众。

问询过后，江南水务很快便如愿收到了中国证监会核准通过的批复。这意味着资本市场肯定了公司未来持续盈利增长的能力和将供水服务作为主要方向的发展规划。江南水务这八年的努力终于为它带来了最想要的结果。

上市只是一个新的起点，江南水务也在不断探索上市之后的路该怎么走？从绩效管理到客户服务，江南水务历经多年的探索逐渐摸索出了提升之道。聚焦城乡供水一体化发展，用高标准的村镇管网建设，标准化的运维管理模式，严格的水质监测标准来实现城乡共饮"一碗放心水"的目标；用心优化服务，以创新的思维对接数字技术，实现了从服务的便捷性到服务内容覆盖率上的提升，为用户带来更加人性化的服务体验；着力抓好内部管理，借助高效的管理工具提升企业内部管理水平。

江南水务在不断地尝试和探索中将上市带来的激励效果延伸到了企业社会责任、用户体验、员工管理等方方面面。无论是客户服务，还是企业数字化转型，江南水务的表现都获得了业内的好评。从筹备到上市，从一家普通的县域级供水企业到国内首家5A级供水服务标杆企业，江南水务不仅探索出了自身的发展之道，也为业内具备相似条件的供水企业带来了启发和思考。

傅涛曾坦言："那些成功建立服务品牌、不断提高服务效率、积极进行人才储备的公司，都有可能追寻江南水务的足迹逐步涉足资本市场。"江南水务成功上市，带动了许多供水企业强化对服务质量的重视和对城乡供水一体化的关注。同时，江南水务一跃龙门成为行业翘楚的故事也永远激励着后来者：只有放飞梦想，才能激情飞扬；只有大胆实践，才能高歌远行。

同一时期，良好的外部环境和不断释放的需求为国内水务企业创造了更多的发展良机，先后有多家优秀的水务企业成功上市、对接资本市场，给我国水务行业的发展插上一双双有力的翅膀。

〰 成本公开——第一把打开黑匣子的钥匙

"砰！"在某市的自来水价格听证会上，一直得不到发言机会的听证会代表向主持人扔了一个矿泉水瓶以示抗议。隐藏其后的是人们对于水价调整制度的信任危机。这次扔水瓶事件就像一个导火索，经过媒体的大肆渲染，再结合前前后后发生的"听证专业户""无人报名听证会"等事件，让人们忍不住思考：我们的水价到底怎么了？为什么水价调整总是一个"老大难"问题？

水价对于公众来说一直是一个敏感的话题，这主要是由于在过去很长一段时间内，自来水一直被认为是一种福利型公共产品，从最开始的不收费到之后的象征性收费，再到后来的逐步商品化。为了持续完善我国的供水价格机制，政府印发了一系列的文件，以推动供水价格制定更加科学合理。

调整水价应先让成本透明化。虽然听证会给了老百姓一个发声的平台，但是一方面听证会的制度和程序存在不完善；另一方面，虽然老百姓被赋予了参与权，但是知情权却明显较弱，更遑论决策权。城市供水价格遵循补偿成本、合理收益、节约用水、公平负担的原则，但是人们对于成本的了解仅限于发言代表在听证会上的只言片语，根本无法对价格调整方案的合理性进行判断。

与西方的一些发达国家不同，我国水价制定的主体是地方价格主管部门。而在2010年之前，我国并没有明文规定供水企业需对社会公开供水成本，老百姓看水价调整总有种"雾里看花"的感觉，这也使很多民众自觉对水价调整产生质疑。

知其然方知其所以然，公共事业的价格僵局亟待打破。为了进一步完善水价形成机制，促进水价调整工作更加规范有序和公开透明，国家发展和改革委员会于2010年印发了《关于做好城市供水价格调整成本公开试点工作的指导意见》和《城市供水定价成本监审办法（试行）》（发改价格〔2010〕2613号），决定在全国部分城市进行城市供水价格调整成本公开试点。

2012年1月29日，广东省广州市自来水有限公司（以下简称"广州自来水"）向全社会公开了该市2008年至2010年的供水成本。广州也因此成为国内第一个严格按照国家文件要求逐项向社会公开供水成本的特大城市。

成本公开并不是简单的将供水公司的账目赤裸裸的摆在阳光下。鉴于我国各地经济发展不平衡，供水企业之间的管理水平以及各项技术指标等存在一定差异，想要制定一套全面、科学、合理的成本公开方案并不容易。傅涛曾在《水价二十讲》中提到，成本公开不是一味公开成本细节，更重要的是公开政府、企业和百姓的责任关系。

第一次经历供水成本公开的广州市民也纷纷去官方平台围观，并就此表达自己的看法。虽然整个过程中大家对一些成本有所质疑，但基于公开透明和真诚沟通的基础，广州自来水还是取得了民众的理解、信任和支持。广州自来水价格调整工作也在成本公开之后，在多方的努力下顺利完成。

傅涛认为，成本公开在一定程度上促进了政府、供水企业、公众三方之间的沟通和交流。成本公开让水价调整程序不再是政府价格主管部门和供水企业的"自说自话"，而是变成了两者与消费者之间的"有来有往"，有助于提高水价调整的科学性和透明度，保障人民群众的知情权、参与权和根本利益。在这一点上，广州自来水为行业开了个好头。

其实，随着社会和经济的发展，老百姓已经形成了"使用者付费"的基本观念，对于水价而言，公众最在意的是定价是否合理，自己交的钱是否真真切切地花到了实处。

广州之后，我国的水价调整成本公开试点工作陆续推进，目前经历过水价调整成本公开的城市已经越来越多，包括广州、上海在内的部分地区还对供水成本进行定期公开，走向了常态化。

相信随着成本公开基础的逐步完善，我国城市供水价格的改革之路也会更加顺畅，供水品质也会得到进一步的保障和提升。

为协助理顺价格关系，提出具有参考价值的建议措施，助力形成长效合理的价格机制，促进供水企业的可持续发展，E20供水圈层于2019年6月21日在"2019（第四届）供水高峰论坛"上成立了水价改革研究中心。未来，无论是成本公开的完善，还是动态价格机制的探索，E20水价改革研究中心将同行业一起，为推动水价改革聚智献策。

"2019（第四届）供水高峰论坛"上，E20水价改革研究中心正式揭牌

珠海水控：一步一脚印，数年一盘棋

当城市发展到一定程度，本地供水量的增速逐渐放缓，自来水公司如果单一依靠供水业务，下一步的发展必然会遭遇瓶颈。从地方供水企业产业链延展的情况来看，大多会从供水板块出发，或辐射至村镇区域，实现"城乡供水一体化"；或拓展至污水处理、污泥处理、水环境治理，甚至辐射至固废处置等领域，转变为区域环境集团。说起地方供水企业的发展，既离不开地方发展的"天时地利"，更需要有企业时刻准备着的"人和"。广东省珠海水务环境控股集团有限公司（以下简称"珠海水控"）的发展历程正是属地水务企业逐渐成长、扩张的典型范例。

2017年8月23日，早6时30分，珠海市三防指挥部启动防风I级应急响应。此前该部已发布数次台风预警信息。

作为珠海市三防指挥部成员，珠海水控在接到预警之后，集团本部、各下属公司及其厂站所都有条不紊地做好防风应急准备。

2017年8月23日上午，历史上登陆广东的最强台风之一——"天鸽"正式入境珠海。顷刻之间，珠海全市笼罩在狂风当中，短短两个小时，珠海市遍地树木倒伏折断、道路瘫痪，海水倒灌致近海区域受涝惨重，电力供应不稳定，通信系统严重受损，给水设施、泵站、管网遭受重创，珠海水厂、污水处理厂全部停产。

主动停产虽然保住了机组，但"天鸽"仍给珠海的给水设施、泵站、管网带来了不同程度的损害。珠海水控迅速成立应急指挥部，灾后1小时，唐家水厂恢复生产！经过昼夜不间断抢修，九座污水处理厂恢复生产，33小时全市主力水厂全部恢复生产，36小时管网水压恢复正常，50小时医废厂和渗滤液厂恢复生产，60小时珠海99%的用户恢复供水，辖区内没发生过一起水质污染。

珠海水控的"水务速度"获得了全城居民的纷纷点赞。这一系列妥善的应急举措的背后，离不开珠海水控从业四十多年的沉淀，也离不开其作为市属国企，自强不息，谋求发展，一步一脚印，不断超越自我的决心。

珠海地处西江下游滨海地带，境内河流众多，西江诸分流水道与当地河冲纵横交织，看似水源丰富，实则却是一个缺水的城市，每年受咸潮影响长达半年。尽管如此，从1960年竹仙洞水库建成起，珠海就肩负起保障澳门特别行政区供水的重要任务，在随后几十年的发展中，形成了"珠澳供水一体化"的格局。但在很多年中，咸潮依然是对珠澳供水最大的威胁。很多老珠海人都对喝咸水有着痛苦的记忆。随着竹银水源工程、平岗—广昌原水保障工程等大型供水基础设施建成投入使用，近年来咸潮已逐渐淡出珠澳两地居民的记忆。

为了优化居民用水体验，一改"九龙管水"造成的水行政管理长期处于分割状态，广东省于2001年就拉开了水务改革的帷幕，杜绝职能交叉、责任不清、政企不分、效率低下，提高水资源利用效率。珠海市于同年8月完成申报，以水务局取代水利局，积极推动当地"水务一体化改革"，实现水源地、供水、节水、排水、治污、防洪、水价、水环境与生态等涉水事务的统一管理。

说到这里，不少珠海人还记得当年乡镇刚通自来水的喜悦。2001年起，珠海水控（时称"珠海市供水总公司"）开始推进农村水改工作。在此后的十多年中，珠海水控陆续整合接收了二十多家村镇供水机构，有计划、有步骤地推进珠海西部村镇供水设施的规划建设、管理和服务，在全国率先实现自来水的"村村通、户户通"工程，珠海东西部城区实现"同城、同网、同质、同价、同服务"，有力推进了珠海"城乡供水一体化"进程。

为了实现加速水务改革、充分高效利用水资源的愿景，珠海水控一方面从服务标准化做起，注重服务质量和运营绩效。2012年，珠海水控携手中国水网与多家行业内先进企业成立了供水服务促进联盟，并于当年开展了基于《供水服务评级指标体系》的供水服务评级，成为了国内首家达到4A级服务水平的供水公司；另一方面积极配合市水务局规划，避咸潮、修管道、建水库、引原水，因地制宜形成了"引提蓄"三结合原水保障模式，构筑独具特色的"江库联动、南北联通"珠澳供水一体化大格局。

随着全球气候变化，台风、暴雨等极端气象事件易发、频发，给国内多个城市带来城市内涝、水浸黑点难题。珠海地处滨海，自2017年起经历了接踵而至的台风"天鸽""帕卡"和连带特大暴雨，使市民饱受"污水溢流""城市看海"之苦，由此暴露的排水系统健康问题引起了珠海市委市政府的高度重视和深刻思考。

近年来，随着城市发展水平不断提升，珠海市政府不断加大防汛排涝和黑臭水体整治投入力度，然而以工程治标为主的方式存在问题反复、难以根治的困境。极端天气肆虐对排水系统的冲击，让政府和业界愈发认识到，治水是一个系统工程，涉及上下游、多部门协同运作，需从规划、建设、管材、运营等方面共同发力，并非单一孤立措施所能解决。多年来，排水管理条块分割、专业养护缺乏、管道现状病害不清等情况，加上城市扩张下对排水、污水处理能力提出的更高要求（如新建小区道路动辄"垫高"一米多，老旧小区排水设施不完善，年久失修等），使重新评估和改善排水管理模式成为了迫切需要。

珠海水控作为全市唯一的水务环境公用事业国企，一直以来心系民生关切，平常蓄势积力，通过组织实地调研、专家访谈、内部研讨，逐步形成了一套"供排一体、厂网一体"的新型治理理念。机会往往留给有准备之人，"天鸽"台风后，为更好打造粤港澳大湾区门户枢纽城市，打好水污染防治攻坚战役，彻底根治黑臭水体和水浸黑点，珠海市委市政府自上而下加强推动力量，在珠海水控的全程参与和协助下，迅速组织调研、摸查、研讨，在借鉴北京、上海、深圳、常州等城市经验基础上，形成了《珠海市排水管理体制机制改革行动方案》的雏形，并于2018年纳入市政府年度"6＋1"重点改革任务。同年7月，"全国排水管网高峰论坛"在珠海成功举办，顶尖排水专家齐聚共商，就排水改革达成了一致共识。9月，排水改革方案获珠海市委市政府正式审批通过并予以印发，明确建立全市排水设施"统一规划、统一建设标准、统一管养"的供排水一体化管理体系，由珠海水控设立的珠海供排水管网有限公司负责珠海全市的排水设施统一养护工作。

万事开头难，改革方案实施一年多来，珠海水控通过持续不懈努力，于2019年成功接管全市九区排水设施管养任务，围绕"推动供排水一体化、排水厂网一体化，提升专业化、精细化、信息化管养水平，提高珠海市治污和防涝排涝能力"的改革主要目标，构建专业化团队、配置规模化装备、加强网格化管养、落实24小时值班和应急抢险机制、构建信息调度系统、协助排水审查执法，从管养能力、养护标准、响应效率等方面，基本改变了过去排水管养条块分割、被动粗放、投入不足局面，推动提升了全市排水设施的专业化、精细化、信息化管养水平。珠海水控以非凡的勇气和担当推动企业创新改革，成功实现了我国水务企业在排水管网业务上的突破，形成了"排水厂网一体化"业务从上游到下游、从收集到处理的完整系统，实现了跨越式的发展。

截至2018年7月，珠海市12条黑臭水体整治已见成效。同年，珠海市顺利通过了全国水生态文明建设试点验收。珠海排水管网管理体系的精细化提升将进一步助力珠海市水生态环境的不断优化。

得益于珠海当地政府对水务事业和生态环境的重视与支持，多年来，珠海水控以供水业务为基石，不断拓展城市污水处理、水生态环境治理、固体废弃物无害化处置等环保业务，逐步实现了从"珠澳供水一体化"到"城乡供水一体化""供排水一体化"，再到"排水厂网一体化"，最终形成了"粤港澳大湾区区域协同、区域环境一体化"的大格局。

一路走来，珠海水控展现出了属地国有水务企业不甘平庸、谋求变化、渴望做大做强的决心与行动，更是不忘属地企业的责任与初心，不计投入，甘愿奉献，大力支持家园生态建设，先人后己，小可以润城无声，大则能与全市共进退，获得了政府与市民的信任。在此过程中，珠海地方政府体现出来的改革魄力和机制创新精神，更是起了关键作用。作为我国地方属地水务企业发展的缩影，珠海水控将继续推动水务改革，迎接更大的机遇与挑战，从"区域环境一体化"的发展历程中，在更多新的业务板块里，为我国供水企业发展探索更多可供借鉴和参考的经验。

坚守服务初心，方能行稳致远

市政供水在经历了早期改革的"大开大合"之后，逐渐趋于稳定、成熟与平静。随着城镇供水市场增速放缓，水业改革的接力棒似乎从供水转交给污水、污泥、水环境治理，供水不再是争相追捧的"香饽饽"。这一阶段，没有令人艳羡的繁华，没有喧闹争夺的项目，没有媒体追逐的热点，市场化改革的浪潮似乎逐渐远去，供水行业又该何去何从？"我们已经走得太远，以至于忘记了为什么而出发！"在经历了对比之后的迷茫与彷徨、痛苦与挣扎，方才大彻大悟：穿越高山和峡谷，抵达的不是远方，而是内心最初出发的地方。新阶段的改革除了关注产业整合、价格机制、投融资体制外，开始更多地回归公众感知、强调运营服务水平、供水质量提升。回归初心，坚守服务为人民，前行之路，依然美丽。

≈≈ 小白热线的"N次进化"

随着百姓对美好生活的向往日益增强，公众对服务品质的要求也随之提升。对于关系民生的供水行业来说，"服务"成了最直观的指标，也成为供水企业核心竞争力的体现之一。在此背景下，2016年，E20环境平台特别开展"优秀供水服务热线品牌"评选，以树立供水服务行业标杆，助力供水服务转型升级。

2016年6月21日，首届"供水高峰论坛"，"2015—2016年度中国十大优秀供水服务热线"颁奖现场上。

主持人由衷感叹："感谢水务人多年的追赶与创新，才能成就这一张张优质的供水服务名片，泉城济南，以水闻名，在供水业内，更是以'小白热线'开创了市政热线服务形式的先河，相信很多同仁都有开办热线服务的相似记忆。"

回到20世纪90年代中期，市场经济向纵深发展，社会服务业逐渐觉醒。然而，公共服务行业却坚如冰块，一副垄断大哥的派头，获得了诸如"铁老大""电老虎""水龙王"等外号，用户感受很差，成为当时公共服务行业内的"难言之隐"。

那时，山东省济南水务集团有限公司（以下简称"济南水务"）有个名人白维营，小白作为城市供水服务一线员工，勤勤恳恳、热情周到，受到上级领导和社会各界的一致好评。为了不辜负社会各界的认可，1996年，刚获得了山东省劳动模范称号不久的小白没有停下脚步，带着"服务行业水平太低，年轻人应该冲一冲，改变改变"的想法，在济南水务内部"创起了业"。在互联网还不够普及的年代，电话作为成熟的通信技术，给这个年轻人带来了灵感，一张桌子，一部电话，白维营带着三个年轻人，开张了。

"创业初期"，为了提高用户对热线服务的感知，小白热线的四位成员们"就像打了鸡血一样"，把每一通电话都当成宝贝对待，前脚刚接完电话，后脚又带领维修小队出现场，特别是白维营——既当接线员，又当维修工，"白天上了一天班，晚饭后又出现了；夜里盯到凌晨，第二天早上又能准时看到他"。短短三个月，热线受理量从几十条增加到上千条，"小白"们的连轴转，很快赢得了民众的口碑，闯出了济南水务的服务招牌——"有难事找小白"。对于很多老济南市民而言，"有难事找小白"也成为了20世纪90年代末这座城市的专属记忆。

服务行业很苦、很累，有时候还很委屈的现实，使得坚守热线服务变得更加具有挑战。白维营曾说过，没一点子奉献牺牲的精神，服务行业撑不下来。20年过去，在小白热线的影响下，几代"小白"不仅坚守服务，更是始终不忘"只有通过创新，才能始终走在前头"的创业初心。

时光荏苒，2017年，当年那个抢修队的精干小伙儿也变成了"老白"。3月15日，投身水务事业长达41年的白维营在退休前接听了最后一通"小白热线"：

"好的。我们会在半小时内到达！"

避开交通拥堵，老白乘车到达现场，拿出随身带着的鞋套，这套入户检修的标准已经执行很多年了。用户一见来人是老白，顿时笑容满面。从询问到发现问题再到更换阀门解决问题，老白总共只用了12分钟。这份完美的作业背后，离不开"小白热线"多年的进化与提升。21年来，济南水务以"小白热线"为依托，逐步成长为全国规模最大、功能最齐全的供水呼叫中心与客户服务中心，从一部电话、一支笔、一张纸架构起了从单线到多线、从平面到立体、从被动到主动的立体服务平台。

老白退休后，客服中心的40余名"小白"继续接力，不论初一还是十五，照样坚守岗位，从未间断，相继推出了客户代表、片区管网管理员等明星服务队伍，成立"成本式"服务的户表维修中心，持续升级网上客服，建成覆盖全济南的12处营业网点，全力打造"十分钟用水生活服务圈"。以客户服务为出发点，依托营业大厅、电话、短信、网站、微博、微信"六位一体"的沟通渠道，形成了集服务、调度、考核、信息、联络、诊断于一体的综合服务中心与管理枢纽，"小白热线"最终锤炼为供水系统"最强大脑"。

"您好！这里是'小白热线'，请问有什么可以帮您？"

"好的，我们会在半小时内到达。"

20多年以来，在服务标杆"小白"的引领下，供水行业的整体服务也迎来一次次升级与蜕变，供水业务的咨询、投诉、建议也不再局限于"热线"的模式。伴随着智慧水务建设的不断完善和"互联网+"体系的赋能，服务渠道逐渐丰富多元，供水企业与用户之间的距离也越来越短。

今天，在不同城市的无数供水人，将继续通过"智慧服务"的方式，突破各种有形的无形的障碍，确保所有供水服务在第一时间传递！

〰 福州自来水：啃下"二供"这块硬骨头

炎热的三伏天，身上汗渍渍的，就想回家痛痛快快洗个澡，顿时神清气爽。然而在2009年之前，对于福建省福州市部分小区的居民而言，夏天洗澡要错峰，大半夜还得迷迷瞪瞪地从床上爬起来洗澡，那滋味简直酸爽。

为什么这些居民如此窘迫？原因是因为未被妥善管理的二次供水。一些二次供水设施常年无人管理，导致加压功能不给力，有些多层住宅小区甚至没有配备二次供水设施，靠着城市公共管网的末梢压力"得过且过"。

一旦供水出现问题，人们总会下意识地认为一定是自来水公司的责任，福州市民也不例外，将矛头纷纷指向了福州市自来水有限公司（以下简称"福州水司"）。其实，根据相关规定，当建筑物对水压的要求超过市政供水正常压力时，项目建设单位应当建设二次供水增压设施；二次供水设施也应该由产权人或者受产权人委托的管理单位来管理维护。

除了压力不足的问题，更让居民揪心的是用水安全问题。有的小区的物业管理单位从来没有对二次供水水箱进行过清洗，或者只是拿布抹一下，敷衍了事。而有的小区则是在二次供水设施建设之初就存在问题。以东浦花园为例，由于原建设单位采用地下式水池，并与化粪池毗邻建设，存在严重的安全隐患，2016年受台风影响，化粪池满溢，导致地下式水池遭受污染，福州水司对水池进行了紧急清洗，以确保居民正常用水。

福州水司深知先帮助老百姓把用水难、用水脏的问题解决了才是重中之重。因为福州绝大部分住宅小区的层高在九层及以下，于是从2009年开始，福州水司将大部分小区的供水压力从原来的四层楼增加至九层楼，并于2011年无条件接收了几乎全部老旧小区供水设施的管理维护工作，属全国少有。在政府的号召与带领下，从2018年开始，依托水质提升三年改造行动计划，福州市加速推行老旧小区供水设施及管道改造工作。

虽然二次供水改造和接管对于老百姓来说是个好事儿，但是实际进展并不顺利。地下水池要变为地上水箱，需要跟居民和物业商量用地；老旧小区图纸资料缺失严重，工作人员要实地勘测，爬上钻下，飞檐走壁；一户一改要进到居民屋里改管道，短暂的不美观使得部分居民大发雷霆。再加上福州市多层以及高层住宅小区数量庞大，需要投入的人力物力财力可见一斑。虽然从法律层面来讲，二次供水设施的改造费用应该由产权人来承担，但是让老百姓一下子拿出这么多钱来显然不太现实。事实上，对于很多城市而言，改造费用难落实的问题一直是阻碍水司对二次供水设施进行全面改造与接管的"拦路虎"。

为保障改造工作顺利进行，福州水司决定承担绝大部分改造费用。在前期一户一表改造试点的基础上，福州水司首先对已接收小区逐个摸底建档，具体情况具体分析，制定具有针对性的改造方案。凭借持之以恒的耐心和长久不懈的努力，目前，福州九层及以下多层住宅二次供水设施改造与接收已基本完成，让老百姓用水无忧。

然而，福州水司的努力与成果并未止步于此！

时任福州水司副总经理的郑文芳在"2019（第四届）供水高峰论坛"上的分享中讲道，福州水司致力打造"高标准"泵房。一个标准（《新建住宅小区生活供水标准化泵房建设技术标准》），八大系统（增压节能、安全保护、水质保障、远程监控、减振降噪、防潮通风、供电保障、排水防涝），以提供高质量、高品质的二次供水，让居民不仅喝得上，还要喝得好。另外，标准化泵房也即将在全省范围推广。

福州是较早开展二次供水设施接管与改造的城市之一。近年来，随着二次供水问题的日益突出，很多城市和地区都陆续开展相关工作。但是，很多时候由于资金不到位、居民不配合等各种原因导致相关工作一度搁浅，但是老百姓的龙头水问题却等不得。2015年，住房和城乡建设部、国家发展和改革委员会、公安部、国家卫生计生委联合印发《关于加强和改进城镇居民二次供水设施建设与管理确保水质安全的通知》（建城〔2015〕31号），将保障二次供水安全提升到改善民生和国家反恐战略的高度，更进一步推动了二次供水的专业化改造、建设与维护管理工作。

由于各地在二次供水方面的基础不一，二次供水设施的建设、改造以及维护管理方面出现了多种模式。E20供水研究中心在2019年发布的《二次供水模式研究及价费分析报告》对几种典型的模式进行了分析，并指出我国二次供水的主要问题集中在上位法缺失、各方权责不清晰、价费机制难理顺等方面。随着各地对二次供水的不断探索与实践，二次供水管理水平将在未来几年得到显著提升，并朝着智慧化、集约化、高品质发展。由供水企业接管二次供水设施的主流趋势，也将进一步推动供水全过程化管理，从而全方位保障城市供水安全，给用户带来更放心的龙头水。

结　语

供水作为水务行业中最传统的部分，大部分供水企业都有着与建国一样长的历史，在发展的长河中摸索前行。有人说，供水行业太稳，稳到无趣，那恐怕是说话的人太年轻，没经历过早日的喧哗；有人说，供水行业简单，一眼便能望到底，可越是简单的东西越深邃，似水一般在千变万化中积蓄能量。

如果从20世纪80年代算起，供水市场化改革走过了三十余年。期间，城镇供水行业在取得重大发展成就的同时，遭遇了一系列困惑，资本入场、产权归属、价格机制、管理效率、属地扩张……困惑与经验交织在一起，使供水行业迸发出更加强大的生命力与韧劲。

傅涛曾在2019年和2020年的"供水高峰论坛"上谈到，PPP降温后，供水行业进入新一轮的黄金发展时期。供水企业应做到守正出奇，"守正"就是跟党在一起，跟人民在一起；"出奇"就是创新，争创标杆，打造价值奇点，占领价值高地，最终让人民感知、让人民满意、让人民遇见美好。

只要怀揣着让人民遇见美好的想法，我们的路就会越走越宽。

参考文献

［1］叶馨．泰晤士水务入华27年浮沉记，中国水网，2016-06-14，http://www.
　　　h2o-china.com/news/241617.html．

［2］全新丽．威立雅的水务之道，中国水网，2005-02-18，http://www.h2o-china.
　　　com/news/34632.html．

［3］刘丽娟．泰晤士水务挺进中国．商务周刊，2004年第5期．

［4］罗仲菁．跨国公司跳进中国水务市场．证券时报，2000-11-20，http://
　　　www.h2o-china.com/news/493.html．

［5］李娜，宋华．源流——珠海对澳门供水口述史．中央文献出版社，2019年8月．

［6］梁欣欣，張佩麗等．澳门百业——澳门水务史，2003-03-23，https://www.
　　　macaudata.com/macaubook/book110/html/04101.htm．

［7］傅涛，汤明旺．回归初心：从成都六厂B厂与澳门自来水项目看中国水业
　　　改革．中国水网，2018-03-01，http://www.h2o-china.com/news/271296.html．

［8］刘保宏．傅涛：澳门供水模式带给PPP的三点启示．E20水网固废网微信公
　　　众号，2015-07-27，https://mp.weixin.qq.com/s/Ym1Wch6QyHJq0TRUX7EEmg．

［9］陈新年．60年的水之梦——珠海一家三代的对澳供水情结．珠江晚报数字
　　　报，2019-10-18，http://zjwb.hizh.cn/html/2019/10/18/content_1293_1730417.htm．

［10］潇湘晨报．长沙：自来水是计划经济的最后堡垒．潇湘晨报，2004-03-
　　　26，http://www.h2o-china.com/news/26302.html．

［11］邱振华．供水改革模式选择的几个考虑因素．中国水网，2007-04-07，
　　　http://www.h2o-china.com/news/56655.html．

[12] 邱振华,傅涛等.《供水服务的模式选择》.北京:中国建筑工业出版社,2012 年 3 月.

[13] 王强.如何将水务改革进行到底,中国水网,2018-04-02,http://www.h2o-china.com/news/272847_4.html.

[14] 张国锋,陈文娟.威立雅、苏伊士发展研究(上).E20 水网固废网,2020-04-04,https://mp.weixin.qq.com/s/MVJy8_t3dy9tosXCw3mSNw.

[15] 张国锋,陈文娟.威立雅、苏伊士发展研究(下).E20 水网固废网,2020-04-05,https://mp.weixin.qq.com/s/5RGEpjGFa2Hg_dEfznIHgw.

[16] 傅涛.水业资产溢价背后的"十式腾挪".中国水网,2007-03-05,http://www.h2o-china.com/news/55551.html.

[17] 傅涛.再谈水业资产溢价的背后,中国水网,2007-04-24,http://www.h2o-china.com/news/57142.html.

[18] 贾海峰.西安"水变"西安自来水公司反对威立雅收购.21 世纪经济报,2008-07-18,https://business.sohu.com/20080718/n258233839.shtml.

[19] 王衡,连振祥.兰州自来水苯超标事件20 名政府企业人员被追责.新华社,2014-06-12,http://js.people.com.cn/n/2014/0612/c360302-21411502.html.

[20] 翟瑞民.兰州水污染事件立案威立雅:不会撤出中国.北极星环保网,2015-03-04,http://huanbao.bjx.com.cn/news/20150304/594127.shtml.

[21] 胡义伟.江南水务IPO获批打造跨流域服务龙头.上海证券报,2011-03-01,http://www.h2o-china.com/news/94345.html.

[22] 成杨.全新丽.江南水务上市:新的水企"试金石".中国水网,2011-03-17,http://www.h2o-china.com/news/94693.html.

[23] 刘永丽.江南水务:立足供水,做强做大水务主业.中国水网,2011-03-24,http://www.h2o-china.com/news/94849.html.

[24] 罗宇.江南水务:适时拓展实现产业链延伸.中国水网,2013-05-02,http://www.h2o-china.com/news/116283.html.

[25] 李晓佳．供水企业的混改思考：改革是大势所趋，再难也要争取．中国水网，2016-06-27，http://www.h2o-china.com/news/242070.html．

[26] 毕晓哲．听证代表扔矿泉水瓶也是民意表达．法制日报，2009-12-11，https://www.chinanews.com/gn/news/2009/12-11/2012989.shtml．

[27] 刘泰山，李刚．广州自来水公开晒账本．人民日报，2012-01-30，http://news.sohu.com/20120130/n333138152.shtml．

[28] 傅涛．《水价二十讲》．供水服务促进联盟，中国水网，2013 年 03 月．

[29] 汪茵．E20 供水圈层水价改革研究中心成立．中国水网，2019-06-22，http://wx.h2o-china.com/news/293068.html．

[30] 珠海水控集团有限公司．"天鸽"一周年，珠海水控灾后重生，美而弥坚！．珠海水控集团有限公司微信公众号，2018-08-23，https://mp.weixin.qq.com/s/CRyfm1YvbECj0g44sLksGg．

[31] 珠海水控集团有限公司．水质公告．珠海水控集团有限公司微信公众号，2017-08-24，https://mp.weixin.qq.com/s/hAokQBSumVoGDP68LQ_A8Q．

[32] 人民网．珠海：水务改革"一龙"胜"九龙"．人民网，2003-07-12，http://www.h2o-china.com/news/19082.html．

[33] 方晔，王杭州等．饮用水源安全保障体系建设的系统思考．水工业市场，2012 年 7 月．

[34] 陈新年．"碧水攻坚战"珠海水控系统再出"组合拳"．珠海特区报数字报，2019-08-27，http://zhuhaidaily.hizh.cn/html/2019-08/27/content_255882_1483707.htm．

[35] 郑振华．对症下药，珠海 12 条黑臭水体整治已见成效．珠海特区报数字报，2018-07-27，http://www.h2o-china.com/news/278410.html．

[36] 任萌萌．供水服务热线中的佼佼者："创新＋实践"的智慧．中国水网，2016-06-23，http://www.h2o-china.com/news/241987.html．

[37] 陈海东．山东济南"小白"热线，一心服务群众二十年做老百姓的"暖男"．人民日报，2016-07-06，http://csgy.rmzxb.com.cn/c/2016-07-06/903552.shtml．

[38] 济南水务订阅号. 服务水务四十载,热线"小白"今日正式退休! .济南水务集团官方微信号,2017-03-15,https://mp.weixin.qq.com/s/-mgVICGdDbjoeZy6mZDzHA.

[39] 陈琳. 初心不改 | 站好供水最后"一公里"的岗. 中国水网,2019-07-08, http://www.h2o-china.com/news/293610_2.html.

[40] 王馨. 啃难啃的"硬骨头",揭秘老旧小区二次供水设施改造的"福州模式". 中国水网,2020-03-24,http://www.h2o-china.com/news/305433.html.

[41] 熊志敏. 福州高层住户明年增压市区水压将增至9层楼高. 福州新闻网, 2009-12-17,http://news.fznews.com.cn/jsxx/2009-12-17/20091217b6Sh5Ubn3210656.shtml.

（本章作者:毛茂乔　陈　娅　胡雅倩　邓　宇）

四 柳暗花明：

中国污泥产业，十年孕育十年耕耘

开往签约现场的车上，普拉克总经理赵英杰看着一栋栋被甩在身后的大楼，如同过往的岁月，快闪而过。一年前，北京高碑店百万吨级污水厂的污泥热水解–厌氧消化工程开建的场景还历历在目，想到十分钟后即将进行的签约仪式，这些画面在脑海中愈加清晰了起来，他转头对司机说："我们稍微开快一点吧。"

2015年，国际知名的污泥领域厌氧技术佼佼者普拉克被北京排水集团收购，引起业界广泛关注。赵英杰赶着去参加的，正是北京排水集团与普拉克股权转让的签约仪式。

现场，当双方代表在股权收购协议上签下名字的那一刻，掌声雷动，预示着中国污泥处理处置这个大市场终于到了爆发的前夜。

见证了这一历史事件的杭世珺，此刻同样感慨万千。十多年前，她与业内专家们一起在"水业高级技术沙龙"上呼吁污泥需要被重视时的场景，那些在污泥项目现场奔走和挥洒汗水时的身影，以及讨论污泥市场因为经费和技术缺乏"巧妇难为无米之炊"的痛心……

这一切虽已融进了污泥市场发展的历史洪流之中，但一幕幕，仿佛就在昨日。

回顾污泥产业化孕育与耕耘的20年，从上海石洞口和唐家沱两大引进项目的运行，到国产技术的百花齐放。从20世纪70年代的冰点，到国家"十二五"期间的升温，到后来成为热点，经过40余年的摸索，我们有世界各种主流污泥处理处置技术的引进和探索，如污泥干化焚烧技术、厌氧消化技术、好氧发酵技术等的实战演练；也有像洁绿环境这样对国产热水解技术的深入专研，无锡国联一般对污泥干化焚烧技术的国产化发扬；也有具中国特色、推广极其成功的板块压滤方式，其代表类企业景津环保也在2019年成功上市。在此之外，污泥堆肥技术也在进行着不懈探索，并曲折前进……

本篇结合污泥产业化过程，选取不同阶段的八个典型的市场和企业发展片段，试着从微观角度，展现污泥处理处置在探索中前进的一个侧面，以及整个行业发展的缩影。

从"少人问津"到"家喻户晓"

从冰点到大热点，污泥市场走过了漫长的40年，但污泥问题真正被拿出来讨论应该是在2000年以后。随着污水处理规模的快速增长，污泥产生量也大幅增加。污泥从原来被疯抢的肥料，变成了备受"嫌弃"的污染难题。在不断的讨论声中，污泥问题被提上日程，到了不得不探索解决的阶段。一批专家早期的呼吁与奔走，推动了污泥处理的进展。陆续有污泥处理项目上马，为产业化大幕的拉开做好了前期探索和试错，为后续产业化的发展做好了准备。

∽∽ 揭开"污泥"问题的盖子

2010年10月22日上午，北京市门头沟法院对"北京环保第一大案"做出一审判决，倾倒"毒泥"主犯被判处有期徒刑三年六个月。

这是北京市司法机关首次介入的污泥污染环境案件，也让沉积多年的污泥问题得以在公众视野里曝光。

据被告人何涛在法庭上的说法，整个污泥处理行业都没有资质要求，与污水处理厂签订的协议只要求对污泥进行无害化处理，但对什么是无害化处理并没有操作规程和具体标准。污水处理厂污泥处理社会化之后，给环保公司的费用实际上只够运输费，根本没有做所谓无害化处理和防渗漏处理的可能性。

何涛的岳父是北京排水集团的员工，在当年的采访中，他提到："倾倒污泥是政府行为，如果污泥含毒，政府能让随便往外拉吗？污水处理厂的污泥都是经过化验合格，不含有毒物才出厂的，有合格证明。"虽然这起惊动全国的"毒泥案"的判决早已尘埃落定，但其影射出的污泥处理处置中的标准、资金、责任不清以及如何安全处置等问题，却一直与污泥处理处置事业的发展相伴随。

污水和污泥是一对难兄难弟。从20世纪70年代我国探索建设污水处理厂至今，已有40余年。但在早期经济发展条件有限的背景下，我国污水处理行业一直都是"重水轻泥"。随着污水处理厂建设的加速，污泥问题从无到有。

事实上，一群业内专家很早就预警了污泥的深层问题，甚至为此呼吁了20余年。

二十世纪八九十年代，污泥还是农民抢着要的肥料。曾任中国城镇供水排水协会排水专业委员会主任、北京排水集团总经理的杨向平那时就已经呼吁"污泥要处理了，要建污泥处理厂"，但政府却一直没有足够的资金支持。

"有限的资金要先花到哪里"是当时主管部门重点考虑的问题。在污水和污泥之间选择，答案是先治理污水。

2000年，建设部、国家环境保护总局、科技部联合印发了《城市污水处理及污染防治技术政策》，规定日处理能力在10万吨以上的污水处理厂产生的污泥，宜采取厌氧消化工艺进行处理；10万吨以下的，可进行堆肥处理和综合利用。

时任建设部城建司副司长的张悦，参与了该政策的制定。他在接受媒体采访时回忆："宜处理、可处理，都是很弱的提法，基本没做强制性要求。"污水的污染是流动性的，会对饮用水源产生很负面的影响。而处理污泥，总投资要增加30%。资金没着落，政策引导弱，让污泥问题一拖再拖，成了老大难。

2003年，三峡库区建设以后，17座污水处理厂在建设过程中没有妥善规划污泥的处理处置，引起当地不满。

当时，我国城市污泥的处置工序大体都是三步走：污水处理厂产生的污泥首先在厂区完成简单的稳定脱水处理，然后被运到污泥消纳中心进行中转。最后，只有少部分用作有机肥的污泥被送往田地，大部分被运往垃圾填埋场填埋处置。

时任北京市市政工程设计研究总院副总设计师的杭世珺在三峡做污水处理工作期间，看到了这样走下去的难点，"简单脱水后的污泥在填埋场搁不住，机器一碾过去像口香糖似的，把机器都弄瘫痪了"。回到北京，杭世珺决定将污泥的盖子揭一揭，让中央领导知道。她想用沙龙讨论的形式引发大家对污泥问题的关注。

在多方沟通后，由杭世珺发起，邀请时任北京市环境保护科学研究院总工程师的王凯军、时任北京排水集团总工程师的王洪臣和时任清华大学环境科学与工程系主任的陈吉宁等专家共商污泥问题，时任清华大学水业政策研究中心主任的傅涛和时任中国水网总经理张丽珍召集组织了沙龙，这也是中国水网的第一期"水业高级技术沙龙"。此后，中国水网每年都会举办多期"水业高级技术沙龙"（即后来"环境技术论坛"的前身）。"水业高级技术沙龙"也成为了水业技术领域新思想和新观点汇集交流的平台。

2004年4月29日，以"污泥处理处置的认识误区与控制对策"为主题，由中国水网和清华大学环境科学与工程系共同举办的第一期"水业高级技术沙龙"顺利举行。污泥问题第一次被拿到台面上，得到了专家们的集体会诊。

首期"水业高级技术沙龙"留影

杭世珺、王凯军、王洪臣、陈吉宁，以及时任国家城市给水排水工程研究中心常务副主任的郑兴灿、清华大学环境科学与工程系王伟及黄霞、时任中国科学院地理科学与资源所室主任的陈同斌等技术专家都参与了此次沙龙的专题讨论。

已经开始污泥处理处置探索的一些企业也参与到了沙龙的讨论中，如山西沃土生物有限公司、意大利涡龙设备与工艺公司、德国瓦巴格公司、金州集团等企业的技术代表。

沙龙的顺利举行，得益于充分的前期准备工作。在国际国内专家的大力支持下，主办方组织收集了美国、欧盟及多个欧洲国家、日本等国际有关污泥政策法规、标准和技术路线的丰富资料和文献，国内有关政策标准及文献，以及北京、上海、天津、深圳、广州等城市的污泥技术路线和规划等详实资料。综合以上，编辑整理成背景材料，为沙龙专家开展研讨提供了丰富的素材和数据支撑。

这次沙龙重点从污泥处理处置的概念、标准以及技术政策和技术路线四个层面展开讨论，经过了七个半小时的深入讨论，最后达成了多项共识。

之后，根据沙龙讨论内容，主办单位中国水网和清华大学水业政策研究中心组织撰写了《清华水业技术绿皮书》，汇集了包括杭世珺、陈吉宁、郑兴灿、王凯军、王洪臣等专家的共同观点，沙龙发起专家杭世珺是主要执笔人之一。

从我国污泥处理处置的背景与问题分析入手，《清华水业技术绿皮书》结合污泥处理处置的国际经验，重点分析了我国污泥处理处置中存在的问题，如污泥处理处置的责任主体不清、监管严重缺位、相关标准缺乏系统性和科学性、技术政策还存在空白期，以及一些对污泥技术路线的理解误区。

2004年7月，"国际污泥无害化经验交流会"在北京华润饭店开幕，杭世珺代表"水业高级技术沙龙"的专家在交流会上作了专题报告，报告的内容就是《清华水业技术绿皮书》系列之一的《污泥处理处置的认识误区与控制对策》，将沙龙讨论结果与国际专家进行了分享和沟通。

污泥沉积多年的症结，并非一朝一夕可以解决。直至今日，有些当年讨论时提到的问题，还依然存在。但2004年的首次沙龙，却开启了行业集中沟通的模式，也通过对污泥问题的讨论，引发了各界对污泥处理处置问题的重视，并使污泥处理处置的若干认识误区得以澄清，进而帮助和促进了有关技术路线和技术政策的制定。

≈≈ 石洞口项目探索记

到2004年年底，全国661个设市城市建有污水处理厂708座，处理能力达到4,912万立方米/日，是2000年的两倍多。全年城市污水处理量162.8亿立方米，比2000年增加了43%，城市污水处理率达到45.7%。

污水处理进入快速发展期，污泥处理处置问题更加迫切，但相较于污水处理技术的日益成熟，污泥处理处置技术在我国尚属起步阶段。

二十世纪末，我国尝试引进国外先进技术应用到污泥的处理处置工作中，通过一系列实践项目，逐步推进对污泥处理处置技术国产化的探索。

2004年，上海石洞口污泥干化焚烧项目成功点火，是当时中国唯一使用污泥干化焚烧工艺的城市污水处理工程应用实例。至此，我国污泥处理处置终于有了比较完整的安全处置实例。这不仅是代表了国际先进技术的污泥处置工程，也为我国污泥处理处置领域提供了宝贵的经验。

环保市场的任何一个进程都与政策推动密切关联，首例污泥干化焚烧项目的落地也不例外。

2003年《上海市人民政府办公厅关于印发〈上海市2003年—2005年环境保护和建设三年行动计划实施意见〉的通知》（以下简称《通

知》）发布。《通知》明确，2003年要建成石洞口污泥处理厂，处理石洞口污水厂及中心城区污水厂所产生的污泥。

受政策目标以及当时石洞口污水处理厂需求的影响，上海石洞口污泥处理厂的建设水到渠成，被迅速提上日程。

这让上海市政工程设计研究总院（集团）有限公司（以下简称"上海市政总院"）党委书记、副董事长、总工程师、全国工程勘察设计大师张辰很兴奋。在全国范围内对污泥问题还没有引起广泛关注的时候，张辰主持设计的上海市石洞口城市污水处理厂工程，就要求团队在设计稿中重点突出污泥的处理。如今污泥项目可以顺利推进，他备感欣慰。

《通知》发布后不久，上海石洞口污水厂污泥处置系统工程招标工作启动。

项目招标决定采用国际性公开竞争的方式。由于该项目既属于上海市苏州河环境综合治理工程的子项目，又是上海市政府的重点工程，项目一开标，就吸引了一大批优秀的国内外企业参与竞标，标书就收到了好几摞。

以北京金州工程有限公司（以下简称"金州工程"，金州集团的子公司）为牵头人的联合总承包方在与另外五家有相当知名度的联合体通过激烈的市场投标竞争后，成功拿下标的，并在2003年3月25日正式签署了上海市石洞口城市污水处理厂污泥处置系统工程的总承包合同。

上海市苏州河综合整治建设有限公司担任本工程的建设单位，上海市政总院和金州工程的子公司上海金州环境工程技术有限公司负责项目的工艺设计。

当年，在我国，污泥处理处置技术还处于初期探索阶段，真正实践的项目少之又少。究竟该选择哪种技术路线，让主持项目设计的张辰很头疼。确定项目建设后，他带领团队翻阅了几个书架的资料，对比国内外相关技术案例，走访了上海多地，对上海污泥产生量以及污泥的特性做了充分的分析，最后确定了干化焚烧处理工艺，使污泥得到最终处置。

张辰后来发表在《给水排水》杂志上的论文也对上海石洞口污水处理厂的污泥情况做了详细的介绍：上海石洞口污水处理厂设计水量为40万立方米/日。采用具有除磷脱氮功能的一体化活性污泥法作为污水处理工艺，处理对象为城市污水（含有大量以化工、制药、印染废水为主的工业废水），产生的污泥量为64吨/日干泥，经脱水后含水率为70%，污泥体积为213立方米/日。根据现状水质水量的特点，虽然石洞口污水处理厂运行初期，由于水量在30万立方米/日左右，产生的污泥量将低于设计规模。但随着收集系统的不断完善，雨污分流现象的逐步改善，水量将逐年增加，水质会不断提高，最终将达到设计负荷。

以此为基础，石洞口污泥项目不仅引进了国外流化床污泥干化技术，而且结合项目的实际情况，采用了上海金州环境工程技术有限公司开发的污泥干化焚烧处理工艺。最终确定项目采用的工艺路线为"机械浓缩+脱水+干化+焚烧"，焚烧后灰渣外运至老港综合填埋场填埋，日处理脱水污泥（含水率约75%）213吨/日。

2003年7月，建设团队进驻项目，正式动工兴建。项目现场工人们挥汗如雨，建设团队热情高涨，进展迅速。2004年11月，项目建成投运。

作为首个在国内采用干化焚烧工艺处理污水处理厂污泥的项目，上海石洞口污泥干化焚烧项目，具有一定的先进性和前瞻性，通过引进、消化、吸收国外先进技术和设备，逐步掌握了污泥干化焚烧的运行技术，同时积累了宝贵的经验，并形成一套技术规程——《城镇污水污泥流化床干化焚烧技术规程》（CECS 250：2008），为全国类似工程的设计、建设和运行提供了指导范本。

石洞口污泥干化焚烧项目运行几年后，上海竹园污泥处理等污泥处理项目也成功上马运行。这其中，石洞口项目的经验探索功不可没。

但做"第一个吃螃蟹的人"并不容易，石洞口污泥干化焚烧工程初期实施效果并不十分理想，一期工程在后期运行的过程中遇到了诸多问题。

上海市政总院在后期的工程评估结论中总结了产生问题的两点原因：一是，由于污泥泥质特性及设备实际运行性能偏差，造成实际脱水污泥含水率远大于设计值，导致后端干化焚烧装置的规格偏小，部分污泥得不到处理而需外运填埋；二是，因干化系统导热油盘管磨损等原因造成设备故障，项目起初，系统运行的连续性、稳定性较差。

不仅如此，按照当时《上海市城镇排水污泥处理处置规划》的要求，石洞口污水处理厂的污泥处理设施除满足本厂污泥处理需求外，还需处理片区内其他污水处理厂（吴淞、桃浦）的污泥。

这意味着，等待处理的污泥量正急剧增加。

在此背景下，石洞口污水厂污泥处理完善工程开始着手实施，除了对原有系统进行改造外，还包括新建扩容污泥处理设施。

总结之前项目存在的问题，新线在设计中考虑对干化机换热面进行碳化钨耐磨喷涂。同时，老线的半干法+布袋除尘器的烟气处理工艺已不能满足新的焚烧烟气排放标准，因此新线设计时选用了完善的烟气处理工艺，能够满足当时最严格的上海市地方标准。

在石洞口污泥干化焚烧项目大刀阔斧实践的时期，有一批企业也在尝试着引进、吸收来自欧美、日本等国家的国际化成熟技术。日本是污泥焚烧利用较多的国家之一，1962年前后，就已经开始采用干化和焚烧污泥技术，污泥的干化焚烧处置在日本已经有50多年的历史。

在技术的推广和实践上，最早一批关注并呼吁解决污泥处理处置问题的专家们影响深远。

20世纪80年代，杭世珺因公派留学日本，研修城市污水处理。回国后，她结合在日本的学习和考察成果，为我国污泥处理处置技术探索提供了指导和借鉴。

杭世珺曾多次在上海的"水业热点论坛"上，分享最新的研究成果，为企业对国际技术的引进、消化和吸收带来了宝贵的意见。在市场实践中，这些积极引进外国技术的先行企业如北京京城环保股份有限公司（以下简称"京城环保"）、中国节能等，都发挥了积极的推动作用。石洞口污泥处理项目，也为这些企业提供了实践的大好机会。上海石洞口污水厂污泥处理完善工程新建线设备采购集成招标项目就是由京城环保以近1.7亿元的价格中标，这是继上海竹园污泥处理项目（下文会有详细介绍）成功运行后，京城环保通过激烈的市场竞争，在上海拿到的第二个大型污泥干化焚烧项目。

此时，也正是大批企业扎堆布局污泥处理处置领域的关键时间点，很多之前有过相关业务积累的企业，在这一时期，得到了迅速发展。无锡华光锅炉股份有限公司（以下简称"华光锅炉"）通过与东南大学、浙江大学等著名高校合作，曾经为上海石洞口污水处理厂制造了三台28.4吨/日（干物质）流化床污泥焚烧炉。在与无锡中佳百威科技股份有限公司共同发起成立无锡国联环保科技有限公司（以下简称"国联环保"）后，由国联环保重点承担了无锡市国联发展（集团）有限公司（以下简称"无锡国联"）涉足污泥处置的重任，在石洞口污水厂污泥处理完善工程中，持续发挥了积极的推动作用。

2013年前后，上海市进一步强化了城镇污水处理厂提标改造工作，根据相关工作方案要求，2014年6月，石洞口污水处理厂提标改造工程立项建设，2017年年底成功实现出水水质一级A提标。

此时，位于上海宝山区的泰和污水处理厂也已经开工建设，石洞口片区的污泥产生量明显增加。

为解决激增污泥的出路问题，2018年，石洞口污水厂污泥处理项目加紧推进了二期工程的建设，以处理石洞口污水处理厂提标增量污泥和泰和污水处理厂污泥，处理规模为128吨/日。

二期项目由上海市城市排水有限公司委托招标代理完成石洞口污水处理厂污泥处理二期工程勘察、设计、施工一体化招标。由于项目投资额较大且在行业内具有一定的标杆意义，当时参与竞标的企业均为实力雄厚的上海市属大型集团公司和国际知名企业，竞争极其激烈。

经过多轮竞争，最终项目由上海市政总院联合体中标。

此时，已经在石洞口完善工程中有过成功实践的京城环保，也早早盯上了二期工程这块蛋糕。而京城环保在污泥干化焚烧领域中技术、工程、运行等多方面的强大市场竞争力，也在这次项目中再次得到印证。在与上海市安装集团签订合作合同后，京城环保主要负责了石洞口污泥处理二期工程的深化设计服务、系统集成技术服务以及余热、烟气、飞灰、公辅系统供货等工作内容。

石洞口污泥干化焚烧项目稳定运行15年后，上海市政总院总工程师胡维杰在经验总结中谈到，石洞口片区污泥处理工程的建设体现了污泥处理系统布局上的集约化，工艺上的减量化、无害化、稳定化和最终处置上的资源化特点，解决了石洞口片区污水处理厂污泥的消纳出路，实现了片区污泥的"全规划、全泥量、全系统、全过程和全循环"的处理，是具有较高水准的污泥综合处理中心。对于提高上海市污泥处理率、优化污泥处理设施布局、完善污泥处理处置体系有着十分重要的意义。

上海石洞口污泥干化焚烧项目在我国污泥处理处置技术发展的历程中，迈出了具有历史意义的一步。在国际技术与我国污泥实际情况的磨合中，不断寻找适合我们实际情况的技术发展路线。集中式干化焚烧处理模式也为全国其他城市的污泥处理处置提供了借鉴参考。

走上产业化之路，春秋战国时代到来

随着污泥处理处置问题的全面爆发，我国污泥处理处置路线的发展也从初期的探索阶段，到了大范围实践阶段。

2009年，住房和城乡建设部、环境保护部、科学技术部三部门联合发布了《城镇污水处理厂污泥处理处置及污染防治技术政策（试行）》（城建〔2009〕23号），虽然这个政策还是以技术为主导内容，但却是污泥处理处置政策层面的"第一声枪响"，标志着污泥处理处置产业化的开端，污泥处理处置市场即将真正形成，希望在即。

此后，我国污泥处理处置领域开启了发展的黄金八年。这一时期，技术路线百家争鸣。仅住房和城乡建设部、国家发展和改革委员会于2011年联合颁布的《城镇污水处理厂污泥处理处置技术指南（试行）》（建科〔2011〕34号）中就列出了六种较为流行的处理工艺。同时，市场对商业模式的探索热情不减，而隐藏在污泥处理处置领域内的深层次问题，也在快速发展的这几年暴露出来，为后续污泥处理处置市场的进一步发展，找到了重点突破的方向。

≋≋ 上海污泥技术战国争雄

虽然20世纪90年代末，我国已经开启了污泥处理处置技术的探索，但直到今天，我国污泥处理处置依然是多种技术路线鼎力发展。

薛涛在2014年发表的《多种路线分步解决中国污泥处理处置问题》中写到："中国的特殊国情和特殊泥质导致期望通过惯有的市场换技术来解决中国的污泥问题并不顺利，各类污泥处理处置技术发展仍在'战国时代'。"

无论是对国际技术的引进，还是我国在不同阶段对各种处理路线的探索，虽然偶有鱼龙混杂的乱局出现，但都很好地勾勒了我国污泥处理处置技术路线的发展轮廓。

在污泥处理处置路线探索历程中，上海这座城市在全国很有代表性，走在行业前列。正因为有对石洞口污泥干化焚烧项目的探索和实践为基础，之后上海陆续落地了白龙港、竹园、松江等污泥处理处置工程。

全国首例污泥干化焚烧项目、亚洲规模最大的污泥消化干化处理工程、国内最大的污水污泥干化焚烧工程、全国典型的污泥好养堆肥项目等，都在上海成功落地。

随着污泥问题的逐步爆发，产业化探索进程加快。被称为污泥处理处置产业化开端之年的2009年，中国水网、上海市政总院、上海城投污水处理有限公司（以下简称"上海城投污水"）发起主办了首届"上海水业热点论坛"，论坛主题聚焦污泥问题，地点就定在上海，至今，已经连续举办了11届。

在"2019（上海）水业热点论坛"上，各大污泥处理处置技术路线齐聚争鸣，综合专家和企业们的观点和案例分享，可以总结目前主流的污泥处理技术路线有四种：污泥深度脱水+填埋（"深填"路线）、污泥干化+焚烧+灰渣填埋或建材利用（"干焚"路线）、好氧发酵+土地利用（"好土"路线）、厌氧发酵+土地利用（"厌土"路线）。

上海的污泥处理处置探索，以上海石洞口污泥干化焚烧项目、白龙港城市污水厂污泥处理工程、竹园污水厂污泥处理工程、松江污水厂污泥处理处置工程，四大标志性项目为代表，长时间处于多种技术路线鼎力发展的阶段，全力破解大城市"污泥围城"的难题，上海通过减量化、无害化、稳定化及循环利用的途径，给污泥找到有效的"出路"，摆脱"一埋了之"，是我国污泥处理处置路线探索的缩影。

随着人口的不断增加，上海城市排水设施也相应增加。2008年年底，上海市污水治理三期工程全线建成，上海中心城区的生活污水处理率上升到84%以上，污泥产生量剧增。

为提升污泥处理能力，上海计划启动白龙港城市污水厂污泥处理工程。2008年2月，项目正式开建。项目总投资约8.8亿元，其中工程费用6.3亿元，污泥处理单位运行成本是每吨脱水污泥120元。

项目筹划之初，就吸引了世界银行的关注。正式立项后，世界银行贷款3,700万美元，19,146万元由国内银行贷款。

白龙港污泥处理工程的核心项目是八座蛋形消化池，八个消化池，形似八颗巨大的鸡蛋，单体容积12,400立方米，最大内直径达到了25米，属于蛋形双向有黏结预应力钢筋混凝土结构，是当时国内建设在软土地基上单体规模最大、数量最多的双向有黏结预应力蛋形消化池工程。

据当时的媒体报道，到2011年，上海中心城区14座污水处理厂的日产脱水污泥量已经达到2,400吨，如果15天不处理，这些巨量污泥将淹没整个金茂大厦。

剧增的污泥，对项目的尽快投运需求迫切，这给项目建设带来了巨大的压力。

上海城投总公司下属的上海市城市排水有限公司（以下简称"上海排水公司"）负责项目的整体建设。虽然任务重、工期紧，上海排水公司依然在重压之下，完美地打赢了这场战役。比原计划提前15天完成了八座蛋形消化池中的最后一座主体结构混凝土浇筑。

2011年4月，白龙港城市污水处理厂污泥处理装置建成试运行，10月21日项目正式建成并投入运行。项目建设完成后，上海城投污水负责项目的生产运营。

巧合的是，由上海排水公司负责建设的上海竹园污泥处理工程也在此时宣布开工，这即是当时国内最大的污泥干化焚烧项目，它的建成和落地，也在我国污泥处理处置的历程中起到了关键作用。

两大工程均是上海市环境保护三年行动计划的重大项目，但却分别采用了不同的主流技术路线。

结合白龙港污水处理工艺、污泥类型和污泥特征，白龙港污水厂污泥处理工程选择了污泥厌氧消化加干化的综合处理工艺，设计干污泥处理规模204吨/日（实际运行中在180吨/日以上），对白龙港污水处理厂每天200万吨污水处理中产生的污泥进行浓缩、消化、脱水和干化。

几乎在白龙港项目投入运行同期，2011年10月，竹园污泥处理项目开工建设。2013年5月，项目辅助工程土建基本完成。和石洞口污泥干化焚烧项目类似，竹园污泥处理工程也是以焚烧为主要的污泥消纳方式。采用发达国家已有成熟应用的"干化+焚烧"的污泥处理工艺，整体能耗降低10%。烟气处理采用静电除尘器+袋式除尘器+洗涤塔工艺；工程近期建设规模为处理污泥750吨/日（含水率80%）。

竹园污泥处理工程不仅是世界银行贷款上海城市环境APL二期项

目，更是当时国内最大的污泥干化焚烧工程，工程概算总投资约9.3亿元，设备投资额占总投资额的比例高达80%以上，核心工艺及设备复杂。当时，国内还缺乏相应的设计和建设经验。

这些条件因素，都决定了项目招标工作的艰巨。

从2009年6月开始准备招标文件，到2011年5月最终完成合同签订，竹园污泥处理工程的整个招标过程耗时近两年。由业主方、设计院、招标代理及咨询专家组成的招标工作小组，在两年的招标过程中，投入了大量的人力物力。

考虑到类似竹园污泥处理工程这样复杂的工程，最终的详细设计很大程度上会因承包商各自的技术特点及专业经验的不同而不同，要求招标人事先准备好详细、完整和统一的招标技术文本显得很不现实。经过协商，项目采用了性能招标的总承包模式。

此后，经过详细策划并征得世界银行的同意，工程最后决定采用了世界银行两阶段招标法进行了主体工程的采购工作。

经过严苛的招标条件策划，最终参与投标的投标人均以联合体形式进行了投标，而组成的形式都为一家国内有集成能力的单位，一家有污泥干化焚烧经验的单位，一家有能力的土建安装单位。这种组合形式，大大增强了项目的执行落地效率。

最终，竹园污泥处理工程主体工程由京城环保（原"北京机电院高技术股份有限公司"）、月岛机械股份有限公司、上海宝冶集团有限公司三家单位（联合体）中标。

其中，由于京城环保在我国探索污泥处理处置路线的初期，就前瞻性地引进欧美、日本的先进技术，早早拥有了干化、焚烧、生物降解、水热干化、厌氧产沼、综合利用等多种技术路线，相对而言，技术更加成熟。成为拿下项目的一个重要砝码。

2015年6月，由上海城投水务（集团）有限公司、上海城投污水、上海市城市建设设计研究总院、上海市政总院等五家业内权威机构组成的验收组，在对工程承建效果进行72小时性能考核验收的时候宣布，"项目以远超预期的表现顺利通过考核验收，实现了项目重要里程碑"。这个项目让京城环保在上海名声大噪。之后，京城环保又相继参与了上海石洞口污水处理厂污泥处理完善工程以及石洞口污水厂污泥处理二期工程。

2020年，京城环保又中标了它在上海污泥市场的第四个污泥干化焚烧处理项目，成功签约上海市青浦污泥干化焚烧项目。

目前，仅在上海地区，由京城环保承建的污泥干化焚烧项目日处理量就达到了2,000余吨，占上海市中心城区污泥处理总量的40%。

今天，我们再讨论这个项目的意义，恐怕不只在项目本身的落地效果，更重要的是，它让更多的企业在实践中脱颖而出，更好地参与到我国污泥处理处置的建设之中。

根据上海排水公司的相关数据显示，2015年上海中心城区的污泥产生量较2012年又有大幅增长。

为满足日益增长的污泥产生量，2015年以后，石洞口污泥干化焚烧二期工程、白龙港污水处理厂污泥处理处置二期工程及竹园污泥处理处置扩建工程陆续启动并建成落地。

另一个由上海市政总院设计的上海市松江污水厂污泥处理处置工程，与前三大项目不同，根据松江区的实际情况，工程主要采用了好氧发酵工艺进行污泥堆肥。这一处理规模为120吨/日的污泥项目也是在2011年投建的，工程总建筑面积约超过了1万平方米。

传统堆肥工艺往往都存在厌氧发酵现象，难以解决臭气的问题。松江污泥处理厂地理位置特殊，夹在大学校区和居民区中间。建设初期，如何除臭成了头等大事，对技术设备和除臭的要求更高。

此时，陈同斌及其团队联合北京中科博联科技集团有限公司（以下简称"中科博联")共同开发的智能控制工程技术和设备，已经在污泥领域得到了很好的实践应用。通过公开招标，最终松江项目选择了中科博联的智能好氧发酵技术设备，并挑战性地将污泥的混料、发酵、除臭、仓储与项目的办公场所放在了一起。

2012年1月项目正式投入了运行，当年年底项目进行了验收工作。项目验收时，验收人员一致认为，项目完全没有异味，完成的质量非常高，几位办公人员甚至还在厂区内喝起了咖啡。

松江项目通过DBO模式，由上海市政府出资建设，又考虑到污泥产品的消纳需要对接下游企业，是企业在探索污泥归土路径上的重要突破。

最新公示的《上海市城市总体规划（2017—2035年）》（以下简称《规划》），在延续上海六大区域分片处理格局的基础上，提出"5010"的总体布局，即规划50座城镇污水处理厂（含初期雨水处理厂）、10座污泥处理厂。其中，石洞口、竹园、白龙港和杭州湾沿岸四大区域以集中处理为主，规划九座城镇污水处理厂、五座污泥处理厂，污泥焚烧处理后建材利用。嘉定及黄浦江上游、崇明三岛区域采用属地化分散处理，规划39座城镇污水处理厂、五座污泥处理厂，污泥焚烧处理后建材利用，崇明区等泥质较好的城镇污水处理厂污泥可采用好氧发酵后土地利用。

《规划》将污泥处置技术路线作为战略规划确定了下来，加上政府高度重视，《规划》内容应该很快会陆续落地。

二、三线城市的污泥"救赎"

以上海为代表的大中城市，由于污泥问题率先爆发，成为最早一批探索污泥处理处置路线的开拓者。但很快，大城市污泥围城的难题随着污水处理规模的不断升级，逐渐延展到了二、三线城市，也催生了二、三线城市污泥处理处置市场的发展。

随着市场的延伸和逐步爆发，污泥也从"谈处理"走向了"谈处置"。

2009年的标志性政策文件——《城镇污水处理厂污泥处理处置及污染防治技术政策（试行）》中规定，"污泥处理处置的目标是实现污泥的减量化、稳定化和无害化；鼓励回收和利用污泥中的能源和资源。坚持在安全、环保和经济的前提下实现污泥的处理处置和综合利用，达到节能减排和发展循环经济的目的。"

同时达到无害化、减量化、安全稳定化、资源化四方面要求的项目，是污泥处理处置领域一直追求的高阶项目建设。但在实际的推进过程中，的确困难重重。

在污泥问题爆发的早些年间，出于经济上的压力，以石灰搅拌实现含水率下降及稳定化的低成本方案，曾是污泥处理的有效路线之一。但由于增量问题，以及对污泥泥质的彻底毁坏导致后续处置受限以及违背循环经济的原则，也逐渐走向了消亡。

如前文讲述，在早期经济条件相对较好的大中城市，最开始通用的方式是对国外技术的引进，也成功实践了多个项目案例，如上海石洞口污泥干化焚烧项目、上海白龙港污泥消化项目等。

国外技术的引进，在我国污泥问题急速发酵的阶段，效果立竿见影。但在具体实践过程中，很多问题又暴露出来。如上海石洞口污泥干化焚烧项目，就曾在适应中国污泥的复杂成分方面出现了一些问题，后续针对存在的问题，进行了完善工程的建设。

不仅这些，高额运行成本和运营管理能力等限制因素，也在后续二、三线城市污泥处理处置市场爆发中更快显露出来。

成本的重要制约，成为污泥路线选择的最主要因素。在所谓的高阶项目中，采用国外技术的BOT全成本（即全面考虑建设成本和运行维护费用的生命周期全成本）大多都会超过500元/吨（80%含水率的湿污泥），摊到每吨污水中接近0.4元，对于全国平均不到1元的污水处理费用而言无疑过高。

从2009年之后的市场发展趋势来看，即便我国对环保的重视程度和政策性资金的支持在不断提升，但类似高阶项目也多出现在北京、上海、广州等一线发达城市的30万吨以上的大型污水处理项目中，这些地区的污水厂体量符合高阶项目的规模经济需求，并具有示范项目的性质，为未来的技术发展提供模板。

多年的污泥处理处置实践，让我们看到，简单引进国外的技术，存在无论是技术、造价还是管理等各方面表现出与中国国情适用性不足的明显问题。

2010年前后，很多二、三线城市的污泥问题被倒逼着爆发，它们对污泥处理处置的需求大且急。

但让人感到欣慰的是，在这一阶段，国产技术为主体的高阶污泥项目在二、三线城市的大型污水处理厂中找到机会，包括国内也在自主研发具有中国特色的高阶处理处置路线。如无锡国联、中持环保等很多企业，在这个时期不断成长起来，并进阶为行业代表。

国产化的诱惑：成本降下来了

如同其他类似城市一样，江苏无锡市的污泥问题也在2009年前后迅速爆发，成为了让地方主政者们非常头疼的事情。这时候无锡国联进入了无锡市主政者的视野。

之所以选无锡国联作为污泥问题的化解者，是因为早在2005年左右，无锡国联就尝试过污泥的焚烧处置。当时无锡国联与无锡市地方电力公司共同出资设立了无锡国联环保能源集团下属有一家垃圾电厂，主要的任务是为无锡市的工业企业提供蒸汽、电力的支持，同时处理无锡的城市生活垃圾，而早期的污泥是与煤一起掺烧处理。这为无锡国联涉足污泥领域做好了铺垫。

2010年，无锡国联环保能源集团牵头，控股设立了一家专业从事污水处理厂污泥处置工程的公司——无锡国联环保科技有限公司（以下简称"国联环保"），并将这家公司作为承担国联涉足污泥处置实施路径的主力。

无锡市要求无锡国联对污泥进行无害化的就地处理。为此，无锡国联专门组织了一套班底进行调研，最后选择以焚烧作为污泥处置的最终路径，并探索出了一条符合国家政策、适合中国国情的、高效实用的污泥处置新型工艺路线——微生物源头减量+调质深度脱水+资源化焚烧。按照无锡国联的工艺，污泥在焚烧前，需要进行再加工。

2012年，隶属无锡市高新水务有限公司的无锡梅村污水处理厂，由于产生污泥量越来越大，决定委托国联环保以特许经营的方式对剩余污泥进行减量化、无害化处理。这个项目后来成为国联环保的代表性BOT项目，"2014（第六届）上海污泥热点论坛"还曾组织与会嘉宾一起参观了该项目。

2013年3月，项目开工建设。临危受命的国联环保，仅用了四个月就实现了项目的正式运营。

项目污泥处置设计规模为300吨/日（含水率80%），考虑到后期污水厂的升级，项目一期建设规模为200吨/日，预留100吨/日的扩建位置。

项目选择的工艺路线就是无锡国联的招牌技术——"微生物源头减量+调质深度脱水+资源化焚烧"工艺，主要处理梅村污水处理厂含水率97%的剩余污泥和无锡新区其他污水处理厂含水率80%的脱水污泥。

2010年11月，环境保护部发布了《关于加强城镇污水处理厂污泥污染防治工作的通知》（环办〔2010〕157号）（以下简称《通知》）。《通知》提出，"污水处理厂以贮存（即不处理处置）为目的将污泥运出厂界的，必须将污泥脱水至含水率50%以下。"这一标准的设定，为高干脱水获得大发展提供了重要契机。那几年，高干污泥脱水设备迎来了大发展，我国的污泥处理中出现了以景津环保为代表的板框脱水方式，还有利用同济大学的科研能力进行了技术优化的上海同臣环保有限公司独特的叠螺式污泥脱水机等。

国联环保的梅村水处理厂污泥深度脱水项目中使用的压滤机就是景津环保股份有限公司（以下简称"景津环保"）生产的，但滤布还是用了无锡国联自主研发的产品。

经过深度脱水后污泥泥饼运至无锡惠联热电有限公司污泥自持焚烧炉进行规范化、无害化焚烧，实现污泥的彻底处置，最终实现减量90%。板框压滤脱水时采用间隔的"递增式"施压脱水工艺，经过压滤机处理的湿污泥变成了一块块的污泥干饼，泥饼可在专用焚烧炉中无需外加辅助燃料，实现资源化燃烧（每吨污泥回收的能源相当于29千克标煤）。

在污泥处理处置的国产化技术探索上，无锡国联的探索无疑起到了相当大的推动作用。其开发的板框干化加后续热循环干化燃烧的方式，作为高阶项目，污泥处理处置BOT全成本已通过国产化自主开发降低到了近300元/吨（80%含水率）。薛涛也在《多种路线分步解决中国污泥处理处置问题》一文中，谈到过类似话题，他认为，"上述价格可能未完全覆盖由于前端板框干化方式添加物所带来的更高的尾气达标处置和焚烧后飞灰作为危废安全处置的成本，即便如此，这样的价格也远远低于国外同类路线的价格，体现了国内环保装备技术的长足进步"。

叫好不叫座的技术落地生根

在污泥技术路线探索的漫长道路中，不仅仅干化焚烧技术路线碰到过"钉子"，"污泥厌氧消化处理技术"甚至一度在我国"叫好不叫座"。尤其是在二、三线城市。

虽然技术原理成熟，国外普遍应用，但相关项目的运行数据却有些惨淡。据2013年的数据显示，全国有超过50个污泥厌氧消化项目，其中1/3关停，1/3不稳定。

而在真正促进污泥厌氧消化处理技术在中国落地生根的探索中，许国栋带领中持（北京）环保发展有限公司（以下简称"中持环保"）的实践可谓是大功一件。

污泥处理处置产业化初期，中持环保成立了北京中持绿色能源环境技术有限公司（以下简称"中持绿色"），专门从事污泥处理与处置业务，成功踩在了产业化的时间点上。

时任北京中持绿色董事、总经理的邵凯及其团队自2007年起即投入科研力量，进行相关储备。

邵凯回忆说，尽管污泥市场发展的时间表有些出乎意料的提前了。但早有准备的中持绿色，还是抢先破线成功。成立之初，就拿到国家"863"重点课题——城市污泥分级分相厌氧消化组合技术研发及工程示范项目。

和无锡国联的路径相似，中持环保也是从二、三线城市开始突破。

浙江是最早出台污泥处理处置规划的地方之一。中持环保对污泥领域的深入，从浙江宁海县的一个项目开始。

许国栋团队曾为浙江宁海县做了多年的污水处理工程。宁海县共建设（含已建、在建和拟建）污水处理厂八座，产生剩余污泥量大幅增加，当时是污泥经脱水后外运送至填埋场填埋，但填埋场容量日趋饱和，致使污泥出路出现问题。

2010年10月，宁海县开始考虑将污水处理过程中产生的污泥进行处理，曾向中持环保咨询过方案。宁海政府经过认真比选，选择了适合当地的污泥厌氧消化技术。

后来宁海县政府采取公开招标的方式选择污泥处理工程商，最终中持绿色联合北京市市政四建设工程有限责任公司在竞争中胜出，获得了该总承包项目，合同金额3,000余万元。这也是中持环保的标志性项目。

时任中持绿色副总经理、技术总监的李彩斌说，当时很多人不看好污泥厌氧消化工艺，认为我国污泥含砂量高、有机物含量低。他认为，这个问题不可一概而论，宁海项目的污泥有机物含量可达到53%~57%。随着人们生活水平的提高和生活习惯的改变，污泥有机物含量会逐渐提高，如北京等大城市，某些污泥有机物含量可达到60%~70%，基本已经与欧洲等发达国家持平。

针对存在的问题，中持绿色尝试采用分级分相厌氧消化技术和协同处理来解决。传统厌氧消化过程是单级的高温或中温。中持绿色采用的是高温（40~50℃）和中温（35~38℃）两级温度。与传统的厌氧消化相比，这种技术方式实现沼气产量提高30%，消化时间缩短30%，有机物降解率超过45%。

中持绿色的分级分相厌氧消化技术被科技部纳入"863"重点课题。

宁海县污泥处理项目2012年3月竣工投产，采用"分级分相厌氧消化+深度脱水+土地利用"工艺路线，处理规模为日处理含水率80%的污泥150吨、粪便40吨。一期工程规划的处理能力是日处理含水率80%的污泥75吨、粪便30吨。

在"2011（第三届）上海水业热点论坛"上，李彩斌以宁海项目为例，介绍了中持绿色以厌氧消化为核心的绿色生态基础设施理念。他提到，城市绿色生态基础设施是以协同厌氧消化技术为核心，对区域内的污泥、餐厨垃圾、绿化垃圾、粪便等有机废弃物进行综合处理处置，包含不同物料设置针对性的预处理设施，以及回收有机废弃物中的生物质能进行利用，残渣用于园林绿化、农用、矿山修复等进行土地利用。

在项目研究进程中，中持绿色逐渐将注意力由污泥扩展向有机废弃物。

2013年开始，中持绿色进一步加大研发力度，从小试、中试，到示范工程建设，经过五年的研发历程，研制出了DANAS干式厌氧发酵技术。

这一技术针对的是含固率为15%~35%的市政、农业和工业等一种或多种有机固体废弃物，适应性强，多种物料混合，预处理要求低，沼液产生量少，能耗低。该技术在中原水城——睢县新概念水厂等项目中已经得到了比较好的典型应用，为我国厌氧行业带来新的突破进展。

以无锡国联和中持环保为代表的一批企业，在推动我国污泥技术产业化的道路上，不断积极探索着。

从2009年污泥处理处置领域拉开产业化的大幕开始，一大批企业陆续涌入这一领域中。从后来的走势看，2009年后的五年内，位于北京、上海等一线城市的主要污泥处理项目基本被以北控水务、上海排水公司、金隅集团等为代表的大型国企拿下；而这一时期在中国环保领域率先布局的两大外企巨头——苏伊士、威立雅也先后获得了重庆、青岛等二线城市的污泥处理项目；如无锡国联、中持环保、中科博联等中小企业的市场布局，则多集中在河北、江苏等省市的二、三线城市。

污泥处理处置市场逐步全面爆发。

≈ 污泥的出路：入土为安？

正如很多专家说的那样，污泥问题年年说，但年年在。虽然污泥处理让"污泥围城"得到了有效控制，但污泥的有效处置却一直推进的缓慢。

"污泥的出路在哪里？"这是每年"上海水业热点论坛"上，行业普遍讨论的话题。从污泥的处理方式来看，可以分为三个方向：填埋、焚烧和土地利用。

在多年的污泥处理实践中，我们也发现，填埋比乱扔好，但是得找到场地；焚烧比填埋好，但是得治理好烟气；农业利用比焚烧好，但是得严格管理。

从资源循环利用的角度出发，经过多年的实践和讨论，业内逐步达成一个共识，就是鼓励污泥回归土地。回归土地的方式是将无害化处理后的污泥产物制成栽培基质或肥料，进行农用、绿化或林用，为土壤提供氮磷钾和有机质。

可这条路走得却异常吃力。

2009年前后，住房和城乡建设部出台了一系列泥用标准，涉及园林绿化、单独焚烧、土地改良、农业、制砖等。陈同斌基本参与了以上所有标准的制定。他说，这些标准对污泥处理处置起到了规范作用，但也有一些内容不能落地。

以污泥农用为例，农业部虽没有明文规定污泥不能进入土地，但只要是污泥生产大规模流通的商品农用肥料，都不能被登记受理。虽然如此，行业对污泥回归土地的探索却一直在不断推进，污泥资源化也是行业一直追求的理想状态。

2014年左右，污泥资源化方向受到国家层面的高度重视，让从事污泥处理资源化的企业深受鼓舞。这一时期，污泥资源化的讨论更加热烈，需求也貌似更加强烈起来。

这一时期，在环保和农业两个行业成功跨界的有机废弃物处理处置的环保企业，包括北京嘉博文生物科技有限公司（以下简称"嘉博文"）、山西中农国盛生物科技有限公司（以下简称"中农国盛"）、中科博联、上海复振科技有限公司（以下简称"上海复振"）、北京绿创环保集团有限公司（以下简称"北京绿创"）等，已经从农业口找到突破，有效地推动了污泥、餐厨等固体废弃物有机质循环利用方面的技术落地、产业贯通和政策推动。

一直以来，由于重金属含量标准等问题，污泥农用阻碍重重。但2012年，嘉博文的产品获得全国唯一的以固废为原料的有机土壤调理剂国家级肥料登记证，为污泥、餐厨等固体废弃物的农用，带上了通行证。同时，中科博联也打通了园林用肥渠道。这些都为污泥在土地利用方向上的突破带来曙光。

在这条探索的道路上，还有类似中农国盛这样的企业，采用蛋白质提取技术，保证了重金属不会进入蛋白质，从而让污泥产品更好地进入农业领域。然而由于涉及到产业链的整合，这条路线也经过了漫长的探索和实践。

早在成立中农国盛前，现任董事长王建国及其所在团队就已经开始了对"微生物蛋白提取技术"的研究，研究的重点之一就是"让污泥回归自然之道"。而这一技术的出发点就是在"土壤"上下功夫。

王建国说，如果没有健康的土壤，怎么能够产出非常好的食物，怎能保证人类舌尖上的安全。而微生物蛋白提取技术在污泥资源化和土壤改良之路上成为了舌尖上安全最有利的推动者。

通过研究国内外污泥稳定处理工艺和要求，上海市政总院主编的《城镇污水处理厂污泥处理稳定标准》（CJ/T510-2017）在2017年9月1日起正式实施。这一行业新标准，明确了包括热碱分解在内的各项技术的控制指标，微生物蛋白提取技关标准的科学性得到了证明。

从"土壤"上下功夫，将环保与农业相连通，为污泥找到出路。中农国盛推出的是采用生产独特的"植哺肽"。不仅实现了系统性改良修复土壤、保证植物基因正确复制和表达，而且真正实现了全面提升农产品品质。

利用多肽肥料种出的葡萄、西红柿、黄瓜、生菜、草莓等蔬菜和水果，让人们找到了儿时的味道。

这种"土壤改良+品质提升"的综合优势，让我国农业真正回归自然之道成为可能。

在"两山论"的指引下，在"农业+环保"跨界链接中，中农国盛探索出了真正打通产业链的污泥处理处置路线。前端链接环保治理末端，后端链接生态农业前端。后端通过耕保水肥一体化等模式推广资源化产品完全打通资源化产业链，带动前端资源化产品的需求，前端环保治理通过系统解决方案+核心设备+运营进行操作，成为"农业+环保"的大中转枢纽。

以山西太原为大本营，中农国盛在"农业+环保"的跨界探索，成功落地。2019年，太原首批重点项目——中农国盛多肽肥料生产基地成功投运，生产基地采用的就是中农国盛的"热碱分解+资源化全消纳"工艺。

中农国盛在污泥资源化处理领域，也为新时代下"两山经济"的探索提供了借鉴范本。在E20研究院举办的以"用'两山'理念构建环境企业腾飞的价值奇点"为主题的环境产业战略沙龙中，王建国曾表示，污泥是生态循环链中的价值奇点，是"中转站"，下一站将是农业、能源（沼气）、建材等领域，整个产业链是一个闭环。

围绕污泥问题的探索，中农国盛仅是千军万马中的一员。但它从"土"入手，为污泥找到资源化出路的实践，真正让行业信心倍增。

≈≈ 联盟的力量

进入产业化发展阶段，此前多年来关于污泥处理处置路线的探索和技术的研究，都陆续进入了实操落地期。

如前文讲述，以上海石洞口污泥干化焚烧项目的探索为基础，2009年前后，上海白龙港污泥处理项目及竹园污泥处理项目先后开工建设。与此同时，全国多地陆续开展和落实了污泥处理处置工作。

进入产业化开端年，2009年污泥处理处置市场相对往年，更加热闹：浙江海宁上马了"污泥干化掺烧"项目，并投入运行；河北秦皇岛日处理200吨的城市污泥生物堆肥项目投产；湖北襄樊首家污泥处理厂开建；浙江萧山则采用制砖、脱水、焚烧三种技术处理污泥，共投入资金达1.05亿元，每天处理800吨污泥；还有如华电滕州新源电厂镶嵌式污泥无害化、资源化处理发电系统，山东胶南易通热电公司综合利用污泥、秸秆生产生物质燃料项目等，采用污泥发电方式处理污泥的项目上马，也有的地方采用蚯蚓治理污泥并生产肥料……这一年，不断有污泥处理处置的好消息传出。

虽然这样，污泥带来污染的相关新闻还是频频见报："广东东莞市塘厦林村和樟木头林场交界处，果树死了，菜田枯了，鱼塘里三万斤鱼全翻白了。这里的村民们说，造成这一切恶果的祸首是'埋'进樟木头林场的近万吨污泥。但污泥来自污水处理厂，每天仍在以近百吨的量增加。"2009年，《广州日报》以《万吨污泥"埋"进林场》为题，报道了这一事件。

在刚刚进入产业化发展的2009年，仍有很多问题是没有被理清的。比如技术路线的选择，处理处置责任的划分，已有的技术规范如何在实践中落实等。

早期已经为污泥问题奔走多年的专家，了解到我国污泥处理处置领域存在的问题，以之前"水业高级技术沙龙"为基础，开启了对成立行业联盟组织的探索。

这一探索在产业化元年，有了突破性进展。

为了共同促进我国的污泥处理处置产业走上良性、快速发展的轨道，2009年，已经在水行业摸爬滚打多年的中国水网，与上海城投污水、上海市政总院一拍即合，共同发起成立"污泥产业促进联盟"。

中国水网一直致力于为污泥处理处置领域搭建专业的交流平台，到2009年，已经在污泥领域组织了数十场沙龙和活动，聚合力量强大。而上海市政总院多年来对主流技术探索经验，以及上海城投污水这一投资运营主体的实践力量，都为联盟的成立提供了先决条件。

在以上三家联合主办的"2009（上海）水业热点论坛"（首届）上，"污泥产业促进联盟"正式成立，时任中国水网总经理的张丽珍宣读了联盟倡议书，她表示，联盟是"在本着平等、合作、开放、共享资源、共同发展的原则上，探寻污泥难题解决方案，分享污泥相关资讯，把握污泥市场机会，进而推进污泥产业的发展进程"。

作为行业内首家污泥联盟，"污泥产业促进联盟"成立后一直不断为行业输送着养料。而上海的"水业热点论坛"也成为行业每年一聚的综合论道场。产业有了真正意义上的组织机构，产业各主体也有了找到大家庭的感觉。

2009年之后，污泥处理处置产业迎来了大发展的两年。2011年，由于技术指南等相关政策的出台，污泥处理处置产业得到各方高度关注，市场热度不断提升。亚洲规模最大的污泥处理设施——上海市白龙港污泥处理主体工程就是在这一年建成投产的。

不过，随着后续政策的乏力和具体付费机制、商业模式的不明确，市场期待度在2012年出现了明显下降趋势。

白龙港项目后，鲜有大型污泥处理处置项目开工建设或运营投产。据当年E20研究院发布的污泥白皮书显示，2012年左右新建项目在规模及投资上均较为有限，像陕西渭南、四川绵阳、广东中山、浙江温州、湖北襄阳等地项目，基本都属于小型规模。

各污泥处理处置企业也开始普遍面临困境，中科博联、贝卡特环境技术（北京）有限公司、广东绿由环保科技股份有限公司等很多企业都陷入了"一年只有一个新项目"的尴尬局面。

一面是拿不到项目，一面却是多数污泥项目遭遇流标。

轰动一时的福建省厦门污泥项目流标事件发生在2014年。厦门水务中环污水处理有限公司对岛内污水处理厂泥饼应急处置项目进行公开招标，对筼筜、前埔污水处理厂已经积压的及期间新产生的深度脱水泥饼共约1.5万吨进行处置。项目最高限价暂定为人民币110元/吨，投标人的报价超过此范围的将导致报价被拒绝。但由于有效投标文件不足三家，项目以流标告终。

当时的媒体报道显示，造成流标的原因主要是处理泥饼的服务限价过低。2013年，《最高人民法院、最高人民检察院关于办理环境污染刑事案件适用法律若干问题的解释》出台后，过去那种以低价中标，然后再廉价转移处置的做法已经行不通。110元/吨的处置费难以实现污泥处置的安全、无害化且不违反环保相关规定。为此，厦门水务中环污水处理有限公司经研究决定重新组织投标人递交投标文件，并将第二次开标时间更改为2014年5月27日，招标文件其他内容不变。但最终仍然流标。

诸如此类事件，让污泥处理处置的产业化进程陷入困局。但很多踌躇满志的企业家在苦恼的同时，也坚信那是产业黎明前的黑暗期。

在产业发展的艰难期，产业联盟的引领发挥了关键作用。

在联盟积极推进的初期，为促进产业技术集成创新，提高产业技术创新能力，提升产业核心竞争力，2009年，依据《国家中长期科学和技术发展规划纲要（2006—2020年）》，科技部、财政部、教育部、国务院国资委、中华全国总工会、国家开发银行六部门联合发布了《关于推动产业技术创新战略联盟构建的指导意见》（国科发政〔2008〕770号），提出推进产学研结合工作协调指导小组积极推动和鼓励产业技术创新战略联盟的构建和发展。

以此为契机，结合产业发展中的难题，依托污泥产业促进联盟，中国水网、国家环境保护技术管理与评估工程技术中心共同倡导成立污泥处理处置产业技术创新战略联盟（以下简称"污泥战略联盟"）。

2012年1月7日，中国水网组织召开了第35期"水业高级战略沙龙"，污泥领域企业家及行业专家一起，共同探讨了污泥产业技术创新与服务模式。

这次沙龙，确定了污泥战略联盟的定位及工作方向。倡议一经发起，就得到了行业的高度认同。

包括国联环保、中国水网、清华大学环境学院、景津环保、上海市政总院、嘉博文、天津市裕川环境科技有限公司、北京北华固废环境工程有限公司、上海城投污水、浙江环兴机械有限公司、机科发展科技股份有限公司、安阳艾尔旺新能源环境有限公司、天通新环境技术有限公司、诸暨市菲达宏宇环境发展有限公司等在内的十余家单位联合发起污泥战略联盟。

2013年，根据《关于印发〈环境保护部水体污染控制与治理科技重大专项产业技术创新战略联盟工作管理暂行办法（试行）〉的通知》精神，污泥战略联盟的发起单位就立项课题做了申报工作。

2014年5月，环境保护部水专项管理办公室审核并通过了污泥战略联盟的试点工作申请。

2014年7月，污泥战略联盟正式宣告成立，由理事会、专家委员会及秘书处三部分构成，秘书处下辖技术创新部与模式创新部两个部门。污泥战略联盟设理事长一名，由时任无锡国联董事局主席的王锡林担任；设执行理事长一名，由傅涛担任；王凯军担任专家委员会主任；张辰为首席科学家。

战略联盟成立后，针对产业问题，以科技创新为动力，以战略、营销服务、投融资为市场纽带，利用商业模式创新及利益机制团结联盟成员单位，形成污泥处理处置系统综合解决方案中心，为市场提供各种技术路线系统解决方案，促进了中国污泥产业的整体提升。

战略联盟成立的初期，"头痛医头"的点源式治理方式正逐渐被业界摒弃，以生态族群为核心的生态共生链已初步形成。"2014（第六届）上海污泥热点论坛"创新性地提出了"蓝色思维之下的污泥之道"，为行业发展打开了新的思路。

这次论坛上，污泥战略联盟与国家污泥处理处置产业技术创新战略联盟、全国污泥处理处置促进会，首次聚首。

三大联盟达成了一个共识：通力合作，支持污泥事业的发展。傅涛在当天的对话中谈到："一个企业没有一个联盟的力量大，一个联盟没有三个联盟的力量大，三个联盟没有行业的力量大。"

2015年，国务院发布《水污染防治行动计划》（行业称之为"水十条"），污泥处理处置迎来了新的发展黄金期，并在联盟的助推下，稳步前行。

格局初定，踏上大发展之路

　　回看历史，很多重大转折和改革，往往都是问题集聚爆发后倒逼的结果。污泥问题得以被逐步重视，污泥问题的真相得以被大众所了解，也正是由于一系列污泥污染环境事件被曝光，扯下了污泥行业的"遮羞布"。此后的十余年中，我国污泥处理处置行业大跨步发展，但污泥偷排事件，仍然时有发生。许多偷排事件背后的主角，甚至还是实力雄厚的大型水务集团。这些事件频繁被曝光后，倒逼了行业对此类问题更加深入地思考，也倒逼了水务集团对污泥处理处置问题的关注与重视。相关企业开始加强探索污泥的协同处理之路，以及与专业化污泥处理处置企业携手共赢的发展方式，推动了我国污泥处理处置产业化向更高阶段发展。

〜 两份合同，按下"共赢"按钮

2013年7月22日，财新网推出封面文章《污水白处理了》，以北京污泥乱倒为典型，揭出中国各大城市近80%污水处理厂的污泥未经处理即直接倾倒进环境的事实。报道的主角之一就是北京排水集团，由于涉及京城第一大排水集团，事件获得了极高的关注度。污水处理厂污泥处理处置的漏洞也在这篇报道中被再次曝光在了大众视野之下。

2009年、2010年、2011年和2012年四年中，北京排水集团一直在公开招标污泥运输服务。但事实证明，第三方运输服务很难保证对污泥的无害化处置。

后续，针对北京排水集团《白天治污水，夜里排污泥》报道，一位国务院领导要求环境保护部、住房和城乡建设部组成工作组，会同北京市、河北省政府调查核实，"坚决制止跨区域偷排有毒污泥行为，以'零容忍'依法处理责任者"。至此，一些地方将责任转嫁给第三方（即通过不合理低价却在合同条款中声明要求安全处置的污泥处置外包合同来转嫁风险和责任）的逃避模式被迫下线。

这一年里，北京市制定了水环境治理三年行动计划，北京市污泥处理处置开创了新思路。提出五大项目：高碑店污水厂污泥处理项目、小红门再生水厂污泥处置项目、槐房再生水厂污泥处置项目、清河再生水厂污泥处置项目、高安屯污泥处理中心工程。

经受了媒体接连拷问的北京排水集团，以此为契机迅速投入到挣脱污泥"泥潭"的路线方法探索工作中。这时候，专业化的污泥处理处置公司进入北京排水集团的视野。

高碑店污水厂污泥处理项目，则是北京排水集团污泥突围的标志性项目。

2014年，北京排水集团先后与普拉克环保系统（北京）有限公司

（以下简称"普拉克"）、康碧公司签订北京高碑店污水处理厂污泥高级消化工程设计及咨询服务合同，以及高碑店污水厂采用康碧热水解THP工艺的合同。两份合作协议的签订，开启了水务集团与专业化污泥处理处置企业的合作共赢模式。污泥处置迈出历史性的一步。

此时，普拉克、康碧公司均已进入中国市场近20年之久。其中，普拉克与北京排水集团的渊源要更深一些，普拉克的母公司是瑞典的知名企业，1993年因为签订高碑店污水处理厂项目而正式进入中国市场。之后，在污泥处置和有机垃圾资源化方面，普拉克的业绩稳居同行业前列。这或许也是北京排水集团再次选择与普拉克合作的原因。2014年再与北京排水集团合作的时候，普拉克已累计在中国执行超过117个项目。康碧公司的母公司是挪威的康碧集团，康碧集团是全球最大的热水解反应器供应商，热水解反应器销量在全球占到90%的市场份额。

高碑店污水处理厂规模为100万吨/日，是北京市最大的污水处理厂。两份合同所对应的污泥处理项目设计日处理能力为1,358吨（按含固率20%）的混合污泥，是目前国内最大的"污泥热水解+高级厌氧消化+深度脱水"项目，实践落地的意义可想而知。采用"污泥浓缩+污泥预处理+高温热水解+厌氧消化+压滤脱水"工艺的综合处理方案。

普拉克为项目提供整体工艺设计和系统集成，并提供子系统污泥厌氧消化系统的核心设备供货，以及调试及试运行等技术服务。

同时，项目引进康碧公司污泥热水解技术的成套系统，为项目上了双保险。康碧公司的热水解预处理（Thermal Hydrolysis Pre-Treatment）采用高温（155~170 ℃）高压蒸汽对污泥进行蒸煮和瞬时卸压汽爆闪蒸工艺，使污泥中的细胞破壁，胞外聚合物水解，提高污泥的流动性。通过污泥热水解，消化池的进料固体浓度可大大提高，同时降低污泥在厌氧消化池内的停留时间，使得现有的消化池容积可以处理更多的污泥，并使沼气产率提高15%~20%；消化后污泥的脱水性亦能得到提高。另外，由于热水解单元高达160℃的操作温度，处理后的污泥可以满足相应的指标要求。

以高碑店污泥处理项目的实践为开端，普拉克、康碧公司与北京排水集团三方成功结成了战略联盟，通过技术转让和本土化制造，共同开拓中国市政污泥处理处置市场，推广污泥"热水解+厌氧消化"技术在中国市政及有机垃圾领域的应用，达到了强强联合、优势互补、降低成本的目的。

三方的合作，引起了行业内的普遍关注。"热水解+厌氧消化"技术在污泥领域的国产化应用和探索，也在这一时期加快了脚步。

如北京洁绿环境科技股份有限公司（以下简称"洁绿环境"）就是选择了以污泥"热水解+厌氧消化+深度脱水"为主要工艺的解决方案，并进行了技术国产化的探索。

"来自欧洲"是市场上大多数"厌氧"技术都有的烙印。与此不同，洁绿环境从生物工程的角度理解"厌氧"，并且把生物工程的技术、微生物工程的技术和微生态技术及理念应用于"厌氧"，使"厌氧"效率更高、调试时间更短、沼气甲烷含量更高。目前，洁绿环境对厌氧技术的研究和应用在我国已经遥遥领先。

现任洁绿环境董事长赵凤秋曾在"2015（第七届）上海水业热点论坛"上，介绍过洁绿环境的湿污泥高效厌氧处理系统。这是洁绿环境以湿式厌氧为核心技术形成的两大技术体系之一。

洁绿环境的"湿污泥高效厌氧处理系统"的主体工艺就是湿热水解。其自主研发的连续式热水解技术，实现了连续进出料，处理流程缩短，提高了系统效率，降低设备配置数量，从而降低了设备投资，解决了中间的复杂环节。同其他技术相比，总的硬件投资至少降低50%，非常具有竞争力，推动了热水解技术在我国污泥领域的国产化应用。

普拉克、康碧公司与北京排水集团三方的合作，不仅带动了相关技术路线在我国污泥领域的广泛实践，也开启了大型水务集团与专业化企业共赢的合作模式。

2015年，三方又接连签约了四个污泥项目处理合同，分别为北京小红门60万吨/日的污水处理厂泥区改造工程，北京清河50万吨/日的第二再生水厂泥区工程，北京槐房60万吨/日的再生水厂泥区工程，以及北京高安屯污泥处理中心工程。

2016年8月，小红门污水处理厂热水解系统迎来了第一波污泥，正式对外宣告北京排水集团、康碧公司、普拉克三强联手的首个污泥"热水解+消化技术"投入运行。

挪威首相索尔贝格、中国驻挪威大使王民、挪威贸易与工业部部长Maland还出席了小红门再生水厂污泥处置项目商业试运行的仪式，足以看出这一项目合作的产业分量及重要意义。

与此同时，北京排水集团对污泥处理处置技术的本土化探索工作一直在深入进行中。在成功引进普拉克和康碧公司的技术后，北京排水集团联合国投创新投资管理有限公司组建合资公司——北京北排水环境发展有限公司。随后，合资公司又出资30亿元，与中国工商银行等共同发起规模为100亿元的国投水环境基金。2015年10月28日，以此基金为主导，北京排水集团正式收购瑞典普拉克公司100%的股权，展示了其积极市场化、提供技术装备能力的决心。

"通过引进国外先进技术，并逐渐消化吸收实现本土化的转化，使污泥处置实现了能源化、减量化、无害化、稳定化、资源化和可持续发展。"北京排水集团、普拉克、康碧公司三方的战略合作，将节能减排落实到行动中，为水务集团探索污泥处理处置路线，提供了可供参考的范本，对全国的污泥处置路线有很好的示范作用。

此后，北京排水集团与专业化污泥处理处置企业的生态化合作模式逐步推开，污泥领域产业化进程又有可喜进展。

≋ 水务大佬盯上污泥协同处置

"十一五"是污泥处理处置产业化的酝酿期，"十二五"则是污泥处理处置的大发展时期，污泥关注度迅速升温，产业化得到有效推进，进入"十三五"，污泥处理处置的目标更加明确。

伴随着市政污水处理市场的日趋饱和，"十三五"期间，更多水务龙头企业开始拓宽业务范围，将污泥处理处置作为重点的布局领域。其中，污泥的协同处置被业内专家定义为未来污泥处理处置路线探索的一个重要方向，也成为水务龙头企业布局该领域的一个重点突破口。

为促进生产过程协同资源化处理城市及产业废弃物工作，2014年，七部委联合发布了《关于促进生产过程协同资源化处理城市及产业废弃物工作的意见》（发改环资〔2014〕884号），其中水泥行业和电力行业，被列为协同资源化处理污水处理厂污泥的重点领域。

政策背后的发展契机，让水务企业兴奋了起来。这时候，早已在水务领域布局、积累多年的水务龙头——首创股份，觉察到这是布局污泥处理处置领域的绝佳时机。

找准时机后，首创股份计划从专业上强化污泥板块的业务能力。2015年6月，首创股份花费约11.3亿元收购了新加坡ECO工业环保工程私人有限公司。被收购的这家企业是新加坡废物处理公司中唯一一家具有污泥处理能力的公司，成立于1995年12月，是新加坡仅有的三家持有国家环境署（NEA）发放的全方位垃圾收集服务牌照的公司之一，可收集废物包括有毒废物、腐蚀物、易燃物及工业公司产生的其他危险废弃物，污泥处理能力可达570吨/日。

这次收购让首创股份在污泥处理处置领域的专业背书被强化，也为接下来的一系列市场动作做好了铺垫。

收购完成后不到一个月，首创股份又发布公告明确，与控股股东首创集团的控股子公司北京首创博桑环境科技股份有限公司（以下简称"首创博桑"）共同发起成立北京首创污泥处置技术股份有限公司（以下简称"首创污泥"）。首创污泥主要致力于发展污泥处置业务。注册资本10,000万元人民币，其中首创股份以现金出资5,100万元人民币，持有首创污泥的51%股权，首创博桑以现金出资4,900万元人民币，持有首创污泥的49%股权。

据E20数据中心调研数据显示，2015年首创股份的水务总规模已经达到1,882万吨/日，在2015年度的"水业年度十大影响力企业"评选中，首创股份的水务总规模在34家入围企业中位列第二。可以想象，其下属污水处理厂所拥有的日污泥处理量可见一斑。首创股份选择在此时进入污泥处置行业，正是水到渠成的事情。

首创博桑在首创集团的整体布局下，积极探索并已经掌握了污泥高效水热氧化成套技术及设备开发。首创污泥的成立，让首创股份在污泥处置行业的发展又进了一步。

其实，这仅仅是首创股份涉足污泥领域的开端。

首创污泥成立不到两年时，首创股份又以自有资金2,556万元收购首创博桑所持有的首创污泥49%股权。收购后，首创股份拥有了对首创污泥100%的控股权。首创污泥成为首创股份布局污泥业务的主要抓手。

此时，恰逢"十三五"开局。污泥处理"十三五"规划目标中明确，"十三五"期间应坚持无害化原则，结合各地经济社会发展水平，因地制宜选用成熟可靠的污泥处理处置技术，鼓励采用能源化、资源化技术手段，尽可能回收利用污泥中的能源和资源。

　　受到政策方向的指导，以及产业发展诉求的影响，污泥处理处置领域对污泥资源化的探索更加深入，协同处置的思路在这一时期，更加清晰。从这一阶段的产业实践来看，协同思路与此前七部委的文件要求高度吻合，重点协同领域聚焦在水泥和电力行业。

　　首创股份又一次跟准了节奏，在协同污泥处理方向找到了突破。

　　2019年，首创污泥与北京国电龙源环保工程有限公司（以下简称"龙源环保"）针对污泥处理处置领域的发展，达成了战略合作，针对污泥处理处置市场展开多方面、多层次的战略合作。

　　此后，双方充分利用各自的资源优势，共同开拓污泥处理处置市场，加快完成火电厂协同资源化处理污泥废弃物技术项目的产业布局，在污泥无害化处置领域取得优势地位，提高我国新型城镇化的质量和水平，推动绿色循环低碳发展。

　　在市场开拓方面，首创污泥和龙源环保计划探索建立合作协调办事机构，龙源环保在国家能源集团火电厂内寻找适合污泥处置的电厂，首创污泥负责明确相关污泥资源条件并与地方政府进行业务接洽。双方的合作对全国污泥处理处置市场产生了积极而深远的影响。

　　依据"生态+"战略，以强化城镇水务、固废处理和能源资源三大业务群为基础，首创股份在2019年上半年财报媒体沟通会上，透露了未来布局将新增的五大赢利点，其中，重点培育污泥业务被放在了五大赢利点之首。

　　首创股份的污泥布局目前已经有了明确的规划，未来将因地制宜地为地方政府制定永久污泥处理处置路线；建设应急服务能力解决当前短期污泥问题；针对城镇水务开展污水厂污泥、供水厂污泥、河湖底泥、地铁盾构泥浆、村镇污水厂分散污泥、管网通沟污泥六种污泥处理处置。

　　目前首创股份不仅与龙源环保合作，进行污泥电厂协同处理处置项目的投资运营，还已经与首钢集团展开合作，在首钢机电公司建设了首创污泥装备制造基地。

挖掘污泥领域的价值，大力探索协同处置污泥技术，在"十三五"已经成为了行业的一个共识。

2019年11月，在E20环境平台举办的第82期"环境产业战略沙龙"上，与会企业家针对"水务行业新的发力点在哪里？"进行了探讨。其中，"协同发展"被频繁提到。云南水务投资股份有限公司总经理于龙就提到要积极寻求产业下游领域的价值点，如污泥领域。他认为，协同处置污泥，是未来水务行业一个相当大的业务领域。

也可以推测，"十四五"期间，协同处置污泥，将会是水务行业的一个重点。

结　语

经过20余年的孕育和耕耘，污泥处理处置行业在摸爬滚打中走上了产业化大发展之路，并被预测会不断向好，但存在的问题仍然不能忽视。

2019年8月17日，在"2019（第十一届）上海水业热点论坛"上，一场关于市政污泥、管网污泥、河道底泥的大讨论，预警了污泥处理处置不能忽视的症结问题——不仅要正视市政污泥问题，也要关注管网污泥以及河道底泥问题。

这场对话中，专家对污泥处理处置领域提出了几点希望，也反映出了目前仍然存在的问题：希望未来能够做好管网养护，解决污水厂进水浓度，这样污泥稳定化的技术慢慢会有所提高。让管网的养护成为常态；污泥的社会化特别强，也需要相关的政策来进行支撑，需要企业进行创新；希望未来不用再讨论河道污泥问题，没有河道污泥需要处理；希望未来在源头上能把污泥的重金属问题解决了，更多地关注重金属形态，而不是重金属总量。

20年孕育与耕耘，让我国污泥处理处置取得了阶段性进步，这是一件值得行业骄傲和兴奋的事情。但仍要清楚，污泥处理处置过程中，还有很多的问题需要解决和完善。确如很多专家所形容的那样，"污泥问题年年喊，年年还有"。正因如此，才更印证了污泥处理处置问题的难解，也表征着这一领域的巨大商机和良好的产业前景。下一个20年，注定会是污泥处理处置产业更加精彩的20年。

参考文献

[1] 谭畅,秦楚乔. 中国污泥处理得失四十年 当年缓行兵,如今急行军. 南方周末,2016 年 6 月.

[2] 傅涛,肖琼,成杨. 白皮书 12:污泥处理处置市场的困惑与徘徊. 中国固废网,2012-11-19, http://www.h2o-china.com/news/110710.html.

[3] 朱晟远,王丽花,林莉峰. 石洞口污泥处理完善工程设计要点分析. 给水排水,2017 年第 6 期.

[4] 徐左正,张辰. 上海市石洞口城市污水处理厂调试方案研究. 给水排水,2004 年第 2 期.

[5] 胡维杰,邱凤翔,卢骏菅. 上海市白龙港污泥干化焚烧工程工艺设计与思考. 中国给水排水,2019 年第 4 期.

[6] 陆国平,姚彬,马伟,等. 上海松江污泥好氧发酵工程案例介绍. 中国给水排水,2012 年第 19 期.

[7] 张辰. 污泥处理处置技术与工程实例. 北京:化学工业出版社,2006 年.

[8] 北京环保第一大案宣判"倒泥"主犯被判三年半. 北京晚报,2010-10-22.

[9] 薛涛. 技术路线不对头,污泥处置怎长远?. 中国环境报,2014-10-14.

[10] 汪万里. 广州:万吨污泥"埋"进林场. 广州日报,2009-08-19.

（本章作者:李晓佳）

五 此起彼伏：

垃圾焚烧奏鸣曲

傅涛曾说，环境产业有两个领域是最早发育成熟并引领整个行业发展的，一个是市政污水行业，另外一个是垃圾焚烧行业。

伴随我国大中小城市以及城镇化建设的高速发展，城市垃圾逐渐增加，每年垃圾产生数亿吨，"垃圾围城"成为很多地方必须面对的问题。垃圾焚烧因为占地小、效率高等优点，逐渐成为很多城市的主要选择。

我国的垃圾焚烧最初以引进外国技术、设备为主，通过国产化改良和自主化创新，借助政策市场利好和资本助力，逐步发展壮大，成长了一批行业领先并在国际崭露头角的优质企业。

虽然过程中出现了低价竞争，也不时遭遇着"邻避运动"，但它们一边不断地提升技术和管理，苦练"内功"，一边加强民众沟通，促进信息公开，让市场日益稳定成熟。

垃圾焚烧的领军企业，在历史的需求和机遇中成长，是实现民众环境卫生福社和生态文明建设的核心力量。一定程度上，它们的发展历史，也是我国城市经济发展和生活水平提高的见证史。本篇将以这些领军企业为线索，以斑窥豹，梳理垃圾焚烧产业的发展。

当人民的环境需求日益提升，当国家的监管要求日益严格，以及垃圾分类强制时代的到来，垃圾焚烧行业和企业正面临着新的问题和机遇，以及新的转型。未来已来，我们唯有期待和祝福。

发轫：国产化突围

　　我国初期的垃圾焚烧市场，以引进国外的技术和设备为主。外国的技术和产品为那时的垃圾处理发挥了一定作用，但其价格高昂，有些也不是十分契合国内具体的应用环境。为了降低成本，更适应国内垃圾成分需求，提高焚烧效率，很多国内的先行企业在吸收、消化国外经验的基础上，开启了自己的国产化探索和创新之路，并取得了很好的效果。有一些企业的设备甚至出口到国外，打入国际市场。

　　这些先行者的探索，切实降低了垃圾焚烧的成本，更适应国产垃圾的实际，在削弱国外产品竞争力的同时，也为中国企业发发展壮大创造了契机。它们不但为自己的企业打造了核心竞争力，赢得了发展先机，也让更多的后来者看到了机会和希望，坚定了发展的信心，为后来中国垃圾焚烧的崛起，以及垃圾焚烧在全面市场化阶段的快速发展打下了良好根基。

1985年，深圳，清水河区域。深圳市与日本三菱重工签订合同，在此开建我国第一座现代化垃圾焚烧厂，成套引进日本三菱重工两套垃圾焚烧装备，采用西德马丁式炉排，专门焚烧处理深圳罗湖、福田的生活垃圾。项目最终成为我国垃圾焚烧处理技术与设施发展的第一座里程碑，为我国垃圾焚烧设备的国产化打下基础。深圳也成为我国垃圾焚烧的发轫之地，并汇聚了行业三大领军企业——中国光大国际有限公司（以下简称"光大国际"）、绿色动力环保集团股份有限公司（以下简称"绿色动力"）和深圳市能源环保有限公司（以下简称"深能环保"）。

垃圾焚烧在国外发展近百年，因其具有占地少、处理高效等优势，成为许多发达国家和地区处理城市生活垃圾的主要方式之一。随着我国的工业化和城市化的发展，城市生活垃圾处理开始成为一大环保难题，外国的垃圾焚烧技术开始被引进中国。

那时，我国垃圾焚烧发电刚开始起步，焚烧设备完全依赖进口，外国设备价格昂贵，投入成本巨大。同时，因为外国垃圾成分与国内的不同，进口设备也并不特别适应国内的垃圾特性，为了降低成本，提高处理效率，国内开始涌现出一批企事业单位，在借鉴国外技术的基础上，开始研发适合国情、具有独立知识产权的垃圾技术、工艺及设备，硬生生地创出了一条国产化突围之路，并最终大获成功。

在清水河项目建设运营过程中，国内企业就已经开始了在外国技术和设备基础上的国产化研究和改造的探索。随后，以无锡锅炉厂（即后来的华光锅炉）和杭州锅炉集团为代表的我国锅炉行业的领军企业，也加入到这一国产化大潮之中。

无锡锅炉厂是我国锅炉行业五强之一，1990年就已开始对炉排炉和流化床两种形式的垃圾焚烧锅炉进行国产化研制与开发。后于2000年完成股份制改革，2003年在上海证券交易所上市。

当时，垃圾焚烧主要存在炉排炉技术和流化床技术。炉排炉技术相对成熟，对预处理要求低，产生的飞灰较少，操作简单，运行成本低，成为引进的主流；流化床技术相比炉排炉技术，初始投资较低，燃烧和加热效率较高，使用寿命较长。

1997年，从纺织工业转型垃圾焚烧的杭州锦江集团与浙江大学合作成立浙江大学锦江环保能源技术开发中心，该中心成为浙江省最早进行城市生活垃圾焚烧技术开发、研究、运用与产业化运行的机构。1998年，双方联合研发的第一台流化床垃圾焚烧发电锅炉在杭州余杭投运，余杭锦江热电厂（改造项目）也成为国内第一家流化床垃圾焚烧发电厂。这一自有技术，打破了国外炉排炉技术在国内一家独大的局面，并与流化床技术的另一支代表中科通用一起扛起了流化床垃圾焚烧与炉排炉焚烧分庭抗礼的局面。

对于当年的创新选择，时任杭州锦江集团总经理的王元珞对中国固废网介绍：最早，锦江想引进美国技术，但因投资额大而放弃。王元珞介绍："在技术选择上有过很多考虑。第一，电力局是一个企业，不可能给很高的电价，垃圾发电厂一定不能依赖高电价生存；第二，政府财政困难，不可能拿出高额垃圾处置补贴费用。在这种情况下，我们只能选择国产化技术。"

2007年，杭州锦江集团与浙江大学联合开发的"生活垃圾循环流化床清洁焚烧发电集成技术"获得了国家科学技术进步二等奖、中国优秀专利奖，这是生活垃圾发电技术第一个国家奖。自此以后，流化床垃圾焚烧技术发展和系统完善进程非常快，并在国内很多城市进行了大量的工业化、产业化示范及应用。杭州锦江集团也一度成为国内运营垃圾焚烧项目最多的企业，自2011年起连续九年入选中国固废领域"年度十大影响力企业"榜单。

2016年8月，杭州锦江集团环保板块中国锦江环境控股有限公司

（以下简称"锦江环境"）在新加坡证券交易所成功挂牌上市，完成了资本化与国际化的华丽转身。上市后的锦江环境在自己拥有专利的流化床技术之外，也开始探索与炉排炉企业的合作，实现两手抓。

相比杭州锦江集团，成立于1987年的北京中科通用能源环保有限责任公司在推动流化床技术的发展过程中则遭遇了不少坎坷，不得已在2010—2014年间将100%股权转让给了上市公司安徽盛运环保股份有限公司（以下简称"盛运环保"）。未料得盛运环保经营不力，挣扎数年，最终负债50亿。2020年，被深圳证券交易所摘牌、终止上市。

在国产流化床技术拼力突围的另一边，是以重庆三峰环境产业集团有限公司（以下简称"三峰环境"）等为代表的领先企业，对炉排炉技术的学习、吸收和转化之路。

1998年，百年名企重庆钢铁集团响应国家号召，出资成立三峰环境，进入环保领域，定位于从事垃圾焚烧发电项目的投资、建设和运营。1999年，国家计划委员会批准立项，三峰环境牵头组建了垃圾焚烧炉成套装备国产化生产基地。从2000年开始，三峰环境团队便与多家世界顶尖的垃圾焚烧发电技术公司洽谈技术转让。最终敲定了与法国阿尔斯通公司合作，之后阿尔斯通公司被全球市场技术运用占有率第一名的行业技术大佬德国马丁公司收购。

三峰环境成功引进德国马丁公司的SITY2000垃圾焚烧发电技术后，对焚烧炉、锅炉、烟气净化和自动控制四大部分在内的全套德国马丁公司的技术进行了消化吸收。并以此为基础，结合中国垃圾特点，在炉排炉垃圾焚烧和烟气净化全套技术上率先实现国产化。这种技术适应我国城市生活垃圾的特点，烟气排放控制不仅达到我国的环保要求，而且达到欧洲现行环保标准。

2005年3月28日，三峰环境等六家股东投建的同兴垃圾焚烧发电厂正式投产，成为我国第一个以BOT方式运作的垃圾焚烧发电项目，也成为西南最大的现代化大型垃圾焚烧电厂。在我国首次采用具有领先水平的国产化炉排后，就将技术设备出口到美国、德国等国家。2007年，三峰环境与世界垃圾焚烧巨头美国卡万塔公司（以下简称"卡万塔"）成立合资公司，卡万塔开拓市场和运营管理的经验使得三峰环境的市场化机制变得更加灵活。此后三峰环境的战略方向从EPC总承包建设，转为以垃圾发电厂BOT业务为重点，并进入迅猛发展期，连续多年入围中国固废领域"年度十大影响力企业"。

就在三峰环境不断创新、快速发展的同时，杭州新世纪能源环保工程股份有限公司（以下简称"新世纪能源"）、绿色动力、光大国际和上海康恒环境股份有限公司（以下简称"康恒环境"）等企业也在自主创新的国产化道路上奋力前行。

2000年，杭州锅炉集团、杭州市金融投资集团等共同投资组建新世纪能源。公司从创立之初就开始了自己的国产化研发，先后承担了国家高技术研究发展（863）计划、"十一五"和"十二五"科技支撑计划等多项环保装备国家级科研项目，成为国内垃圾焚烧处理领域的技术和装备研发排头兵、国家火炬计划重点高新技术企业、国家鼓励发展的重大环保技术装备依托单位。2016年成为上海老港垃圾焚烧发电项目二期工程余热锅炉、烟气净化系统的设备供货商。

绿色动力，2000年成立，2005年被北京国资公司控股后，开始了混合所有制发展历程。2006年公司自主研发的核心技术获得国家发明专利授权，2007年入选建设部推荐使用的行业核心技术。

光大国际，以央企之身，于2003年开始转型做环保，以"引进技术+产学研合作+自主研发"的技术发展路径，于2009年最终研发完成具有完全自主知识产权的垃圾焚烧发电整体技术体系，填补了国内空白。

2008年，在日本留学的龙吉生博士回国创立康恒环境，在引进

VonRoll–日立造船机械炉排垃圾焚烧技术的基础上，实现了垃圾焚烧设备国产化。2013年，该技术荣获国家科技进步二等奖、教育部科技进步一等奖等多项荣誉。

……

这一时期，中国的垃圾焚烧，以强大的发展动力，通过引进、消化国外关键技术与设备，最终实现了国产化探索与应用，奠定了垃圾焚烧市场蓬勃发展的基础，并利用国产化的成本优势，以及对垃圾成分的适应性，成功地打入以东南亚为主的国际市场。这些先行企业也最终成为我国垃圾焚烧产业的领军者，均先后入选中国固废领域"年度十大影响力企业"榜单。

发展：市场化的激荡

2000年，国家经济贸易委员会、国家税务总局发布了《当前国家鼓励发展的环保产业设备（产品）目录（第一批）》，将城市生活垃圾焚烧处理成套设备列入目录，拉开了国家鼓励生活垃圾采取焚烧发电处理方式的序幕。

2002年年底，建设部颁布了《关于加快市政公用行业市场化进程的意见》，以特许经营制度吸收社会资金（包括外商投资）投资和建设市政公用行业，以解决当时政府财政性资金投入不足的问题，拉开了我国市政公用事业市场化改革的序幕。

按照傅涛《环境产业导论》的论述，2003年，也是中国环境产业1.0时代的开端之年。在1.0时代之前，环境产业尚处于孕育阶段，这个时期的环保产业主要由政府采购环保装备和环保工程。随着特许经营政策和垃圾焚烧发电模式的推动，以及国产化的突破，垃圾焚烧市场开始向由企业为主导的投资、建设、运营等市场化环境服务模式转变，环境产业时代正式开启。

在这个市场化前期，国产化成效显著，一些先行者因此占据了领先的市场地位，随着后续资本时代的到来，即将开始高歌猛进的发展之路。

≈≈ 光大国际：王者崛起

2003年，距离深圳清水河项目开建已经将近20年，国内的垃圾焚烧市场初具雏形——最早的一批垃圾焚烧企业先后进场，并进入新的发展阶段：绿色动力、粤丰环保、泰达环保等均已成立；杭州锦江集团与浙江大学联合研发的循环流化床焚烧技术已经投产，走向全国；金州集团接手高安屯垃圾焚烧项目；三峰环境与外国实现合作，即将迎来快速发展期；深能环保在深圳的南山项目开建；华光锅炉完成股份制改造。威立雅拿下了上海江桥垃圾焚烧项目20年的营运维修合同……这一年，央企中国光大集团开始转型进入环保市场，在深圳设立子公司作为拓展国内环保市场的平台。

中国光大集团是中央管理国有重要骨干企业，光大国际是其下属的旗舰公司，业务涉及木材、房地产、路桥、贸易、物业管理等。受1997年亚洲金融危机的影响，光大国际出现了严重亏损，濒临破产，亟需转型。经过两年的摸索，光大国际将目光锁定环保产业，认为这是未来的朝阳产业，并确定了三大主业：垃圾发电、环保水务处理和新能源。

但由于缺乏环保节能方面的相关技术和市场积累，光大国际很难从市场上拿到项目，参加项目投标也屡屡碰壁，直到与江苏省苏州市政府签订垃圾发电项目BOT协议，光大国际在环保产业的发展才出现了转机。这是光大国际第一个垃圾焚烧项目，也是我国最早的千吨级垃圾焚烧发电项目之一，后来也成为光大国际的标志性项目。从苏州项目开始，光大国际就着力于进口炉排炉的本地化技术改造，并自主研发炉排炉。

2006年，光大国际成立研发团队，自主研制核心装备。最终形成了具有完全自主知识产权的垃圾焚烧发电整体技术体系，自主研发750

吨/日以及850吨/日的炉排炉连续填补了国内的空白。公司自主研发的五个不同型号的炉排炉系列产品获欧盟CE认证，成功获得进军国际市场的通行证。

在"创业"的过程中，光大国际创建了独特的盈利模式，即项目工程建设、运行管理、技术研发、设备制造等，都由光大国际进行一体化运作，并在做出成绩、赢得口碑后，再将业务延展至其他领域。

薛涛介绍，在国家鼓励市场化探索之后，这种集约发展、产业链条短的模式，更好地适应了光大国际国企性质的市场化运作，为光大国际赢得了更大的发展机会和利润空间。经过几年努力，光大国际累计筹集了66亿元资金，在珠三角、长三角和环渤海地区实施了26个垃圾发电项目，并得到亚洲基础设施投资银行贷款支持，共同在中国建设城市垃圾发电厂。

而这期间，国际及国内形势的变化，也给光大国际问鼎冠军提供了契机。二十世纪末，世界环境巨头威立雅进军国内，在2003年获得了上海江桥垃圾发电厂20年的特许运营订单，后来又陆续拿下了李坑垃圾发电项目等重要业绩。另一巨头苏伊士也从二十一世纪初就与上海环境集团合资，并与太古集团合资开发了中国最大的危险废物焚烧厂。美籍华人蒋超创立的金州集团正在国内如日中天，也已经开始参与日后的行业标杆北京高安屯垃圾焚烧项目。

这些行业巨头和领先者，都是光大国际称王之路上不可忽视的强劲对手。比如在2009年和2010年两届固废领域"年度十大影响力企业"评选中，威立雅就连续夺冠，实力超群。但威立雅并不只专注于垃圾焚烧，因为其2007年高溢价收购兰州供水公司的事件引发全社会关注，国家开始重新审视与外资的合作。同时，2008年的世界金融危机，对外资企业有一定影响，威立雅在垃圾焚烧领域的优势面临挑战。而金州集团也因为2008年的国际金融危机，从顶峰猝然跌落，很多项目被迫转手，而光大国际成为其中一些项目的受益人。

外部形势利好，加上自身的努力与创新，自2003年以来，光大国际已经从一家环保技术设备公司转型为一家以环保基建投资为主，包括建设运营环保能源、环保水务、环保工程、环保科技等的综合型企业集团。2011年，光大国际第一次夺取中国固废领域"年度十大影响力企业"冠军席位。此后其连续九年蝉联"年度十大年度影响力企业"榜单第一，成为中国垃圾焚烧领域的龙头老大。

随着国内垃圾处理行业的竞争日益激烈，光大国际放眼国际市场，先后与亚洲开发银行签署了两期贷款协议共4亿美元，向亚洲市场输出设备、管理及技术经验。2016年开始，全面启动自身的国际化，并投入到"一带一路"倡议中，积极尝试"走出去"，开拓欧洲、东南亚等国际市场。2016年6月，光大国际宣布收购波兰领先的固废处理公司Novagosp.zo.o.（以下简称"NOVAGO"），首度涉足欧洲的固废处理行业；7月中标越南首个高标准垃圾发电项目芹苴项目，正式进军东南亚市场……

2017年，光大国际形成环保能源、环保水务、绿色环保、环保科技、装备制造、国际业务六大板块齐头并进的局面。2018年，公司组建生态资源板块，主要从事环境服务与再生资源综合利用相关业务。

截至2019年年底，光大国际七大业务板块齐头发展，业务布局已拓展至全国23个省（市、自治区），遍及187个地区，远至德国、波兰及越南。已落实环保项目399个，涉及总投资约人民币1,238.01亿元。2020年上半年，据不完全统计，光大国际共中标13个垃圾焚烧项目，涉及总金额超64.56亿元。目前公司旗下共有垃圾焚烧发电项目144个，设计处理能力12.32万吨/日，营业收入和净利润连续两年位居国内一百多家涉环保上市企业之首，成为全球最大的垃圾发电投资运营商，以及中国最具规模的环境综合治理服务商。

2020年7月8日，光大国际国产首台（套）1,000吨/日炉排炉下线仪式在光大环保技术装备（常州）有限公司厂区隆重举行。这不仅是国产也是世界容量最大的焚烧炉排炉，标志着光大国际的研发制造技术达到世界一流水平。12月24日，光大国际正式改名为光大环境，以更直观地体现公司的发展方向和业务重心，更好地支撑公司可持续发展。

对于未来，光大环境行政总裁王天义强调：在环保行业十多年来，光大环境已经形成了以垃圾发电为主体、以无废城市建设为核心、新兴业务争相发展的良好局面。未来，光大环境将聚焦"环境、资源、能源"三位一体的发展新格局，集中精力做大做强八大业务板块，形成大环保的系统性产业格局，缔造以光大环境为主轴的环保及延伸产业生态圈。

∽ 区域龙头：坚守与梦想

与光大国际一开始就定位于全国市场不同，在垃圾焚烧市场前期发展过程中，一些企业因为出身背景等因素，一开始主要专注于区域市场，逐渐成为区域市场领先者和区域王者。在市场日益成熟和自身积累足够之后，这些企业才开始寻求全国范围内的开拓与发展，均连续数年入围中国固废领域"年度十大影响力企业"。

比如2020年7月刚通过创业板IPO申请的圣元环保股份有限公司（以下简称"圣元环保"）便是其中之一。圣元环保1997年成立，2006年在福建南安启动了其第一个垃圾焚烧项目，后来吸收深圳国资委深圳市创新投资集团投资，发展成为福建省垃圾焚烧发电与污水处理行业最大的综合运营商。

深能环保于2000年由深圳市第一家上市的公用事业股份公司深圳市能源集团有限公司重组设立。两年时间里，对市场、技术、设备、建设、管理进行了全面的研究与战略性定位，确定了"高起点规划、高标准建设、高效率运作"的"三高"标准，这成为后来深能环保的基础动力。

2003年后，深能环保先后建成深圳南山、盐田、宝安一期垃圾发电厂，并不断完善和提升垃圾焚烧发电厂的运营管理水平，在国内率先将电力系统严格的运营管理体系借鉴到垃圾焚烧处理发电生产管理中，并优化改进为适合垃圾焚烧处理、具有深能环保特色的生产运营管理体系，多项指标雄踞国内同业第一，创下全球垃圾焚烧发电厂长周期运行记录。几个项目的建设运营标准均达到国际先进水平，污染物排放主要指标达到或优于欧盟2000标准。2015年，深圳市宝安区老虎坑垃圾焚烧发电厂二期工程荣获国家优质工程奖金质奖，是国优奖成立34年来国内垃圾焚烧发电行业第一个国家优质工程金质奖，得以与长江葛洲坝水利枢纽大江截流工程、南京长江大桥工程共享殊荣。

截至2019年年底，深能环保垃圾处理项目总规模（含筹建）为60,980吨/日。已投运项目规模为25,600吨/日，垃圾处理规模占深圳生活垃圾清运量比例将达到90%以上。深能环保扎根深圳一隅，成为深圳市最为信赖的城市生活垃圾处理服务提供商，帮助深圳率先实现了原生垃圾零填埋的目标。

凭借着"三高"品质，目前深能环保的名气早已传出深圳，响彻全国。也在坚守深圳基本盘的基础上，进入浙江、河北、贵州、广西、安徽、福建、甘肃等区域市场，其中在河北一地就拿下了威县、任丘、平乡、阜平等多处项目。

未来，深能环保将继续加强纵向布局，向上游中转、运输、分类全过程产业板块延伸，积极推动设备制造、工程设计与建设、生产运营全流程核心关键技术的整合。横向布局向污泥、餐厨、生物质、危废、绿化垃圾、大件垃圾等领域进军，构建高效协同、均衡发展的环保产业板块。

其中，正在建设的东部环保电厂等三个新项目将以全球最高环保标准，计划集"生产+办公+生活+教育+旅游"五位为一体，实现由"产业链终端"向"实现垃圾处理一体化"转变、由"普通固废处理"向"拉动产业发展的动力引擎"转变等六大转变，开创全新模式，打造世界领先、面向未来的近零排放蓝色环保电厂。

2004年，在上海市国有资产监督管理委员会批复和上海市市容环境卫生管理局的领导下，上海环境集团有限公司（以下简称"上海环境"）正式成立，主要业务是延续市容环卫行业工作，同时延续和扩展了在生活垃圾末端的卫生填埋和焚烧方面业务，并于2005年年初，建成了国内第一个千吨级的垃圾焚烧厂——上海江桥垃圾焚烧厂，日处理垃圾1,500吨。2005年年底，上海环境走出上海，获取第一个外部项目——我国生活垃圾领域最早的BOT项目之一，成都洛带生活垃圾焚烧厂，引领国内垃圾市场发展。

2006年，上海环境整建制划归上海城投（集团）有限公司（以下简称"上海城投"）。2010年，上海环境集团引入美国惠民公司作为战略合资者，2014年，惠民公司退出中国后，上海城投收回股权。

2016年上海城投决定将上海环境从城投控股旗下分立出来，与阳晨B股合并后再通过主板上市。2017年3月，上海环境正式在上海证券交易所主板挂牌上市。

从一家传统的环卫企业，到一家以生活垃圾处理处置为主业的国有控股上市公司，经过多年发展，上海环境的行业地位逐步稳固。根据上海市绿化与市容管理局的数据统计，2018年上海市的生活垃圾日处置能力1.88万吨，上海环境生活垃圾日处置能力1.43万吨，约占总处理能力的76%。

目前的上海环境立足上海、抓住长三角、面向全国积极拓展，以生活垃圾处理和市政污水处理为两大核心主业，同时聚焦危废医废、土壤修复、市政污泥和固废资源化（餐厨垃圾和建筑垃圾）等四个新兴业务领域。未来，上海环境将在"2 + 4"业务战略的基础上，确保发展为"3 + 3"，并尽力向"4 + 2"业务格局发展。

上海之外，在另一个直辖市——天津，2001年年底，天津泰达股份有限公司与天津市环境卫生工程设计院共同投资建立了天津泰达环保有限公司（以下简称"泰达环保"）。2003年，由泰达环保投建的华北最早的垃圾焚烧厂——天津双港垃圾焚烧厂正式投运。

2008年，泰达环保在深圳证券交易所推出的以公司名命名的社会责任型指数——泰达环保指数，为是时的全球资本市场提供了一个衡量中国环保产业发展的晴雨表。目前，在天津之外，泰达环保已经进入辽宁、江苏、安徽、河北、山东等地市场。

2003年，广东省最大的民营垃圾焚烧发电企业粤丰环保电力有限公司（以下简称"粤丰环保"）成立，开始了在东莞的垃圾焚烧之路：横沥项目一期工程于2005年9月建成投运，日处理垃圾1,200吨；2017年项目三期投入试运行，日处理生活垃圾5,400吨。东莞项目成功后，在广东省内不同地区开拓市场。2014年在香港联交所上市。

2015年，粤丰环保收购广西省来宾市项目，开始布局全国。通过自身发展，以及项目收购和企业并购等方式，粤丰环保目前已经进入广西、贵州、江西和四川等地市场。

2017年，粤丰环保引入上海实业控股有限公司作为策略性股东，与广东粤财投资控股有限公司成立投资基金。随后，粤丰环保加快了收购发展的步伐：2017年年底，拟全资收购厦门坤跃环保有限公司和杭州朗能环保科技有限公司，以及四川简阳垃圾焚烧厂50%的权益；2018年，收购东莞市绿嘉环保资源投资有限公司100%股权、枣庄中科环保电力有限公司51%股份、巴中威澳环保发电有限公司100%股权，同时拟收购香港环境卫生服务行业的市场先驱——香港庄臣控股有限公司（以下简称"庄臣控股"）41%股权。之后，庄臣控股成为粤丰环保的子公司，并于2019年通过香港联交所上市申请。

2019年，粤丰环保携手上海实业环境控股有限公司（以下简称"上实环境"）及中国宝武集团在上海市投资、建设及运营宝山垃圾焚烧发电项目，开启了广东之外，进行产业纵深拓展的新历程。截至2020年8月，粤丰环保已投产运营的垃圾焚烧项目规模约为18,400吨/日，在建项目有九个，预计可以陆续在2020年年底至2021年上半年投产，这些在建项目规模约为13,000吨/日。

在粤丰环保之外，广州的国资垃圾焚烧企业广州环保投资集团有限公司（以下简称"广环投"）于2008年成立。广环投是广州市政府直属的全资国有企业，引进丹麦伟伦公司的垃圾焚烧技术，同时自研顺推式机械炉排炉。承担了广州市中心城区100%、全市绝大多数的生活垃圾处理任务，同时业务辐射上海、浙江、山东等地。

与以上几家一开始就在垃圾焚烧或固废领域不同的是，出身于广东佛山南海市的瀚蓝环境股份有限公司（以下简称"瀚蓝环境"）一开始是以水处理为主业，主要参与南海市原水、供水和污水处理业务。2006年受政府邀请，瀚蓝环境开始涉足垃圾焚烧领域，在现任总裁金铎的带领下，成功地打造出"南海模式"。后以并购手段，快速走向全国，业务区域扩展至福建、湖北、贵州、河北、辽宁等多地，成为中国"综合环境服务领跑者"，进入垃圾焚烧行业第一梯队。

这些企业作为立足区域然后全国发展的代表，让我国的垃圾焚烧市场逐步实现了点状成熟，然后由点及面，与一开始就纵横全国的企业形成互补，同场竞争，共同铸就了我国垃圾焚烧产业的蓬勃景象。

进击：资本狂飙

随着垃圾焚烧市场蓬勃发展，资本开始成为企业发展的重要助推器。很多谋求转型或跨界的企业，凭借上市资本的力量，大举并购。一些未上市企业也抓紧了上市的步伐，纷纷对接资本市场。越来越多的产业人士也从一个个动态中，感受到产业资本时代的汹涌气息。资本助力，不但让企业自身获得了快速发展，也进一步改变了市场竞争的格局。

资本助力让产业高速发展的同时也让市场竞争日渐加剧，低价竞争现象出现并愈演愈烈，有的项目甚至击穿20元/吨的超低价格，引发行业惊呼。另一边，自二十一世纪初开始的邻避运动并未停歇，反而在2015年前后频繁爆发。面对双重夹击，E20环境平台与一些行业领军者发起了"蓝色焚烧"的自救活动，并合作发布了焚烧价格建议，希望为行业规范发展提供参考。在此背景下，更多的企业也抓住"一带一路"的机遇，将目光投向了海外。

〰 并购的风口

傅涛认为："环保产业的收益形式是低收入、稳定收益、低风险的，这在过去并不被资本市场所'待见'，随着其他领域的回报率下降，环保产业由过去的'没人要'，变成现在资本眼里有价值的项目。当越来越多的环境价值和环境资产被资本识别，由资产变成资本，又进入融通变成金融概念时，就使得环保产业越来越多地与金融融合在一起。"

早在2011年3月，我国水务领域大佬、2011年前曾四次领衔水务领域年度十大影响力企业榜单的首创股份做出了"参与垃圾处理行业"的战略性决策。同年，首创股份通过全资子公司首创（香港）有限公司收购了香港联交所上市公司——新环保能源控股有限公司（以下简称"新环保能源"）不超过16.7%股份，成为其单一最大股东。新环保能源的前身是恒宝利国际控股有限公司（以下简称"恒宝利"，2010年更名为"新环保能源"），主要从事成衣制造、分销与零售业务。2009年，恒宝利收购当时的中国固废领域领先企业百玛士环保控股有限公司及其全部附属公司，开始进军固废处理领域。2010年年末，新环保能源股份拥有固废处理能力3,625万吨/日。

在首创股份的助力下，凭借自己的上市平台，新环保能源发展迅速，尤其是2013年，签订广东、河南等多地焚烧项目，并在餐厨垃圾处理领域取得突破性进展，市值从2012年年底的5亿元增长到近40亿元。

2014年3月12日晚间，新环保能源更名首创环境控股有限公司（以下简称"首创环境"），融入首创集团的大品牌系统。首创股份也对其寄予厚望，准备用2~3年时间发展为固废领域领军企业。2014年，对于首创环境来说，具有非凡的意义，外界评价首创环境在固废领域的拓展就像开了外挂一样"气吞万里如虎"。

时任首创环境执行董事兼行政总裁的曹国宪在"2014（第八届）固废战略论坛"上也坦言："在过去几年，首创环境经历了飞速式发展的跨越过程，但同时也面临着非常重大的挑战。"他介绍，经过三年多的拓展，首创环境目前拥有了20余个项目，涵盖了垃圾焚烧、餐厨垃圾、垃圾填埋、电子垃圾、生物质发电、工业危废、建筑垃圾、土壤修复等领域，快速发展实现了全行业布局。

2014年6月30日，首创集团顺利完成当时环保界最大的对外并购案例——对新西兰固废处理企业Transpacific New Zealand公司（以下简称"TPI NZ"）的收购和资产移交工作。首创集团收购TPI NZ后，在内部进行了三次转换。2016年6月，首创环境最终成为新西兰公司的最大股东，持有其51%的股权。TPI NZ拥有超过一百年的持续经营历史，占有新西兰固废处理市场超过30%的市场份额，为新西兰当地废物处理行业排名第一，在奥克兰、基督城、惠灵顿等主要城市的市场份额也均排名第一。通过对TPI NZ的控股，首创环境不但成功出海，也更好地实现了与国际公司在技术、运营等方面的交流和发展融合，从2012年起，连续入选中国固废领域"年度十大影响力企业"。

如果说首创股份对新环保能源的收购主要是基于转型需求，那么瀚蓝环境的并购则是直接剑指全国，以做大做强，实现从地域向全国的跨越。

瀚蓝环境的前身是南海发展股份有限公司（以下简称"南海发展"）。南海发展是国内数量极少的拥有原水制造和水网建设的水务行业上市公司之一，公司供水产业链条完整，在广东佛山南海区供水领域居于垄断地位。

2006年，南海发展基于为政府排忧解难国企担当的初心，承接了南海垃圾焚烧发电项目一期的受托经营，并开始二期项目的前期筹备工作。在现任总裁金铎的主要领导下，首次涉足垃圾发电领域的瀚蓝环境表现不俗，将原单一的垃圾焚烧厂扩建为具备从源头到终端的完整产业链的南海固废处理环保产业园，创造性地化解"邻避效应"，持续开展相互合作的"邻亲"佳话，形成了"南海模式"，在行业内确定了独特的竞争地位。

这一次成功的尝试给了南海发展巨大的信心。在之后的几年中，公司表现出了对固废领域极大的兴趣，并开始探索向综合服务商角色转型。终于在2012年，南海发展确立"全国有影响力的系统化环境服务投资商和运营商"的战略定位，并明确以固废处理为突破口，实施全国性的业务扩张。

要想进一步整合提升经营、技术、服务等领域的综合能力，并购是重要途径之一。

2013年，南海发展将公司名称变更为瀚蓝环境，逐步释放了在固废领域的野心。2013年年底，瀚蓝环境发布资产重组方案，拟收购创冠环保（香港）有限公司旗下创冠环保（中国）有限公司（以下简称"创冠中国"）100%股权，正式启动并购战略。

创冠中国成立于2004年，主要通过BOT方式投建，从事生活垃圾无害化处理和发电项目的投资及运营，是国内技术领先的城市固废运营商。当时创冠中国拥有10个垃圾发电环保项目，分别位于福建省晋江市、惠安县、安溪县、福清市、建阳市，湖北省黄石市、孝感市，河北省廊坊市，辽宁省大连市和贵州省贵阳市，日均处理垃圾能力超过1.1万吨（含已建成和拟建项目）。根据评估报告，2014—2016年，创冠中国的年度净利润预测数分别为6,844.24万元、1.05亿元、1.64亿元，整体呈现快速提升的态势，并在2012年入选中国固废领域"年度十大影响力企业"。

2014年，瀚蓝环境耗资18.5亿将创冠中国纳入麾下。

收购创冠中国100%股权后，瀚蓝环境的垃圾处理能力也由1,500吨/日升至7,700吨/日，规划垃圾处理能力由3,000吨/日升至14,350吨/日，在一年时间内上涨了近四倍，一跃成为国内垃圾处理规模排名前列的垃圾焚烧发电企业，跻身国内固废处理行业第一阵营。

这一次并购之举极大程度上扩充了瀚蓝环境的主营业务规模，企业盈利能力显著提升，突破了区域发展的瓶颈，在业务上逐步完成了从区域性单一供水向全国性完整环境服务产业链的拓展，成功从B方阵（区域环境综合服务集团）跻身A方阵（重资产环境集团）。2014年后至今，瀚蓝环境连续七年入列中国固废领域"年度十大影响力企业"榜单。

这些领先者的例子只是当时垃圾焚烧市场资本汹涌的侧影。据媒体不完全统计，2015年环保并购案例约120起，涉及交易金额超过400亿元，其中清华控股有限公司旗下启迪科技服务集团并购桑德集团旗下固废处理业务平台桑德环境资源股份有限公司（以下简称"桑德环境"）的案例创下了当时国内环保产业的并购纪录，交易金额达到70亿元；2018年7月，盈峰环境科技集团股份有限公司（以下简称"盈峰环境"）以152.5亿元收购长沙中联重科环境产业有限公司（以下简称"中联环境"）100%股权，打破国内环保行业并购案交易额记录；2018年8月，中国天楹股份有限公司（以下简称"中国天楹"）以88亿成交价成功收购欧洲环保企业Urbaser，创下继首创集团收购TPI NZ之后的海外公司并购记录。

〰 资本的诱惑

在并购热潮来临的那几年，产业越来越依赖资本的助攻作用。而这几年也恰恰是垃圾焚烧行业大发展的几年：据E20研究院不完全统计，2012—2014年的三年间，垃圾焚烧市场增速达40%以上。截至2013

年9月，已建成垃圾焚烧厂159座，垃圾焚烧规模已达15.84万吨/日，垃圾焚烧的市场占比已达32%左右。

在这快速的浪潮之中，环保上市公司由于具备融资渠道优势，明显占据了先机。如上文提到的首创环境和瀚蓝环境，通过资本助力，实现了飞速提升。对于垃圾焚烧企业来讲，尽快打通资本通道，就发展来说，跃升的或许不是一个台阶。为尽快接通资本通道，前文提到中国天楹（前身为江苏天楹环保能源股份有限公司）就采取了更快速的方式——借壳上市。

江苏天楹环保能源股份有限公司（以下简称"天楹环保"）成立于2006年。发展早期，天楹环保的业务主要聚焦于江苏省内。2011年年底，天楹环保引入中国平安集团旗下的平安创新投资基金，开始筹划上市，2012年正式启动上市计划。2013年3月，天楹环保股东大会决定引进上海复新股权投资基金合伙企业（有限合伙）等十余家PE及VC机构。但那时IPO尚没有开闸，再加上众多排队企业，经过多轮内部讨论，天楹环保拿出了第二套上市方案——借壳上市，两条腿走路，进军资本市场。

确定第二套备用方案后，天楹环保开始积极寻找壳资源，以实现曲线上市。直到2013年9月，期盼已久的"壳"出现了。

长期处于被退市边缘的ST科健（即中国科健股份有限公司）发布重大资产重组方案，以非公开发行的股份，购买天楹环保董事长严圣军等17名交易方合计持有的天楹环保100%股份并募集配套资金。

对于天楹环保来讲，这绝对是值得一搏的大好机会。但"壳"毕竟是稀有资源，谈得成谈不成还要看双方讨价还价的过程。最终双方达成统一意见，天楹环保成功借壳上市，打通了资本渠道。2014年5月，ST科健在对天楹环保进行并购重组后，变更为中国天楹股份有限公司（以下简称"中国天楹"）。上市后的中国天楹，立足垃圾焚烧，内生外延向全产业链布局，2018年以88亿成交价成功收购欧洲环保企业Urbaser，2020年成功入选中国固废领域"年度十大影响力企业"。

与中国天楹相比，早已在垃圾焚烧领域叱咤风云的绿色动力的上市布局则更早一些。

2013年上半年，绿色动力总裁乔德卫曾公开表示过，绿色动力在垃圾焚烧发电领域已经开展了19个项目，总投资约70亿元。作为重资产、资金密集型的产业，垃圾焚烧行业需要大量的资金支持项目建设，而对于当时手握多个项目、发展正盛的绿色动力来说，上市同样是迫在眉睫。

2005年开始，乔德卫进入绿色动力，这位出身于湖北财政系统的专业财务人才，曾多次提示资本的重要性。他说，资本是企业的血液，是企业进行生产经营活动的必要条件，没有足够的资金源，企业的生存和发展就没有保障。特别是资金密集型的垃圾焚烧发电行业，资本支持是首要解决的问题。

2005年后，乔德卫先后历任绿色动力的财务总监、代总经理、总经理和董事等职务。而在他刚刚进入绿色动力的时候，就已经开始谋划企业上市了。

2009年，绿色动力成为北京国资公司100%的控股公司。经过五年的梳理和蓄力，2010年绿色动力在香港和上海两个资本市场启动了上市计划。这之后，绿色动力开始引进战略投资者，建立投资管理平台，形成有效的管控体系。

但因为2012年国内IPO关闸的影响，绿色动力上市之路陷入困局。

2012年后，为了减少IPO关闸带来的不确定性，绿色动力将主要力量集中在了香港资本市场，同时缓步准备在A股的上市计划，与天楹环保一样，"两条腿走路"。

　　两个重要节点上，两位灵魂人物的加入，为之后绿色动力在资本市场的游刃有余做好了铺垫。

　　2014年6月19日，绿色动力在香港联交所主板上市交易。募集资金分别用于泰州市生活垃圾焚烧发电工程项目、武汉市青山地区生活垃圾焚烧发电项目和乳山市生活垃圾焚烧发电项目。

　　绿色动力首个交易日交投非常活跃，全日最高股价每股报3.96港元，收市报每股3.77港元，比招股价3.45港元上升约9.3%。全日交投量达2.41亿股，总成交约9.07亿港元。此前绿色动力发售时H股每股定价是3.45港元，2014年6月18日，绿色动力宣布股份全球发售结果：当日已收到的有效申请达到可供认购的股份总数约53.1倍，反响相当热烈。

　　借助资本的加持力，绿色动力2014年后继续加速发展，在固废领域"2015年度十大影响力企业评选"中，绿色动力连续第六次上榜，当年，其垃圾焚烧规模已经达到22,000吨/日。不仅如此，绿色动力还接连打造了"南惠州北通州"的两大蓝色焚烧项目，成为业内标杆。

　　绿色动力成功赴港上市后，A股市场传来好消息。2014年3月，国务院工作会议提出"积极稳妥推进股票发行注册制改革"。当年的两会后，IPO重新开闸，A股市场长时间处在IPO堰塞湖的状态得到舒缓。2014年11月19日，国务院常务会议指出要抓紧出台股票发行注册制改革方案，取消股票发行的持续盈利条件，降低小微和创新型企业上市门槛。

　　受一系列利好因素的影响，众多固废处理公司在2014年实现了上市意愿。根据E20研究院不完全统计，2014年，包括中国天楹、绿色动力、三峰环境等在内的上市以及拟上市固废企业就有16家。资本的助推力在2014年后，愈加凸显。

　　2014年之后的几年，随着创业板开闸和IPO的加速，A股市场因为散户多，且资金环境相对封闭，一直处于高估值状态。企业上市，募集同等规模的资金，对应发行的股份数量更少，对于大股东自身来说可以保留更多股份，维持控制权。在A股市场递交上市材料的企业越来越多。原本在H股甚至美股上市的企业，也想通过私有化回归A股。

机会往往眷顾早有准备的人。一早就开启两条腿走路的绿色动力，面对国内如火如荼的垃圾焚烧市场，再次抓住A股市场大好的发展机遇，经过四年的筹划和努力，2018年成功回归A股：2018年6月，绿色动力在上海证券交易所挂牌上市，通过A股首次公开发行股票，成为当年A股第一个过会的环保企业，也成为我国垃圾焚烧发电行业首家A＋H股企业。其拟募集资金用于天津宁河县秸秆焚烧发电项目、天津市宁河县生物质发电项目、蚌埠市生活垃圾焚烧发电厂项目以及补充流动资金。

A股上市后，绿色动力再次得到国内投资者高度认可，连续17个涨停，最高价达到27.8元。与此同时，它迎来了更高速的发展阶段。截至2019年12月31日，绿色动力在生活垃圾焚烧发电领域运营项目21个，在建项目8个，筹建项目14个，运营项目垃圾处理能力达19,610吨/日，装机容量383.5兆瓦，项目数量和垃圾处理能力均位居行业前列。在固废领域"2019年度十大影响力企业评选"中，绿色动力跻身榜单的前三名。

2020年，为上市长跑近七年的三峰环境于世界环境日当天成功登陆A股市场，这个时间点恰好暗合了三峰环境"为了一个更洁净的世界"的企业愿景。站在上市新起点，三峰环境这一垃圾焚烧巨头企业，将开启新一轮的征程。

除了这些直接上市的企业，龙吉生选择了与资本携手：2014年，中信集团中信产业基金入股康恒环境。康恒环境借此契机，从焚烧设备系统供应商成功转型为集投资、建设、运营为一体的全产业链固废处理服务商，业务涵盖静脉产业园、垃圾焚烧发电、环境修复、生物质发电等领域。康恒环境于2017年首次跻身中国固废领域"年度十大影响力企业"榜单。

傅涛曾经以"愚公移山"做比喻：愚公就是企业家，玉皇大帝和另外的天神就是资本，愚公具有移山的理想、行动、方法以及成员和决心之后，最主要的还需要资本的帮助。

作为一个重资产行业，垃圾焚烧发电企业在资本的助力下，肯定也将续写更多精彩的故事……

≈ 低价的迷失

2015年左右，随着政策利好以及资本助力，大批企业跨界进入环保领域的案例呈大爆发式激增。垃圾焚烧市场的大蛋糕，迅速吸引了伺机转型、跨界布局环保的企业的关注。其中有很多企业如今已经在环保产业拼出了一条属于自己的发展道路，占有了领先地位。如已经连续多年荣登固废领域"年度十大影响力企业"榜单的美欣达集团有限公司（以下简称"美欣达"），以及如今在环卫领域风生水起的盈峰环境，都是在这个阶段，通过布局垃圾焚烧市场，进入到环保行业的。

产业内部的疯狂"抢食"，以及外部力量的强势进入，让垃圾焚烧市场的竞争更加白热化。由此，引发了行业内一系列问题的产生。

资本的狂欢，给产业带来的不仅仅是助推的大发展，伴随而来的还有狂欢后的"一地鸡毛"。

在资本狂欢的几年里，一个垃圾焚烧项目，往往有多家垃圾焚烧企业争抢，甚至多数都是行业龙头，竞争态势相当激烈。

为了快速抢占市场，赢得竞争，很多企业最后祭出了"低价中标"的传统手段，有些项目的价格之低甚至让人咋舌。

2015年12月18日，"2015（第九届）固废战略论坛"在北京成功举办。当天上午，薛涛在他的主题发言中强调，这是一个最好的时代，也是一个最坏的时代。之所以说这是最坏的时代，是基于行业正面临的四大挑战：标准提高、监管趋严、信任危机和低价竞争。这其中，低价竞争带来的挑战首当其冲。

巧合的是，就在发言的当天，浙江绍兴某垃圾焚烧项目（规模为2,250吨/日，含场外及园区投资约3亿元）开标，四家参与投标的企业给出的最新投标报价中，竟然出现了18元的低价，直接让垃圾焚烧价格跌破20元大关，进入10元阶段。

收到相关线索信息后，中国固废网微信公众号"E20水网固废网"第一时间做出了反应，当日午夜即对该事件进行了报道，发布《深喉：垃圾焚烧低价击破20元区底线　竞争启动行业自毁模式？》，引起了行业的广泛关注和热烈讨论。

这一低价案例，并非突发的个例。事实上，进入2015年以来，垃圾处理领域就接连发生了多起超低价中标事件。

2015年6月，山东新泰垃圾焚烧发电项目报价48元/吨；8月，安徽蚌埠生活垃圾焚烧发电项目报价26.8元/吨；10月，江苏高邮生活垃圾焚烧发电项目报价26.5元/吨。

直到2015年12月，浙江绍兴项目以18元/吨的报价彻底刷新了行业底线。短短数月间，垃圾焚烧发电项目的中标价已经从48元/吨骤降至18元/吨，降幅达到62%。

通过E20研究院整理的垃圾焚烧项目政府补贴的一系列数字，可以看出，垃圾焚烧项目的补贴金额，近20年间，基本是一路走低：1999年上海江桥项目213元/吨，2003年天津双港项目145元/吨，2009年昆明五华项目90元/吨，2014年长春项目61.3元/吨，2014年益阳项目50元/吨，2015年6月新泰项目48元/吨，2015年8月蚌埠项目26.8元/吨，2015

年10月高邮项目26.5元/吨，2015年12月18日，浙江绍兴项目最低报价18元/吨。

中国固废网对于低价中标甚至是超低价竞标的系列报道，引发了行业对这种现象的热烈反思和强烈批判。不少批评者认为：除了市场竞争以外，企业缺乏自律、政府低价导向、项目稀缺和评标体系不科学也是引发垃圾焚烧发电行业低价竞争的原因。低价的同时，如果还能达到更高的排放标准，那么应该鼓励。但事实上，低价竞争无赢家。很多企业的低价已经远超垃圾焚烧的成本。低价竞争不仅影响盈利能力，有些企业还会铤而走险以环境为代价维持运营。不存在"零成本高标准的环保技术"，也不要相信"低成本高标准的环保承诺"。

中国城市建设研究院总工程师徐海云为此专门撰文指出，企业投资的目的是为了盈利，如果没有适当的盈利甚至不盈利或者亏损去拿项目，就是越过了底线。企业之所以敢越过底线，主要原因还是政府的行为缺乏有效的法律制约。企业投资方可以通过很多方法——或者降低质量，或者在工程过程中追加成本等，不仅没有损失，还可以把损失转嫁给政府或国有企业等。由于政府过度保护投资者利益，才让投资方有恃无恐。

中国国际工程咨询有限公司研究中心投融资咨询处处长罗桂连博士也曾在发表于中国固废网的署名文章中疾呼："这样下去，预计过不了多久，政府就不用再提供补贴，项目公司反而要给政府交特许经营费了！"

在这样的背景下，为了弄清楚垃圾焚烧具体的成本状况，正本清源，给行业提供价格参考，E20环境平台联手毕马威企业咨询（中国）有限公司于2015年共同推出了《垃圾焚烧发电BOT项目成本测算及分析报告》。报告对行业价格进行了平均性分析，且自由资金的内部收益率在8%的情况下，经过测算合适的垃圾焚烧单位价格应该是在65元/吨。同时，由于行业普遍存在政府拖款的情况，如果将这一因素考虑在内，应该是在68元/吨的价位，企业才能保证收益率在8%。

报告在"2015（第九届）固废战略论坛"上正式发布后，引起了行业高度关注，并被各大媒体在相关报道中广泛引用和传播。在产业陷入低价竞争怪圈的关键时刻，这一报告的理性分析，一定程度上敲醒了盲目扩张的企业，也提示了相关部门"低价竞争"将会带来的隐患。

2016年，住房和城乡建设部、国家发展和改革委员会、国土资源部、环境保护部联合发布了《关于进一步加强城市生活垃圾焚烧处理工作的意见》（以下简称《意见》），首次以明文方式对低价竞标现象提出指导性意见。《意见》提出，对于中标价格明显低于预期的企业要给予重点关注，加大监管频次。对于中标企业恶意违约或不能履约的情况，依照特许经营合同或相关法律法规，给予严厉的经济惩罚或行政处罚，必要时终止特许经营合同。

《意见》发布后，杭州锦江集团、瀚蓝环境、首创环境等行业龙头企业在接受中国固废网采访时，都一致认为，部委层面对市场规范化竞争提出指导原则，将很好促进市场良性竞争，恶性低价导致的诸多问题或将有所改善。

2017年，财政部令87号《政府采购货物和服务招标投标管理办法》，明确投标人不能证明其报价合理性的，评标委员会应当将其作为无效投标处理。进一步规范项目报价的合理性。

2017年全国两会期间，E20环境平台又联合35家环境企业提出了《关于建立恶性竞争的黑名单解决低价竞争问题的建议》等数份建言。大家一致认为，恶性竞标现象已严重影响环保行业的整体利益，建议将竞标过程中一味低价、后续存在违约行为或不合理纷争的企业列入黑名单。

在政策引导，以及行业平台、龙头企业等各个主体的积极推动下，垃圾焚烧市场缓步回归理性。

进入2017年下半年，垃圾焚烧项目中标价已经开始回暖，无限趋于理性。E20研究院数据中心对2008—2017年生活垃圾焚烧处理费（平均值）的变化情况进行了梳理，发现2015—2017年间价格开始回升。

有媒体整理过2017年8~10月的垃圾焚烧项目中标价格，基本保持在70元/吨以上的水平。其中，2017年10月，由康恒环境、三河市金桥水业有限责任公司（联合体）成功中标的三河市静脉产业园生活垃圾焚烧发电PPP项目，垃圾处理费中标价已经达到92.6元/吨。

而根据E20研究院的统计分析，2018年的生活垃圾焚烧项目中标价最低值也远在前两年之上，维持在30元/吨以上，终于跳出了"十几元"的怪圈，并且出现了不少70~90元/吨的生活垃圾焚烧处理项目。经历过"低价竞争"的短暂低迷期，垃圾焚烧行业也走上了成熟、良性的发展之路。

∾ 蓝色的救赎

如前所述，资本狂飙，让市场突飞猛进。超低价竞争，让企业更注重项目的获取，质量被有意无意地放到了其次。欢愉的代价反映在大干快上、市场一片火热的同时，民众对垃圾焚烧危害的担心和忧虑持续积累，"邻避事件"频繁爆发。

根据媒体公开报道，2015年在湖北武汉，发生了居民抗议垃圾焚烧发电项目的事件；2016年4月25日，海南省万宁市群众因反对生活垃圾焚烧发电厂项目规划选址到市委市政府表达诉求；2016年8月24日，陕西省西安民众反对蓝田县垃圾焚烧项目；差不多同一时间，湖北仙桃市发生反对垃圾焚烧"邻避事件"，因处理不力，湖北仙桃市委书记被免职……事实上，这些并不是开始。在一定意义上，可以称得上是最早一波垃圾焚烧"邻避运动"的余波和延续。

在垃圾焚烧行业快速发展的同时，一些焚烧过程中的二次污染问题就暴露在社会面前，备受关注。其中的二噁英污染因媒体报道，开始引发诸多民众对垃圾焚烧项目的大规模抵制。

2007年，北京六里屯垃圾焚烧厂曾引发"邻避运动"，最终项目暂缓建设；2009年，当项目重新启动时，周边的居民再次聚集。这个时期，在北京的阿苏卫地区一场更大的"邻避运动"也在发生。知名网友"驴屎蛋"就是在那场运动中一战成名；而在数千里外的广东番禺同样出现了大规模的民众抗议垃圾焚烧厂事件，最终项目暂时停建；2013年，广州花都区数千人上街游行反对垃圾焚烧；2014年，杭州余杭区中泰街道南峰村九峰矿区发生"邻避运动"……

这些事件并非巧合，背后是中国经济和垃圾焚烧行业的快速发展，以及人们对环境质量的日益提高，和社交媒体广泛应用的现实。不断爆发的"邻避事件"，严重地打击了垃圾焚烧从业者的信心，也很大程度上阻断了一些重要项目，延滞了是时垃圾焚烧高速发展的步伐；同时也在告诉垃圾焚烧行业，面对不同的发展阶段和外部环境，需要及时调整与民众的关系以及沟通手段。

徐海云是行业知名专家，在2009年的"邻避运动"中曾身处漩涡。因为支持垃圾焚烧，他曾经被人写信威胁。但他觉得自己行得正，不是不惧生死，而是坚持自己认为对的事情。

他不但在网上与反焚烧的组织和民众沟通、辩论，还将自己对于垃圾焚烧的理解写成万字长文投给主流媒体希望公开讨论。后来文章辗转在中国固废网上发出，被转载到各大论坛、网站，在当时的固废圈引起轰动。徐海云并不是一个人"战斗"，却是当时那种环境下敢于站出来表达观点的行业代表。

在北京市政府邀请阿苏卫地区民意领袖黄小山去日本考察后，黄小山对垃圾焚烧的认识有了些许变化。他不再激烈地反对垃圾焚烧，而是要求更高质量的焚烧，做好二次污染的防控。

有人说那是双方的妥协，却也体现了基于理性沟通所能实现的可能。更重要的是，背后体现的政府态度，决定着产业发展的走向。

2010年至2012年间，国家连续发布《关于进一步加强城市生活垃圾处理工作意见的通知》（国发〔2011〕9号）等，明确提出"推广城市生活垃圾发电技术"，在土地资源紧张、人口密度高的城市要优先采用焚烧处理技术，鼓励焚烧发电和供热等资源化利用方式。2012年3月28日，国家发展改革委发布《国家发展改革委关于完善垃圾焚烧发电价格政策的通知》（发改价格〔2012〕801号），更是明确了垃圾发电的补贴政策，被誉为生活垃圾焚烧发电行业走向快速发展的里程碑。

在明确了方向、完善了模式之后，政府又于2014年发文，解决钱的问题，鼓励社会资本参与基础设施投资建设运营、建立健全PPP模式，社会资本投向垃圾处理项目。

在遭遇"邻避运动"的波折后，这些措施无疑给了垃圾焚烧企业更多的信心和动力。此时，中国经济因为对外开放的加深，也步入黄金发展阶段。内外合辙，企业们能做的就是快马加鞭。"不少垃圾焚烧厂的选址受到阻止，有些甚至导致焚烧厂选址的流产。"上海环境董事长颜晓斐表示，"垃圾焚烧的矛盾日益激化。"如何在解决"邻避事件"问题的同时，又能乘上历史的快车，成为很多企业发展过程中不得不面对和重点思考的问题。

绿色动力总裁乔德卫在2015年接受中国固废网专访时表示："做环保行业，需要有足够的责任感。老百姓的疑问，其实就是垃圾焚烧企业的目标。做垃圾焚烧发电项目，既需要政府认可，更需要让百姓放心。"

2014年，十家行业代表联合发起蓝色焚烧倡议

　　面对"邻避运动"，垃圾焚烧行业开始展开自救。2014年，E20环境平台联合上海环境卫生工程设计院、上海环境、中国城市建设研究院、杭州锦江集团、绿色动力、美欣达集团、深能环保、三峰环境、金州集团等十家行业领先企业提出了蓝色焚烧理念，并在"2014（第三届）上海垃圾焚烧论坛"上发表了联合倡议："垃圾焚烧产业本质目标是为公众服务，为公众创造良好生活环境。老百姓期待的是一个清洁的、高标准的、无害的，甚至提升公众环境质量的市政公用设施，作为垃圾焚烧行业的优秀企业，我们应当为百姓谋福祉，把公众的梦想作为行业的梦想。坚持高标准，追求近零排放，保证员工的身心健康，实现焚烧信息和厂区运营的全公开，与民众良性沟通，给公众安心、放心和信心。"

　　不过，在具体的实施中，蓝色焚烧仍面临一定的挑战，主要是成本限制。薛涛表示："蓝色焚烧的一个重要出发点就是提高政府对垃圾焚烧处理费的支付标准。"

对于垃圾处理费的支付标准，据报道，在欧洲，垃圾处理费大约是300欧元/年。北京曾经尝试收取300元/吨的非居民生活垃圾处理费，但收缴率不足40%，收缴成本也接近40%左右。所以，目前大部分地方的垃圾处理费还是公共财政来"背"。在这样的背景下，让政府提升垃圾焚烧处理费的标准，存在一定难度。但是，垃圾焚烧企业作为一个整体，已经形成高标准的共识。对于一些更有实力和责任担当的企业来说，尽可能地提高项目建设标准和运营质量，是它们保持领先地位必须要做的事情。

在政策方面，2016年10月22日，住房和城乡建设部、国家发展和改革委员会、国土资源部、环境保护部联合发文《关于进一步加强城市生活垃圾焚烧处理工作的意见》，文中首先肯定了生活垃圾焚烧处理的作用，首次提升了生活垃圾焚烧发电的地位（黄线保护范围），彰显了国家坚定支持垃圾处理采取焚烧发电的决心。

垃圾焚烧作为垃圾处理的主流方式成为行业共识，未来前景被一致看好。虽然PPP在水圈引发市场热潮，但并没有在垃圾焚烧圈火爆起来。大多垃圾焚烧企业沿着既定的步伐，稳步前行。E20研究院固废研究中心根据《"十三五"全国城镇生活垃圾无害化处理设施建设规划》预测，届时，我国生活垃圾末端处置能力中焚烧将超过填埋处置能力，焚烧和填埋处置能力的占比分别为54%和43%。预测到2025年，焚烧处置能力会进一步提高，达67%左右。

〰 领军企业出海记

国内市场竞争日益激烈，低价中标和"邻避事件"的双重夹击，让一些更具实力和忧患意识的垃圾焚烧企业放眼国际，开始积极尝试"走出去"寻找海外新机遇。在另一面，随着早期垃圾焚烧国产化设备的崛起和日益成熟，以三峰环境、杭州锦江集团、新世纪能源等为首的一批中国企业已经踏上了从引进吸收到国产化并输出的出海之路。2013年，国家提出的"一带一路"倡议无疑促进了这个进程。乘着政策的春风，垃圾焚烧企业海外并购趋势愈加明显，"海淘"逐渐成为风潮。

2015年对于中国天楹来说，是一个特殊的年份。在这一年，中国天楹成立海外事业部，开拓海外市场，迈出了走向国际的第一步：不仅买断了比利时WATERLEAU公司Energize®垃圾转化能源技术，提升了在国际市场的知名度，还签订了金额高达9,430万元的泰国VKE垃圾焚烧发电工程项目设备交钥匙工程总承包合同。

也是在2015年，中国天楹遇到了海外布局的第一个"小挫折"。中国环保企业跨足海外投资垃圾焚烧市场的途径主要包括销售设备或技术、投资项目、并购企业等方式。中国天楹也不例外，在收购了技术，投资了海外项目之后，中国天楹将目光瞄准了垃圾焚烧行业最大的并购案——德国EEW项目，并成功进入最后一轮。不过，令人遗憾的是中国天楹与EEW失之交臂。但是通过本次并购，中国天楹获得了宝贵的海外并购经验，整合了海外并购的要素资源，提升了知名度，更坚定了产业发展的方向，明确将海外并购作为重要战略之一。

经过了2015年的初次尝试，2016年，中国天楹迈向海外的步伐走得越发稳妥——成立了多个海外合资公司，角逐垃圾焚烧发电项目。2016年9月23日，中国天楹全资子公司江苏天楹与TarheTejaratSadid（以下简称"TTS公司"）签署《合资公司协议》，在伊朗设立合资公司CheshmehNiroTossehSalamat（以下简称"CNTS合资公司"），经营德黑兰市一个1,600吨/日的生活垃圾焚烧发电项目、德黑兰省两个1,000吨/日的生活垃圾焚烧发电项目以及三个100万吨/年建筑垃圾资源化项目；此外，中国天楹在2016年分别在比利时首都布鲁塞尔及加拿大首都渥太华设立两家全资子公司，主要从事垃圾处理相关应用的技术研发、工程设计和海外市场推广业务，引进世界一流人才。

2016年年底，中国天楹迎来了海外布局的最关键一步——落子西班牙ACS旗下的Urbaser公司。Urbaser公司是欧洲具有18年历史的著名环保企业，原本属于西班牙上市公司ACS的资产。作为全球固废管理领域技术最先进的企业之一，Urbaser在城市固废综合管理方面有丰富的经验，其业务遍布西班牙、法国、阿根廷等全球多个国家和地区。

中国天楹并购Urbaser这一举措被业内称为"蛇吞象"，大家普遍不看好中国天楹能成功并购估值接近中国天楹市值，而且营业收入高达百亿元，约是中国天楹八倍的Urbaser。可若是中国天楹能成功并购Urbaser，那么中国天楹将一跃成为全球城市环境服务行业第四位，实现中国环保企业在世界环保领域的弯道超车。

为吃下这头大象，中国天楹在2016年参与了Urbaser的海外竞标程序。2016年6月24日，中国天楹与华禹基金共同发起设立华禹并购基金，于2016年9月15日成功通过其海外持股公司Firion与西班牙ACS公司订立协议，收购Urbaser 100%股权；随后在2017年成立并购基金江苏德展，通过江苏德展及其全资子公司香港楹展、Firion间接持有Urbaser 100%股权；历时两年，最终在2018年11月，中国天楹收到中国证券监督管理委员会关于核准公司重大资产重组的批复。至此，中国天楹收购世界环保巨头Urbaser完成全部审批程序。2019年年初，中国天楹正式收购全球环保巨头Urbaser。

这次大胆的尝试给中国天楹带来可见的利好。

2019年10月底，在并购Urbaser, S.A.U.约一年后，中国天楹发布业绩公告：2019年前三个季度实现营业收入130.67亿元，同比增长855.67%；经营活动现金流量净额达到14.91亿元，增幅为377%。除盈利规模大幅度提升以外，中国天楹还表示，这次成功收购助推公司业务量呈现"井喷"式增长。借助Urbaser遍布全球的长期政府特许经营业务，中国天楹将业务布局触角顺利延伸至欧洲和美洲市场。

在项目方面，据中国天楹已发布的公告显示，Urbaser, S.A.U.为中国天楹带来了不少项目，例如，2019年2月，Urbaser, S.A.U.中标西班牙埃斯特雷马杜拉自治区多个区域的固废处理厂综合运营维护以及固废运输项目，中标金额998.98万欧元/年，服务期限15年，合计金额为1.50亿欧元；今年5月，Urbaser, S.A.U.作为联合体，成为法国波城ValorBéarn垃圾焚烧发电项目的中标单位，合同总额2.26亿欧元，合同期限20年。

从2017年至今，中国天楹在海外市场连续中标新加坡大士300吨/日垃圾焚烧发电项目、越南河内4,000吨/日垃圾焚烧发电项目、富寿省生活垃圾焚烧发电项目等海外项目，"走出去"的脚步不曾停止。

在中国天楹之外，中国垃圾焚烧的海外阵营，自然也少不了那些早已绩点满身的行业先行者和领军企业。

三峰环境作为中国垃圾焚烧国产化企业代表，早在二十一世纪初，成功引进德国马丁的垃圾焚烧发电技术，在对其吸收、学习、合并的基础上，进行国产化研发。之后，三峰环境自主设计和生产的焚烧炉以及渗滤液膜处理装备成功返销德国，"三峰造"装备得到了欧美发达国家市场认可。截至2020年3月，其技术和设备已经应用在美国、印度、埃塞俄比亚、泰国、越南、巴西等八个海外国家。

新世纪能源则在2011年因为印度尼西亚的EPC项目开始走出国门，至今已在印度尼西亚、泰国、印度等国实现了拓展。

2016年开始，光大国际全面启动国际化。当年以约1.23亿欧元收购波兰最大的固废处理公司NOVAGO，首度涉足欧洲的固废处理行业。同年成功收获越南河内和芹苴市垃圾发电项目，正式进军东南亚市场。至今，光大国际的业务在"一带一路"沿线越南、德国、波兰等国家已落实多个项目。

　　2017年，锦江环境收购印度Ecogreen Energy公司，将其作为印度垃圾焚烧项目市场开拓的平台，后接连收获印度勒克瑙、瓜廖尔及古尔冈三个项目，成功打入印度垃圾焚烧市场，迈出了海外布局坚实的第一步。目前已经进入巴西、印度尼西亚等国市场。

　　在进军海外的过程中，康恒环境尚算新兵，但起点颇高。2019年3月25日下午，在中国国家主席习近平和法国总统马克龙的共同见证下，康恒环境与中投公司、法国国家投资银行、法国Quadran公司签订《可再生能源开发平台共建合作协议》。该平台旨在推动组合式国际新能源项目的发展，包括垃圾焚烧发电、太阳能以及风能发电项目。四方平台将致力于全球，尤其是中法第三方市场中的垃圾发电及其他新能源项目的开发、运营，目前已锁定20亿欧元的首批投资项目。从全产业链到全球化，康恒环境"创造更洁净更友好的生活环境"的使命，即将在全球范围内展开实践。

未来：后垃圾分类时代

在资本的助力下，垃圾焚烧市场快速发展。同时，一场基于垃圾分类的运动也正在影响着垃圾焚烧的市场格局。

2000年，住房和城乡建设部开始在北京、上海、广州、深圳等八个城市进行的生活垃圾分类收集试点工，成效差强人意。2017年，国家发展和改革委员会、住房和城乡建设部发布《生活垃圾分类制度实施方案》，要求在全国46个城市先行实施生活垃圾强制分类。从鼓励转为强制，被誉为中国垃圾强制分类时代来临。2019年起，全国地级及以上城市全面启动生活垃圾分类工作。2019年7月1日，《上海市生活垃圾管理条例》正式开始实施，在进行20多年倡导工作后，率先将垃圾分类纳入法治框架。中国垃圾强制分类真正进入执行阶段。

垃圾分类是整个垃圾处理链条的前端，与收运一起，直接决定着后端处理的机会。对垃圾分类的强化，整体上会减少末端垃圾焚烧的处理总量，也在一定程度上推动了有机垃圾分类处理对资源化利用。面临挑战，更多的垃圾焚烧选择了向环卫、餐厨垃圾处理等产业链和产业园模式延伸，并加强了民众沟通，一个新的时代正在到来。

∞ 面向效果的产业链延伸

从2003年市场化开始，到2017年的资本时代巅峰，垃圾焚烧走过了将近15年的历程。很多企业在发展的历练中成长，也对市场的变化有了更多的先知先觉。

2007年，美欣达集团组建浙江旺能环保股份有限公司（以下简称"浙江旺能"），主营城市垃圾焚烧发电、固体废弃资源综合利用、污泥处置等业务，2008年投资兴建第一个垃圾焚烧发电项目。

2017年，美欣达集团进行业务重组，将下属上市公司浙江美欣达印染集团股份有限公司（以下简称"美欣达"）置入浙江旺能100%股权，同时置换出印染纺织业务相关的全部资产，并将美欣达改名为"旺能环境股份有限公司"（以下简称"旺能环境"）。

截至2019年11月5日，旺能环境已在浙江、广东、福建、河南、四川、安徽、湖北、广西和贵州九个省投资、建设、运营32个垃圾焚烧发电厂，四个垃圾中转站，总设计处理规模近2.5万吨/日。

垃圾焚烧市场虽然发展迅猛，但不能有效掌控收运链条，总会有一种等米下锅的被动。很多餐厨垃圾企业"吃不饱"的案例就是因为这个链条出了问题。随着环卫市场逐步放开，很多垃圾焚烧企业开始考虑从垃圾处理处置末端入手，将收集、运输、保洁、末端处理这一完整的产业链条连接起来并挖掘其市场价值。同时，随着垃圾焚烧市场竞争日益激烈，不少企业在垃圾焚烧的基础上，向餐厨垃圾、污泥、危险废物等横向业务领域拓展，其中循环经济园成为横向一体化拓展的高端产品。薛涛在"2015（第九届）固废战略论坛"上介绍：根据E20研究院统计，推动企业横向一体化发展的固废领域"年度十大影响力企业"在明显增加，其中已有八家开展了横向发展计划。

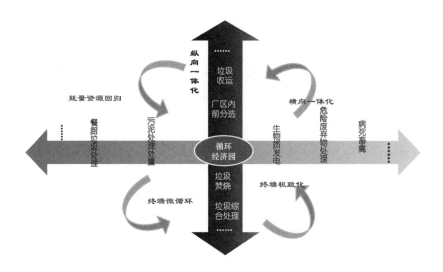

垃圾焚烧领先企业产业链上下游和横向拓展示意图

旺能环境也是这种转变的实践者。2015年之前，为解决县镇垃圾量过少无法采用焚烧方式就地解决的难题，在将收运服务网络延伸到各镇之余，旺能环境还实现将建筑垃圾和塑料金属等城市矿产价值的垃圾回收利用，分选的垃圾被压缩后集中焚烧。2015年，旺能环境在浙江舟山市海岛上投资建设循环经济园，包括危废填埋厂、垃圾焚烧厂和餐厨处理厂，打造了全固废管理的"湖州模式"：以末端推前端，打造"源头→环卫基地→静脉产业园"的"三级"网络体系，实现市县乡镇以及农村的固废管理全网络体系覆盖，技术创新和模式创新得到了当地政府、行业人士的高度肯定。

在环保固废产业方面，美欣达集团目前已经搭建起了"7＋1＋N"产业布局，其中"7"为生活垃圾焚烧发电、农业废弃物处置、工业危废处置、环卫一体化（垃圾分类）、餐厨垃圾处置、汽车拆解等循环利用、清洁能源（热电联产）的固废产业链，并越来越重视对于产业前端垃圾分类等工作的参与。

其旗下的美欣达欣环卫科技有限公司，以环卫一体化为主营业务，打造分类投放、分类收集、分类运输的管理体系，已在浙江、河南、湖北等地拥有环卫长期特许经营权项目7个，总合同金额近200亿元，在湖州织里建成全国首个集垃圾中转站、资源化中心、维保中心、教育中心、信息化中心为一体的环卫基地。

作为固废领域"年度十大影响力企业"，美欣达集团的选择基本上代表了一众垃圾焚烧领先企业的选择。如桑德环境在清华系入主后，把业务重心转向了环卫领域，大力拓展县域环卫市场，并积极探索智慧环卫的深入应用；中国节能旗下的中国环境保护公司，以原有垃圾焚烧发电项目为主体依托，充分发挥在餐厨垃圾处理、污泥处理、医疗废物处理等方面的经验和优势，不断推进城市固体废物协同处置的市场开发模式，打造城市级的固体废物环保产业园区等。

对于这样的变化，傅涛认为，中国的环境产业最早是从装备制造、工程服务开始，2000年之后，进入单元服务时代，首先以市政污水作为突破，后来是垃圾焚烧发电，之后环保行业很多的细分领域都陆续进入市场化轨道。在环境需求日益提高、环境治理更看重效果的背景下，十九大更是将生态环境治理提升到关系国计民生的千年大计的高度，代表着民众的福祉，这个时候，无论对政府还是对企业来说，环境综合服务都成为发展趋势，有实力的企业自然寻求产业链和业务领域的延伸。

中国唯一一个主业为节能环保的企业——中国节能——的发展就更好体现了这一过程。中国节能从国家发展和改革委员会的能源投资公司衍生而来，从20世纪90年代开始，一路上不断地整合各种资源：跟上海实业控股有限公司合资成立中环保水务投资有限公司，组建中节能环保装备股份有限公司，成立中节能大地环境修复有限公司等。目前为止，中国节能环保集团已经成为我国环保产业链和服务链最齐备的公司，参与了环境产业各个节点的发展。近年受到国务院的委托，在三峡集团之外，被委以重任，以固废处理为主参与长江大保护。

未来的趋势就是要求治理公司，要从环境治理全产业链着手，从项目到区域、到城市，有一个系统的思考，提出面向效果的解决方案。在这个时代，环境治理，不再是污水处理、污泥处置、垃圾焚烧等单元服务，而是要从人民可感知的环境效果出发，提供服务。

〜〜 以人民为中心，加强社会沟通

继续转回垃圾焚烧领域，步入后垃圾分类时代，在这种基于自身业务的拓展之外，与民众的关系，以及沟通互动方式的调整，成为垃圾焚烧市场一个重要的变化。

2017年年初，环境保护部开始组织在垃圾焚烧发电行业开展"装、树、联"（所谓"装、树、联"，就是所有垃圾焚烧企业都要安装污染源监控设备，实时监测污染物的排放情况；都要在显著位置设立显示屏，将污染排放数据实时公开；企业的自动监控系统都要与环保部门联网），以全面提升垃圾焚烧发电行业的环境管理整体水平，增进"政企民"之间互信，破解邻避效应。

事实上，很多富于远见的领军企业在更早时间已经在信息公开和民众沟通方面做了很多功课。

也许是因为央企出身，中国节能全资子公司中国环境保护公司一直以来就高度重视对公众的信息公开化，所属项目烟气排放数据均实现了与当地环保局监控中心联网，相关数据处于全天候双在线监管之中。2016年，公司组织和参与了多次让公众走进垃圾焚烧厂的参观活动，承接各类环保宣教活动1,000余项，接待社会人士和各类学生团体30,000余人次，2014和2015年度社会责任报告均被中国社会科学院社会责任研究中心评为五星级。

瀚蓝环境还叫南海发展的时候，"南海模式"以有效解决"邻避问题"而闻名全国。瀚蓝环境总裁金铎在"2016（第十届）固废战略论坛"上曾深入分享过她对于这个模式的理解。"共生"是她使用的关键词，也是未来产业发展的方向。她认为，在市场发展加速，监管趋严会成为趋势，应鼓励采用整个固废处理行业的全产业链式的生态化的产业园模式。

过去十年，固废行业属于粗放型发展，只关注企业利益，在新形势下，要从原来的邻避逐渐发展到邻利，要做到产业、资本和社区共生——通过产业共生，以专业的力量提升项目建设和运营质量；通过与资本共生，在横向把产业链做大、纵向做深；通过开放的监管、阳光的运营、有效的环保科普宣传和教育、构建"邻利型"服务设施以及社区合作，实现社区共生。

浙江杭州余杭区的九峰垃圾焚烧项目，2014年选址公示时发生了规模性群体事件，导致项目一度猝停。后来光大国际接手九峰项目，秉持群众立场，采取了一系列举措：充分明确并响应群众诉求、信守市里领导对民众的承诺，围绕周边社区、村、组开展定期会晤、定期交流，对群众关心的问题逐条梳理、共同协商、逐条解决，拉近了与群众的感情，取得了民众信任；推动政府出台一系列惠民政策、建立生态补偿机制、提供产业发展空间指标；切实落实环境保护部关于"装、树、联"工作的要求，做好村企共建。晒出指标随时接受监督，项目烟气排放指标等环保数据按小时均值在线公布。提升技术和运营能力，练好内功等一系列的做法最终收获了民众、政府和企业三方的满意。光大国际的杭州九峰项目也成为国内成功破解"邻避效应"，实现原址重启建设的垃圾焚烧发电项目典范。

为进一步提升品质，2015年8月光大国际开始部署环境信息披露"四步走"计划，在官网公开各运营项目里群众关注的排放检测数据。2015年9月10日起，按月公布各运营项目烟气、渗滤液、炉渣各项目指标的监测值，以及飞灰稳定化后的检测结果。2016年5月11日起，在按月基础上，开始公布各指标的日监测值。2017年，实现按小时均值披露烟气在线监测指标值。2018年，光大国际率先向社会公开77个环保设施，向公众开放现场观摩活动，接受民众监督。现任光大国际行政总裁王天义介绍，在项目建设与管理过程中，光大国际始终坚持"四个经得起"——经得起看（花园式环境）、经得起闻（没有异味）、经得起听（没有噪音）、经得起测（严格检测达标排放），通过这种眼见为实的开放，变民众对环保知识的不了解为了解，变民众对政府和企业的不信任为信任，变"邻避"为"邻利"，把"闲人免进"的环保封闭场所变为向市民开放的"城市客厅"。而事实证明，开放确实是最好的"润滑剂"和"化解剂"。

傅涛在"2019（第十三届）固废战略论坛"上曾对垃圾焚烧市场的变化进行了专题发言。他认为，十九大以前，院士的报告、科学检测、检测数据一直被认定是检测二噁英是否超标的标准。十九大以后，老百姓的鼻子是检验二噁英的唯一标准。老百姓是否满意、是否高兴、是否认为没有污染，是环保工作达不达标的唯一标准。人民不同于科学家、院士，不太懂环保环卫，人民就是以感知来判断，固废行业必须要面对非科学的、感情因素的所有考验。排放标准提高与监管强化、垃圾分类新时尚、"邻避效应"等，都是从以人民感知出发而产生出来的，未来也会是一个常态。

对垃圾焚烧领域来说，光大证券分析师认为，垃圾分类有利于垃圾焚烧类企业，可提高垃圾焚烧的热值，有助于项目的效能提升。他认为在垃圾分类后焚烧，可以提高热值幅度为30%~40%；按照0.4元/千瓦时的上网电价计算，在厨余垃圾全部分离后，吨垃圾发电量提升带来的营业收入增量约为15~20元/吨。同时垃圾分类也可以更有效控制二噁英的释放。如果垃圾焚烧业务效能持续提升，垃圾焚烧业绩或也将伴随着垃圾分类制度的推行而进一步提高。

傅涛介绍，一直以来，垃圾焚烧持续领跑固废产业。未来，固废市场的重心将会从单点发展到多点共荣，环卫、填埋场修复、有机垃圾处理等，将迎来新的机会。垃圾分类将彻底改变固废行业的价值链，让垃圾从混合处理走向分类处理，现在部分城市正在推进系统化管控。比如E20环境平台为太原市提供战略咨询服务时，尝试把废物处理与农业发展、园林建设、矿山修复以及其他行业发展进行协同。可以确定，以固废资产拉动为主导的时代正在过去，服务业时代正在到来，固废产业最终会进入服务业范畴。

结　语

从初期国产化突围到在政策和市场的推动下一路突进，中国的垃圾焚烧以自主创新迎来了市场的繁荣。根据E20研究院分析，随着越来越多的垃圾填埋场面临封场，未来垃圾填埋将主要作为应急手段，垃圾焚烧将成为真正的主流路线。从历年新增生活垃圾焚烧项目释放来看，2019年垃圾焚烧项目投运达到了市场的高峰。但同时，垃圾焚烧正面临多面夹击：一边是标准日趋严格，民众更加关注；一边是垃圾分类冲击，源头减量让后端面临更大压力。还有另一边，垃圾焚烧补贴"退坡"的趋势越来越不可避免。如何在这样的多重压力下，实现更高标准更高质量的建设运营，如何更好地做到变"邻避"为"邻利"，将是垃圾焚烧企业面临的主要难题和重大挑战。如傅涛所言，在"两山经济"新时代，垃圾焚烧企业需要更多的模式创新和技术创新，从人民的利益出发，不忘初心。相信2020年，必定会成为行业的分水岭。

参考文献

[1] 杨瑞雪. 光大国际：三种身份下的十年跨越. 中国固废网, 2013-02-19, http://www.solidwaste.com.cn/news/195399.html.

[2] 李晓佳. 束载、厉兵、秣马矣, 首创环境挥师出征正当时. 中国固废网, 2019-12-13, http://www.solidwaste.com.cn/news/300158.html.

[3] 砥砺奋进广东新国企 | 深能环保坚持"三高"理念化"邻避"为"邻利". 深圳国资, 2017-09-12, https://m.sohu.com/a/191532530_683703.

[4] 邵鼎. 旺能："城市矿产"的发掘者. 湖州在线—湖州日报, 2015-01-15, http://www.hz66.com/2015/0115/185773.shtml.

[5] 赵凡. 瀚蓝环境金铎：竞争加剧时代的产业共生、资本共生和社区共生. 中国固废网, 2016-12-07, http://www.solidwaste.com.cn/news/250326.html.

[6] 任萌萌. 薛涛：最好还是最坏的时代——固废产业趋势前瞻. 中国固废网, 2015-12-25, http://www.solidwaste.com.cn/news/234785.html.

[7] 郭香莲. 美欣达："7+1+N"产业布局稳步前行掘金固废市场. 中国固废网, 2019-12-18, http://www.solidwaste.com.cn/news/300413.html.

[8] 汪茵. 蛇吞象？中国天楹以88亿成交价成功收购欧洲环保企业Urbaser. 中国固废网, 2018-09-22, http://www.solidwaste.com.cn/news/281123.html.

[9] 汪茵. 三峰环境：厚积薄发, 转身垃圾发电"全能王". 中国固废网, 2018-11-30, http://www.solidwaste.com.cn/news/284120.html.

[10] 李晓佳. 王元珞：一位事业经理人的极致化追求. 中国固废网, 2015-12-07, http://www.solidwaste.com.cn/news/232728.html.

[11] 安志霞. 中国环境保护集团: 发挥央企优势, 资源整合与精耕细作齐头并进. 中国固废网, 2016-12-07, www.solidwaste.com.cn/news/250317.html.

[12] 谷林. 桑德携手清控打造更大的环境集团. 中国固废网, 2015-04-10, http://www.solidwaste.com.cn/news/223720.html.

（本章作者: 谷　林　李晓佳　汪　茵）

拨云见日：

有机垃圾处理的天时、地利与人和

我国有机垃圾处理行业起步较晚。

2007年，为兑现申奥承诺，我国首座餐厨垃圾处理厂——南宫餐厨垃圾处理厂建成投运，该处理厂主要采用好氧堆肥工艺处理奥运签约饭店及奥运场馆产生的餐厨垃圾。

2010年3月17日，《中国青年报》发表了一则关于地沟油的报道，引发了各界强烈关注。

2010年5月，国家发展和改革委员会、住房和城乡建设部、环境保护部、农业部四部委联合发布《关于组织开展城市餐厨废弃物资源化利用和无害化处理试点工作的通知》（发改办环资〔2010〕1020号），正式拉开了餐厨废弃物资源化利用和无害化处理城市试点工作的大幕。

2010年7月，国务院办公厅印发《关于加强地沟油整治和餐厨废弃物管理的意见》，严厉打击非法生产销售地沟油行为，并严防地沟油流入食品生产经营单位，重点加强餐厨废弃物从产生、收运到处理处置的管理，逐步推进餐厨废弃物的资源化利用和无害化处理。

政策的强化和社会关注的提升，让餐厨垃圾处理迎来第一轮发展热潮：一批先行者在市场积极探索，百花齐放。

但因为一些政策限制和技术、市场模式等诸多问题，行业市场的发展整体仍处于探索期，摸着石头过河，带着脚镣跳舞，跌倒了再爬起来，再跌倒再爬起来……并没有迎来污水处理或垃圾焚烧那样跨越式的突破。

　　直到2017年，国务院办公厅发布关于转发国家发展和改革委员会、住房和城乡建设部《生活垃圾分类制度实施方案》（以下简称"《方案》"）的通知。《方案》制定了生活垃圾分类制度实施的目标、垃圾分类的类别、激励机制等内容，46个城市将先行实施生活垃圾强制分类。中国进入垃圾分类"强制时代"，"两山理念"被写入中国共产党党章和十九大。

　　自2020年5月1日新版《北京市生活垃圾管理条例》实施以来，家庭厨余垃圾分出量明显增加，据统计，5月1-20日，北京家庭厨余垃圾分出量为590吨，较4月翻了一倍。2020年以来，我国各大城市陆续进入垃圾分类"强制时代"，以餐厨、厨余为主的湿垃圾处理再次成为市场风口，有机垃圾处理或许将迎来第二次发展机遇。在此背景下，一些企业也开始了面向"两山经济"的探索与实践。

先行者的探索

2010年之前，我国最早的一批餐厨垃圾处理企业已经诞生，如江苏洁净、青海洁神、宁波开诚、北京嘉博文、山东十方、青岛天人等，都在各自的区域以自己的方式进行着探索。因为政策配套尚不成熟，市场的力量尚显弱小，一切前行都显得举步维艰，一些企业也因此交了不少的"学费"。

2010年国家发展和改革委员会等部门发布《关于开始组织开展城市餐厨废物资源化利用和无害化处理试点工作的通知》，我国开始选择部分试点城市探索有机垃圾的处理处置模式，"十二五"结束后，全国累计实行5批100个餐厨垃圾项目试点城市，覆盖一、二、三线城市。

2012年国务院《"十二五"全国城镇生活垃圾无害化处理设施建设规划》，提出了"十二五"期间要建设餐厨垃圾处理设施242座。同年我国首次提出了配套技术支持规范《餐厨垃圾处理技术规范》。与此同时，各地纷纷出台地方法规保障餐厨垃圾收运体系，有机垃圾处理市场开始迎来第一个快速发展期。

行业虽有利好，但在产品的出路上，政策依旧不明朗，技术路线也都还没得到市场的验证，对于餐厨垃圾处理行业来说，大家心怀勇气和坚持，却依然是在摸着石头过河。

∞ 摸着石头过河的嘉博文

早期，中国的有机垃圾处理行业一直没有形成产业，最大的原因就是产品没有好的出路。有机垃圾经过资源化处理，最终形成的产品主要是饲料、肥料、沼气三大类别。

但因为考虑到饲料存在动物源性污染风险，肥料存在盐分过高、重金属超标等难题，农业部一直禁止有机垃圾用作饲料和肥料。沼气利用产品不存在前述问题，但相比前两种路线，沼气利用投资成本更高，而且存在沼气纯度不够，过程中还存在沼渣、沼液等二次污染难题，所以这三种技术路线均存在先天的发展障碍，无法形成良性的商业闭环。

即便如此，还是有一些企业愿意倾其所有，想要创造出一片属于自己的天地。

2005年，北京嘉博文生物科技有限公司（以下简称"嘉博文"）CEO于家伊带领团队致力科技攻关，研发出生物腐植酸肥料制造技术。该技术能把低价值的餐厨废弃物、畜禽粪便等有机废弃物，在生物腐植酸转化剂的作用下，作为一种有机土壤调理剂，用于土壤质量提升，提高化肥利用率，起到沃土、增产、改善农产品品质、降低绿地粉尘和PM2.5的作用，带动农业减排。

之后，嘉博文对苹果、草莓、葡萄、鲜桃等多个品种进行了实验，并通过一系列国家专业检测机构的检测，也得到一些行业专家的认可。

此时，国内餐厨垃圾处理设备市场竞争激烈，且利润空间越来越小，如果在设备销售之外，可以打通产品环节，或许会形成新的利润增长点。因此，向下游农业市场做产业链延伸，或许是一个不错的机遇，也是在逼仄的市场环境下的一种风险尝试和发展突围。

于家伊明白，向下游的农业延伸，并不容易！为此，于家伊亲自拜访了北京的养殖场和种植场大户。

饲料安全和食品安全是我国经济建设中的一项重大课题，2004年国家农业部出台的《动物源性饲料产品安全卫生管理办法》，已明令禁止在反刍动物饲料中添加骨肉粉、动物内脏、血粉等动物性蛋白质饲料，其主要目的是通过饲料安全工程确保动物及动物食品安全和人类健康。2018年，国务院办公厅印发《国务院办公厅关于进一步做好非洲猪瘟防控工作的通知》，全面禁止餐厨剩余物饲喂生猪。餐厨垃圾作饲料的出路被堵死。

在当时，有机饲料这一方向，既不是行业趋势，也和国家相关的政策法规相悖，但在这一方向上，嘉博文有了突破。

北京天翼生物工程有限公司（以下简称"天翼公司"），在北京市昌平区拥有150座草莓大棚，他们使用了于家伊推荐的有机肥，效果非常好。天翼公司CEO周建忠发现，用了嘉博文生物菌肥的草莓，叶片更厚更绿、果实更硬实，原本板结的土壤变得松软，甚至出现了常年不见的蚯蚓。

于是，同时兼任昌平区政协常委的周建忠向昌平区农业委员会力荐嘉博文的生物菌肥。

嘉博文向农业服务中心提出了整套方案。2005年，昌平区开始向嘉博文采购生物菌肥，足够区内每户农户施用。2006年时，昌平农业服务中心使用嘉博文的技术建了处理站。

之后，嘉博文又在北京市延庆县租了400亩土地栽种苹果，作为示范区。到了2007年的奥运果品评选赛，这种被命名为"礼炮果园"的苹果居然获得了当年的一等奖。这使得昌平区增加采购了嘉博文针对果树类的新菌肥。北京的其他郊区（县）开始效仿昌平区的做法采用嘉博文的菌肥。

嘉博文打通农业产业链的商业模式，引起了全球顶级投资集团——高盛集团的注意。2007年，高盛集团、康地集团、上海光明食品集团等共同向嘉博文注资1.65亿元。2009年，嘉博文又获得了青云创投1,170万美元投资。这些投资帮助嘉博文在发展初期获得了更多的品牌背书，以及资金助力（但这些资本后来也成为它的沉重负担和发展枷锁）。

2012年，嘉博文的生物腐植酸肥料获得了农业部颁发的当时唯一一个以餐厨废弃物为原料的土壤调理剂肥料登记证。农业部给出的评价是"开创了餐厨废弃物资源高效利用的绿色通道，积极促进了我国循环经济发展"。

2009年4月，嘉博文北京朝阳区循环经济产业园内的高安屯餐厨废弃物资源化处理中心一期工程开工建设。该厂设计能力是日处理餐厨垃圾400吨，为当时全国最大的餐厨垃圾处理厂。但是由于当时的社会环境，中小餐馆、普通居民产生的大量餐厨垃圾还没有进入集中处理的渠道，该厂投入运营之后，每天的处理量仅为数十吨，处于"半饥饿"状态。在当时，这是嘉博文的困境，也是行业的常态。仅靠企业之力难以解决，需要政府强有力的支持。同时，其技术本身存在的投资大、能耗高等一些问题，也需要不断解决和完善。

2010年"地沟油"事件爆发，国家开始重视餐厨垃圾的无害化处理，各种政策接踵而至，其中餐厨垃圾收运管制日趋严格，泔水回流餐桌渠道逐渐被堵死，极大地鼓舞了整个行业的信心。

成都是全国首批33个餐厨废弃物资源化利用和无害化处理试点城市之一，2012年10月1日《成都市餐厨垃圾管理办法》正式实施。

2013年9月1日起，成都市城管局开始分批对中心城区的餐厨垃圾实行统一收运、集中无害化处理；同时，嘉博文的成都中心城区餐厨垃圾处理厂也正式投入使用。当年年底即满产运营，每年可生产4万吨环境友好型的生物腐植酸肥料。近几年，嘉博文已在成都双流草莓、浦江猕猴桃基地进行了腐植酸肥料的应用示范。

在市场前期，嘉博文作为行业领先者，以自己的韧性和坚持，为行业发展探索着出路，也获得了自己的市场机会和市场地位。

而与嘉博文同期的领先企业，有的已经成为了"先烈"。比如江苏洁净环境科技有限公司，在2020年2月27日正式向外界宣告破产。

随着民众和政府对环境质量更高标准的要求，以及产业的进一步发展，嘉博文仍需要在技术和模式方面不断完善，接受新的挑战。

≈≈ "5,000万元的学费"与"宁波模式"

2006年，宁波出台了《宁波市餐厨垃圾管理办法》，要求餐厨垃圾产生单位必须将日常的餐厨垃圾交由指定的单位进行收运，对不执行的单位予以严厉处罚，成为全国率先统一开展餐厨垃圾集中收运处理的城市之一。

通过公开招投标，收运餐厨垃圾由取得资格许可的宁波开诚生态技术有限公司（以下简称"宁波开诚"）进行无害化处理。也是在这一年，宁波开诚筹资5,000多万元建立了国内第一个无害化、减量化、规模化、资源化、节能化的城市餐厨废弃物处理厂，日均处理规模为250吨。

"相对生活垃圾的无害化处理与资源化利用而言，餐厨垃圾处理难度更大，技术专业性更强，终端产品的市场转化更难，最终体现为运营企业生存很不易。"这是宁波开诚创始人朱华伦的感言。

显然，宁波开诚的这条路并不好走，甚至第一步就迈的举步维艰！因为饮食结构不同，国外垃圾处理的经验不能照搬，而国内没有先例可寻，宁波开诚只能边实验边实践。

这个过程，对于餐厨垃圾处理来说，真的是"谁做过谁清楚"！

"您好，我是宁波开诚负责收运餐厨……"

"出去出去，你来做什么？"

这是当时宁波开诚负责收运餐厨垃圾的工作人员与餐厅工作人员日常的对话。

虽然政府出台了相关收运政策，但还是有很多餐厅包括一些食堂并不配合。宁波开诚很快将这些情况向上级作了汇报，并请求政府协调支援。后来情况虽然有些好转，但依然不乐观。最多能象征性地收到一点点餐厨垃圾，而且还是那种混合了大量一次性餐具和其他垃圾的混合垃圾，其中包括很多塑料瓶、废纸、玻璃、酒瓶盖子等，甚至连旧铁锅、破菜刀都有。

虽然宁波开诚餐厨垃圾处理厂有自动分拣装置，但玻璃、铁器等硬物，对机器的损伤很大，就是这些"劣质"的餐厨垃圾让宁波开诚在处置时苦不堪言。

刚开始，因为上述原因，宁波开诚的垃圾处置线经常卡壳。10年时间，光在研发上的投入就达到七八千万元，设备也一次次砸掉重建。从2005年到2015年，宁波开诚先后损坏了四套生产设备，5,000万元打了水漂。宁波开诚董事长朱豪轲直言："这就是学费。"

但，5,000万的"学费"并没有白交。

经过与行业专家们的共同努力，宁波开诚终于成功研发了安全、稳定、高效的餐厨垃圾处理设备，首创了国内餐厨垃圾废水制沼气工艺，将餐厨废弃物综合利用率提高到了75%以上的极限水平，改变了传统意义上餐厨垃圾的概念，实现了循环经济的发展目标，填补了国内的空白。

对此，由清华大学固体废物控制研究所主任、博士生导师聂永丰教授等组成的鉴定委员会做出鉴定：这是国内首条日处理能力在100吨的餐厨垃圾处理成套装置，该技术为我国实行餐厨垃圾的减量化、无害化和资源化处理提供了一个可行的模式。

这个模式，也渐渐形成了具有特色的餐厨垃圾处置的"宁波模式"。很快，"宁波模式"便走向全国。

设备研发带来的不仅仅是自身处置设施的更新，也给宁波开诚带来了回报——卖设备、做工程。之后，宁波开诚向重庆市提供了全套设备，建设了重庆主城区餐厨垃圾处置工程应急系统。此后，山东临沂、内蒙古呼和浩特、浙江绍兴柯桥城区和上海浦东等纷纷"克隆""宁波模式"，采用了宁波开诚的设备和技术。

2013年5月，宁波开诚承揽了浙江慈溪市中心城区的餐厨垃圾收运处理项目，涵盖对慈溪市区的餐厨垃圾、地沟油的收集、运输与综合处理工作，该项目于2016年投产运行，2017年11月通过政府的综合验收，被称为"宁波模式"的升级版。

在"2017（第十一届）固废战略论坛"上，宁波开诚副总经理郭明龙曾说道，慈溪项目通过"环境控制设计、物料地域、垃圾来源对处理工艺影响的针对性设计、各处理单元之间通畅性设计、处理工艺细节性设计、处理工艺的冗余性设计"五大设计原则的管控，来保证系统安全环保、工艺顺畅、节能降耗、运管方便，从而保证系统稳定运行，降低运营不稳定的损失成本风险。

宁波开诚慈溪项目作为最新一代餐厨垃圾处理厂，实现了垃圾处理、污水处理、沼气发电、地沟油处理等收运、处理一体化，是宁波开诚"十年磨一剑"的成果。

同时，餐厨垃圾处理行业也正步入一个十分特殊的时期，随着全国垃圾分类强制时代来临，干湿分离成为标配，餐厨垃圾处理或将迎来一个新的阶段。

初期的蓬勃

2010年被作为餐厨垃圾处理市场发展的开始，不仅是因为地沟油事件促进了政府和社会层面对餐厨垃圾处理的重视，更是因为在这一年，国家发起了"百城试点"计划，将餐厨垃圾处理项目落地大力地向前推进了一把。

2011年，国家发展和改革委员会等部门首次公布了第一批33个餐厨垃圾无害化处理试点城市名单，之后连续四年，又先后公示了四批、累计公布了五批共100个试点城市（区），覆盖了32个省级行政区。试点启动后，各试点城市项目开始不断上马，但各地试点工作的进展却不尽如人意，大部分试点项目经营困难，首批33个试点城市，只有六个通过了验收。

2012年国务院《"十二五"全国城市生活垃圾无害化处理设施建设规划》更是提出"十二五"期间要建设餐厨垃圾处理设施242座。同年，我国首次出台了配套技术支持规范《餐厨垃圾处理技术规范》，与此同时，各地也纷纷出台地方法规保障餐厨垃圾收运体系。

到"十二五"结束，全国累计实行五批100个餐厨垃圾项目试点城市，覆盖一、二、三线城市。在五批试点城市项目中，国家发展和改革委员会补贴了约20多亿元，也撬动了约80亿元社会资本进入，行业一时欣欣向荣，有机垃圾处理市场迎来初期的蓬勃。

≋ 普拉克的第四个苹果

2009年世界环境日，与中国最早建交的西方国家瑞典的驻华大使，带着三家公司前来重庆访问，这三家公司分别是阿克森公司、普拉克环保系统有限公司（以下简称"普拉克"）和腾博公司。

在接受专访时，大使先生表示，此次前来重庆的主要职责是推动中瑞的汽车业合作，但瑞典更乐意加强与重庆在环保方面的合作，并愿意提供先进的环保技术和经验。

而跟着大使前来访问的普拉克，在这方面就有丰富的经验和先进的技术。

"你有情我有意"，瑞典大使访渝，直接促成了普拉克和重庆市环卫控股集团的合作，并计划建设一个日处理500吨餐厨垃圾的处理厂，这个处理厂就是重庆黑石子餐厨垃圾处理厂，也是中国最早的餐厨垃圾处理厂之一。

2009年，重庆市政府为配合餐厨垃圾处理厂的收运工作，配套出台了《重庆市餐厨垃圾管理办法》，率先开始对餐厨垃圾进行集中收运和处理。

2010年3月，全国各地接连爆出地沟油回流餐桌等恶性事件，政府开始对餐厨垃圾处理高度重视，出台各种政策，鼓励各地方政府和企业参与对餐厨垃圾的无害化处理，特别是像重庆这种餐饮业比较发达的城市。

2011年，重庆入选国家首批餐厨垃圾处理试点城市。

当时，重庆市政协委员、市环卫集团董事长张兴庆，拿着一张江北黑石子餐厨垃圾综合处理厂扩建的效果图面对媒体说道，"重庆将在全国率先开建地沟油处理厂。"这就是黑石子餐厨垃圾处理厂的二期项目。

2011年7月8日，中瑞合作项目重庆市主城区餐厨垃圾处理二期工程项目签约仪式在市外侨办举行。张兴庆谈到，"要是当时重庆没有这么早地运作这个项目，可能就是其他城市享受国家的专项扶持了。"该项目引起了国家的高度重视，国家发展和改革委员会对其进行资金配套，科技部将这个项目列入了科技支持计划并进行资助，国债资金、三峡规划资金也都对这个项目给予了扶持。

能获得如此多的支持，这与普拉克的餐厨垃圾处理能力密不可分。普拉克在世界范围内有多个餐厨垃圾、生活垃圾及污泥处理的成功案例，连续多年被中国固废网评为"行业年度有机废弃物处理领域厌氧技术解决方案领跑者"。

在"2013（第六届）固废战略论坛"上，普拉克环保系统（北京）有限公司总经理赵英杰就对该项目做了介绍。

重庆黑石子餐厨垃圾处理项目分为四期，一期项目已在运行，处理量为167吨/日，沼气产气量目前达到11,000~13,000立方米/日；二、三期正在厌氧系统调试中，含有原生垃圾预处理除油系统，处理量为333吨/日，沼气产量为26,000立方米/日，四期工程计划将沼气提纯成车用燃气。

普拉克餐厨垃圾厌氧消化可以实现厌氧高温消化，与连续除油工艺结合更能节约能耗，可有效利用除油后的垃圾余热回收能量。普拉克致力于利用沼气提纯工艺将餐厨垃圾转化成车用燃气，可将60%~70%的甲烷提纯至＞99%，实现成熟的天然气净化技术。

赵英杰用苹果的故事表达了普拉克的愿景与追求：世界上有四个特殊的苹果：第一个苹果诱惑了亚当和夏娃；第二个苹果砸中了牛顿；第三个苹果被乔布斯咬了一口；普拉克已经找到开启餐厨垃圾处理领域第四个苹果的钥匙。不仅实现餐厨垃圾处理的无害化、减量化、资源化，并将实现餐厨垃圾能源化，用"烂苹果"（垃圾）创造价值，实现人类可持续发展。

≈≈ 蓝德环保与协同处理

针对目前我国有机垃圾处理技术存在的问题，一些新的技术也已经逐步拓展，《"十三五"全国城镇生活垃圾无害化处理设施建设规划（征求意见稿）》提出鼓励餐厨垃圾与其他有机可降解垃圾联合处理的意见，而且新的《中华人民共和国固体废物污染环境防治法》中也明确提到了有机垃圾的协同处理。

在厌氧消化技术中，将餐厨垃圾与其他有机垃圾、污泥、畜禽粪便等协同厌氧处理，既可调节碳氮比、保证餐厨垃圾的处理量，也可以增加后端产品的收入，还能更好地推动有机垃圾无害化处理行业的快速发展。

对于有机垃圾的协同处理，蓝德环保早就开始了实践。

蓝德环保科技集团股份有限公司（以下简称"蓝德环保"）成立于2004年，业务涵盖有机垃圾综合处理、设备制造、垃圾渗滤液处理、农村废弃物处理、咨询服务等，有机垃圾无害化处理规模已超过3,000吨/日。

蓝德环保董事长施军营在接受中国水网采访时说道，有机垃圾处置目前真正的问题不是技术问题，而是商业模式问题。

"蓝德环保所有有机垃圾处理项目，能够盈利的规模都在200吨以上。100吨和1,000吨的投资并没有核心区别，都需要处理水、废渣、臭气等，因此，导致了有机垃圾处置单吨投资成本和单吨运营成本居高不下。"施军营坦言。

在无废城市建设和垃圾分类的全面展开下，厨余垃圾结合餐厨、市政污泥、市政粪便、园林等其他类有机垃圾的共性，将其进行集中综合处理，增大了处理规模，降低了单位投资成本和运行成本。

"有机垃圾协同处理是有机垃圾处理未来的发展方向"，施军营和他的蓝德环保对此深信不疑。

2013年蓝德环保中标全国第一个垃圾分类的厨余垃圾处理项目，是干法运行厌氧装置的全国第一例。

2015年年末开工建设的江苏省泰州餐厨与污泥的有机垃圾综合处理系统，是中国第一个五种有机垃圾集中综合协同处理的项目。该项目五种有机垃圾处理能力分别为餐厨废弃物220吨/日、厨余垃圾50吨/日、市政污泥100吨/日（80%含水率）、粪渣15吨/日、地沟油30吨/日，补贴价格均为198.5元/吨；园林垃圾15吨/日，补贴价格为145元/吨。

施军营在E20环境平台主办的"2019有机固废资源化论坛"上，对蓝德环保的有机废弃物综合处理技术应用做了阐述。他介绍，该项目采用"多线预处理+厌氧发酵"的工艺，对餐饮垃圾、粪污、污泥、园林垃圾、厨余垃圾等有机垃圾分别进行预处理后，共混进入发酵系统进行发酵产沼。

各种有机垃圾集中统一处理成为新趋势，泰州项目只是开始。接下来，蓝德环保还将有机废弃物综合处理技术应用到了广西南宁、河南邯郸、贵州贵阳等多个有机垃圾处理项目。其中，广西南宁餐厨废弃物和无害化处理厂BOT项目作为行业优秀案例，被看作南宁餐厨项目系统高效的收运体系与成熟的处理工艺的典型代表，获得了广泛认可与赞许。

≈ 三上央视的朗坤环境

一家有机垃圾处理企业，两年三次被中央电视台重点栏目报道播出。

2018年3月，中央电视台财经频道《经济信息联播》"两会特别报道—财经观察"专题里，深圳市朗坤环境集团股份有限公司（以下简称"朗坤环境"）广州东部生物质综合处理厂作为广东省重点推介的PPP样本及创新生态环境园模式受到重点报道。

2019年7月8日，朗坤环境再次亮相中央电视台，以专业企业的身份，获得《焦点访谈》栏目的报道。节目对朗坤环境厨余垃圾的高效分类技术进行了解读。

2019年9月22日，中央电视台《新闻联播》以"多策并举，打通垃圾分类全链条"为题，报道了广东省生活垃圾分类体系的建设情况，并重点展示了由朗坤环境投资、建设、运营的广州东部生物质综合处理厂。

朗坤环境，到底是什么来头？

这不得不提起2013年震惊全国的"黄浦江万头死猪漂浮"事件。那时，病死猪的话题成为了人们议论的焦点。没过多久，长江宜昌段流域再次出现"猪漂流"现象，大量死猪抛江、高度腐烂、臭气熏天。"死猪投江"频发，让民众很是忧虑与担心。

畜牧部门要求，对死猪必须进行无害化处理如掩埋等。早在2011年7月，国家就给予每头80元的无害化处理补助经费。但想领取这些钱颇多周折，需向省市相关部门一级级申请，补贴发放往往耗时很久。养殖户认为，这样做不仅费时费力，还需购买消毒用品，不如将病死猪一扔了之。

为了处理好该事件，除了当地政府积极配合外，朗坤环境也格外重视，投入巨资。

在这样的背景下，2013年7月8日，朗坤环境有机废物事业部成功中标嘉兴海盐县动物固废（病死禽畜）卫生处理中心项目。据了解，该中心总投资3,682万元，占地6,515平方米，采用高温干化处理技术，年处理能力可达3,000吨。

政企联手，死猪尽收！那些拥有病死猪的农户，只需要打个电话，朗坤环境就会很快派专人上门收猪，并且每头死猪还给补贴5元钱。因为解决了社会热点问题，朗坤环境名声大噪，成为中国病死畜禽无害化处理领域公认的领先企业。

早在2000年，朗坤环境就已经开始了对包括餐厨垃圾、病死畜禽等在内的城市有机废物资源化利用与处理处置系统的研究工作，是国内第一家采用完全资源化工艺处理城市有机废物的企业。在技术创新的道路上，朗坤环境一直没有止步过，取得了国家专利等多项领先优势，不仅在工艺创新上做了非常多的研究与投入，在设备应用的细节之上也进行了创新和改造。

2009年，由朗坤环境提供整体技术服务及运营五年的深圳市卫生处理厂建成投产，成为全国第一个全自动化操作的病死畜禽无害化处理项目，最大处理能力达57吨/日，是国内病死畜禽无害化处理的标杆项目，也是深圳市的环境卫生教育示范基地。

2019年，国务院办公厅印发《"无废城市"建设试点工作方案》，要求稳步推进"无废城市"建设试点工作。

由于湿垃圾中水分含量高，如果和生活垃圾混合进行焚烧，会导致入炉垃圾热值降低，燃烧不充分，产生有毒气体，降低焚烧效率，所以生活垃圾焚烧厂不愿意接收湿垃圾，但湿垃圾中蕴藏大量生物质能，可以通过生物质综合处理厂进行减量化、资源化处理。

所以，在很多城市规划中，生物质综合处理厂与城市生活垃圾焚烧厂一并成为了垃圾分类处理方面的重要环节。朗坤环境就通过生物质综合处理工艺，将餐饮垃圾、厨余垃圾等湿垃圾中的生物质能源逐渐转化为可利用的固态、液态、气态能源及电能。

2019年7月31日，由朗坤环境投资、建设、运营的广州东部生物质综合处理厂举行投产启动活动。项目总体投资约为8.5亿元，是广州市生活垃圾分类处理最重要的生化处理设施之一，全球最大的城市有机垃圾处理项目，同时也是国内首个集餐饮垃圾、厨余垃圾、动物固废、粪污处理及生物柴油制备、沼气发电为一体的综合有机垃圾处理项目。项目处理规模为每天2,040吨，包含餐饮垃圾400吨、厨余垃圾600吨、粪污1,000吨、动物固废40吨。项目很好地实现了资源循环利用，技术方面达到国际领先水平，因此备受关注。

目前，朗坤环境主要服务于大湾区，并拥有广泛的全国性覆盖范围，涵盖浙江省、江苏省、广西壮族自治区、湖南省及江西省，已经成为中国最大的动物固体废弃物处理服务提供商（日处理能力为480吨），以及大湾区最大的餐厨垃圾处理服务提供商（日处理能力为1,830吨）。2019年6月12日，朗坤环境向香港证券交易所递交了IPO申请表。12月17日，再次向香港证券交易所创业板递交上市申请。

最好的时代

随着中国城镇化人口水平不断提升，生活垃圾产生量日益增加。以全国城镇人口8.21亿，人均产生生活垃圾按1千克/日计，全国每年产生生活垃圾约3亿吨；垃圾分类后，分出厨余垃圾约为生活垃圾的20%~30%，按30%计，全国每年产生厨余垃圾约9,000万吨。2017年国家出台文件，将在46个城市先行实施生活垃圾强制分类。被媒体称为：中国进入垃圾分类"强制时代"。尤其随着2019年上海强制垃圾分类措施启动，以及中央数次对垃圾分类的强调，垃圾分类开始在中国如火如荼。

与垃圾分类相应的，是末端的处理处置，配合前端餐厨和厨余垃圾的单独收集，一批以餐厨厨余垃圾为主的有机垃圾处理项目纷纷立项、建设、启动。这些项目不仅承担着分类垃圾处理的责任，而且是我国生态文明和"两山建设"的重要手段。

城市分类有机垃圾处理行业经过五批100个餐厨废弃物试点城市项目以及46个垃圾分类先行城市项目的建设，已经拥有相对成熟的机械、生物处置技术和具有丰富经验的相关人才，将有力推动城市分类有机垃圾处理行业的高速发展。

在垃圾分类的新背景下，有机垃圾处理进入第二轮快速发展期。

≋ 首创环境的宁波试点

浙江宁波是国内首个利用世界银行贷款进行生活垃圾分类的城市。在"2019（第二届）环卫一体化高峰论坛"上，宁波市生活垃圾分类指导中心主任余宁说道："宁波市从2011年开始谋划利用世界银行贷款开展生活垃圾分类工作，2013年出台了生活垃圾分类第一个五年实施方案，并于2013年7月以世界银行贷款宁波市城镇生活废弃物收集循环利用示范项目为载体，开始全面推行生活垃圾分类工作。"

世界银行贷款宁波市城镇生活废弃物收集循环利用示范项目总投资15.26亿元，其中世界银行贷款8,000万美元，宁波市世界银行贷款厨余垃圾处理项目（以下简称"宁波厨余垃圾处理项目"）就是该示范项目的子项目，被国家发展和改革委员会、财政部列为PPP示范项目，承担着宁波市推行生活垃圾分类投放、分类收运和分类处置体系的重要环节，同时也是实现分类后厨余垃圾减量化、资源化、无害化处理的重要保障。

2015年7月，宁波市政府决定宁波厨余垃圾处理项目按PPP模式实施。11月10日发布技术方案征集及资格预审公告，包含首创环境、中国节能、启迪桑德、蓝德环保、瀚蓝环境股份有限公司等在内的17家社会资本报名，11家参加投标，八家通过资格预审。

最终，首创环境控股有限公司（以下简称"首创环境"）以198元/吨的处理单价中标。这是国内首个PPP模式厨余垃圾处理项目，设计日处理规模800吨，分两期实施，一期处理规模为400吨。

就处理工艺而言，国内厨余垃圾处理不像垃圾焚烧厂那样成熟，技术路线五花八门，有干式、湿式、高温、中温、低温等，如果把技术路径"定死"，社会资本方就没有办法发挥自身优势，因此该项目采用三阶段招标。

宁波厨余垃圾处理项目负责人李德健回忆说，该项目之所以能成为示范项目案例，也得益于宁波市政府理念的转变。

项目主要工艺分为预处理、厌氧、沼气净化提纯、污水处理、沼渣堆肥以及除臭六部分。首创环境副总裁胡再春回想该项目从设计、建设、投资以及运营的过程时坦言："早年间，首创环境将厨余垃圾处理的技术先从欧洲引进来，在此基础上进行了国产化改进。在厌氧系统的搅拌、预处理后沼渣的处理、系统的衔接等方面，做了大量工作，正是凭借这些技术积累，首创环境才有机会中标这个项目。"

当时，国内餐余垃圾PPP项目，几乎没什么经验可以照搬，首创环境能够在宁波做出自己的特色，稳定达标运营，后端沼气提纯进入天然气管网系统，实属不易，对全国餐厨垃圾分类的PPP项目都有很强的借鉴意义。

世界银行和宁波合作的项目不仅得到世界银行资金和技术支持，更给当地环保项目带来了理念的蜕变，给当地百姓的生活也带来便利。

"在宁波厨余垃圾处理项目刚投产的时候，我们还有疑虑，怕对我们的生活造成影响。现在，处理厂建成了，反而给我们带来了这么多的便利，我们每天晚饭后都带着孩子在厂子里遛弯。"家住附近的宣裴村村民刘元说。

为更好地贯彻绿色环保理念，首创环境宁波项目还建设有屋顶光伏发电1,800平方米、环保教育展厅600平方米，充分体现了绿色节能环保主题，获得绿色建筑三星设计标识，并获得全球环境基金赠款70万美元的支持。

薛涛是宁波厨余垃圾处理项目的亲身参与人之一，受财政部PPP中心推荐作为本项目的组长，有幸全程参与本项目。他对此做出评价："宁波厨余垃圾处理项目是首个真正意义上的厨余垃圾全循环单元型处理厂，对于分类收集后的400吨湿垃圾要求零填埋零燃烧全循环，无论前端分选还是后端处置，技术难度都不小，首创环境与中国市政工程华北设计研究总院有限公司组合，如果顺利实现项目目标，在全国大力推进垃圾分类的大形势下将有领先意义。"

此外，在"2019有机固废资源化论坛"上，苏州嘉诺环境工程有限公司（以下简称"嘉诺环境"）设计研究院副院长严峥介绍了宁波厨余垃圾处理项目中所应用的前端分选设备。严峥提到，作为机械生物处理的前置关键环节，目的是把有机质更好地筛分出来，进料决定出料，堆肥产品的品质与进料物料的品质密切相关。

宁波厨余垃圾处理项目采用机械分选+厌氧产气+好氧干化堆肥模式。

嘉诺环境智能分选机器人将AI技术与传统的垃圾分拣有机结合，通过视觉识别及AI智能学习，准确地抓取物料。智能分选机器人具备视觉识别进化的能力，识别的物料越多，收集的信息也会越多，抓取的精度越高。通过云端的共享，某台智能分选机器人的识别信息可以被分享给另外一台分选机器人，最终高精度、高效率地完成垃圾分拣工作。

严峥认为，工艺或者设备的设计要以低噪声、低排放、低能耗为设计依据。从智能方面而言，要迎合AI技术发展方向，深耕传统，放眼未来，将智慧工厂的理念融入垃圾处理厂的设计、建设、管理及运营中。

宁波厨余垃圾处理项目最大亮点在于协同处理，依托园区内的焚烧厂，厨余垃圾筛分出来的可燃物可以直接进行焚烧处理，同时厨余垃圾处理厂内的污水处理系统协同处理园区内餐厨垃圾处理厂产生的污水。由于沼气经过提纯后直接并网销售，厌氧工艺所需要的热能则由园区内的餐厨处理厂提供，从而实现垃圾不出园，出园皆有利的

"宁波模式"。

值得一提的是，世界银行项目对系统性的重视在宁波项目中体现得淋漓尽致，包括之后由E20研究院继续承担研究的垃圾分类制度下的垃圾收费制度，具有重要的意义。

〰️ 桑德的固废大循环

在"2017（第十一届）固废战略论坛"中，桑德集团董事长文一波表示，桑德集团正在尝试新一轮的创新——在固废行业建立一个更大的循环圈。

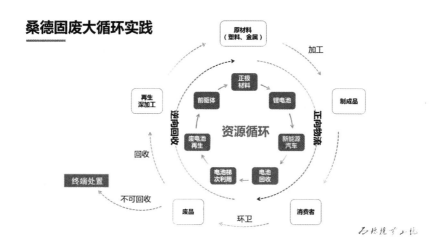

文一波设想的桑德固废大循环模式

桑德环境资源股份有限公司（以下简称"桑德环境"）是桑德集团的固废处理平台，成立于1993年，至今已走过了近三十年的发展历程，在水务、固废处理、新能源等领域不断积累经验、开拓创新，为产业发展提供了大量可借鉴模式，也是中国最早的有机垃圾处理企业之一。

在垃圾分类的大背景下，文一波说："只要勇于打开一扇窗，就会有巨大的机会。"文一波口中的那扇"窗"就是固废行业的大循环圈，而垃圾分类和互联网就是这个大循环的入口。

我国垃圾分类有两个痛点，一是源头分类，二是终端处置。有的地方推行很久仍然无法提升分类效率；而有的地方在小区分类了，离开小区却又倒进一个车里送到填埋场。

在文一波看来，要解决垃圾分类问题，首先要回答"垃圾分类到底要分出什么东西"。是干湿分离还是越细越好？分开后，后面还有没有相应的终端处置？

垃圾分类源头分类看似简单，但要从源头到终端、从社区到市场将逻辑理通，就需要政府支持、群众参与、市场机制等各项因素。在这个端口，启迪桑德（2015年，清华系入主后桑德环境后，桑德环境改名为"启迪桑德环境资源股份有限公司"，以下简称"启迪桑德"。文一波兼任启迪桑德董事长，后于2019年辞任）尝试以"好嘞亭"的形式，结合互联网+的智慧环卫手段，实现垃圾分类和收运环节的业务整合。

基于前述两个入口，启德桑德收到了大量餐厨垃圾、干垃圾、湿垃圾。文一波认为，如果要做城市垃圾分类，却没有湿垃圾处理手段、没有有机废弃物处理设施，是不行的。这些餐厨垃圾需要一个最终的去处。

如第二批试点城市浙江省金华市的餐厨废弃物资源化利用和无害化处理项目，处理对象为餐厨垃圾；第一批试点城市成都市中心城区的餐厨垃圾无害化处理项目（二期），处理对象对餐厨垃圾和地沟油垃圾，处理规模330吨/日；第四批试点城市黑龙江省齐齐哈尔市的餐厨废弃物资源化利用和无害化处理项目，处理对象为餐厨垃圾和污泥，处理规模200吨/日；北京市阿苏卫生活垃圾综合处理厂，处理对象为生活垃圾、厨余垃圾等。

文一波介绍："我们希望用市场化的方式，从垃圾收运、处理、终端利用进行全链条的布局。"

在上述之外，启迪桑德还做了一些综合性园区，让园区中的电能、沼气、水等物质都形成循环，最终形成固废大循环。截至2019年3月，启迪桑德拥有固废项目109个、餐厨项目18个，合计规模3,140吨/日；厨余项目一个，处理规模为300吨/日；尾菜项目一个，处理规模为1,000吨/日。

2019年4月，文一波卸任公司董事长一职。随后不久，启迪桑德改名为启迪环境科技发展股份有限公司，在固废之外，同时加速拓展水务业务。

〜〜 洁绿环境：抓住机遇的春天

北天堂——一个美丽的名字，却一度成为附近居民的噩梦。

北天堂垃圾填埋场是北京五环内唯一的垃圾处理设施，是丰台生活垃圾的集中处理点。从20世纪80年代中期一直到2002年，北京市丰台区的垃圾一直都采取自然填埋的方式，埋在北天堂地区的砂石坑内。

受当时条件限制，这些垃圾坑内没有建设任何的卫生填埋防渗、密闭等设施，产生了大量的垃圾渗滤液。这些渗滤液，除了对地下水有一定的污染，其臭味，也让周围居民不胜其扰。附近居民在回忆当时的北天堂时，直言就是一场噩梦，"臭味刺鼻，苍蝇满天飞……"

2010年以后，北京市启动非正规垃圾治理项目，丰台区开始对北天堂这个垃圾填埋场的三个填埋坑、400多万立方米的陈腐垃圾进行治理。腾出的1号坑，现在建设成了丰台区残渣填埋场；腾出的2号坑，则新建了北京洁绿环境科技股份有限公司（以下简称"洁绿环境"）丰台区循环经济产业园渗沥液处理厂。

如今，丰台区循环经济产业园区，已先后建成了预处理筛分厂、残渣填埋场、渗沥液处理厂、餐厨厨余垃圾处理厂、湿解处理厂等垃圾处理设施，改变了过去生活垃圾无序消纳的状况，进入了综合处理阶段。

洁绿环境的丰台渗沥液（也称"渗滤液"）处理厂位于北天堂村曾经的垃圾填埋场内。项目整体规划为1,200吨/日，分两期建设，其中一期600吨/日。出水稳定达到排放标准要求，被评为"中关村国家自主创新示范区产业技术联盟2013年重大应用示范项目"。

作为国内领先的渗滤液处理企业，2009年，洁绿环境就凭借渗滤液处理技术得到了业内广泛认可，同时进行的渗滤液项目达20余个，每年业绩超过3亿元。但此后十年间，洁绿的业绩却一直围绕这个数字左右打转。也有人问："作为一个中关村老牌企业，洁绿怎么一直没长大？"但洁绿环境董事长赵凤秋本人认为，维持这个体量得心应手，还能抽出时间来钻研技术、更新产品，至于能长多大，是市场的事情。

垃圾分类、无废城市等热点忽然让固废市场备受关注之后，各路大佬纷纷跨界而来，更大的市场空间被挖掘了出来。赵凤秋恍然发觉，一直内秀的洁绿，或许等到了长大的好时机。

在丰台区循环经济园日均收到2,400吨的混合垃圾中，包含了大量的餐厨垃圾。

"渗滤液与垃圾中的湿垃圾成分直接相关，从整个处理链条来看，渗滤液处理像是垃圾填埋场和垃圾焚烧项目的补丁。我们不能总是打补丁，这个问题早晚是要解决的"，赵凤秋判断，湿垃圾将成为行业下一步的治理重心。

"厨余垃圾处理市场注定大过渗滤液。"

垃圾渗滤液处理大多是垃圾处理项目的配套部分，体量有限。而厨余、污泥治理是独立的项目，需要整体解决方案，需要企业去挖掘出它的意义和价值，发挥项目在城市综合管理中的作用。

2011年起，洁绿环境开始厨余垃圾处理的技术积累。在北京的几个试点取样、分析成分、积累数据。根据实际检测数据，组建队伍开展研发，配备相应的处理技术。

2013年起，广州市开始倡导垃圾分类，但号召前端分类的同时，终端处理设施尚未开始建设。此时，洁绿的技术积累已基本完成，并有着30吨/日的中试项目。赵凤秋敏锐捕捉到了广州倡导垃圾分类后的厨余垃圾处理需求，派队去往广州，跟踪当地垃圾分类实际落地情况，定期进行取样处理试验。

"当时只是觉得它是方向，洁绿环境在广州也有渗滤液项目，所以有开展调查的基础。"赵凤秋的判断迅速有了反馈的通道。

2013年，广州市李坑厨余垃圾项目启动招标，洁绿环境联合侨银环保科技股份有限公司（以下简称"侨银股份"）等单位以联合体的形式参与了项目投标，并配合该项目做了125吨/日的中试，于2014年顺利中标。

在拿下第一单后，赵凤秋准确预测到厨余市场的难度和痛点。由于居民垃圾分类意识尚未完全形成，厨余垃圾的进料不够稳定，洁绿环境便开始着手技术升级，结合排放标准及实际进料情况改进工艺及设备，增加技术包容度。随着无废城市、垃圾分类的到来，赵凤秋意识到，机会来了。她选择了厨余垃圾作为公司新的增长点，下定决心将公司规模再翻上几番。

正是由于洁绿环境丰台渗滤液处理厂出色的表现，以及李坑厨余垃圾项目所积累的经验，2015年由洁绿环境与北京环境组成的联合体又成功中标北京市丰台区餐厨厨余垃圾处理厂特许经营项目，该项目位于北京市丰台区循环经济园内，就是以前的北天堂垃圾填埋场所在地。该项目为北京市的"折子"工程，旨在建成北京市第一个针对小区分类收集的厨余垃圾进行处理，且兼具餐厨垃圾处理的处理厂。厂区占地约27,333平方米，采用BOT运营模式。处理厂设计总规模为每日处理830吨，其中餐厨垃圾200吨、厨余垃圾600吨、废弃油脂30吨。项目于2017年10月份开始调试并投入运行。

作为当时北京市唯一一个餐厨厨余垃圾"收运处理一体化"的特许经营项目，项目采用餐厨垃圾"制浆+湿式中温厌氧发酵"和厨余垃圾"制浆+高效挤压分离+干式高温厌氧发酵"的工艺方案，充分发挥洁绿环境在高浓度有机污染物的厌氧发酵处理技术优势，实现有机污染物的最大程度减量化、稳定化和资源化。餐厨、厨余垃圾处理过程中产生的沼液及渗滤液一并送入园区渗滤液处理系统，脱水沼渣送入园区堆肥车间，残渣送入填埋场处理。

此后，洁绿环境的发展顺风顺水。2019年11月，洁绿环境又接连传来两个大项目喜讯。

一是，洁绿环境中标了安徽省滁州市生活垃圾填埋场厨余垃圾处理项目，规划厨余处理规模为600吨/日。

二是，由洁绿环境协同侨银股份、中冶南方都市环保工程技术股份有限公司共同出资建设的广州市李坑综合处理厂正式投产，这个全国最大的厨余垃圾处理项目日处理规模达1,000吨。

这两大项目进展，加上此前顺利投产的北京丰台区厨余餐厨项目，为洁绿环境的厨余垃圾市场版图布下三个据点：北京市内项目根基牢固，并辐射京津冀经济圈；安徽省滁州市项目距离南京较近，被看作安徽东向发展的桥头堡；广州市项目位于粤港澳湾区核心位置，且区域有机垃圾处理需求旺盛。这三个据点分别位于北部、中部、南部，构成洁绿拓展厨余市场的基础。

像洁绿环境这样以渗滤液处理拓展至有机垃圾处理行业的还有很多，包括国内垃圾渗滤液处理行业龙头江苏维尔利环保科技股份有限公司（以下简称"维尔利"）。

维尔利2007年通过MBO（管理者收购）脱胎于德商独资企业，继承德国WWAG公司的先进技术优势，是国内渗滤液行业绝对龙头，主营业务现已覆盖餐厨厨余垃圾处理、渗滤液处理、沼气处理、工业节能及油气回收等多元有机废弃物资源化领域。如今，国内100家餐厨垃圾试点城市中的十多个项目都使用了维尔利的"无害化、减量化、资源化、产业化"技术。有机垃圾处理在垃圾分类等一系列政策的推动下，发展尤为迅速。

〰 中源创能的模式创新

在"2019（第十三届）固废战略论坛"上薛涛曾谈到了，有机垃圾"集中"与"分散"处理技术的博弈关系，其中提到"临界点"的概念。薛涛介绍，"临界点"使得分散式处理出现规模不经济，也就是效率逐渐下降的过程。随着垃圾量继续增长至一定数量时，集中式处理便显现出来规模效应。因此有机垃圾处理的技术选择一定是一城一策、一时一策，分散与集中不是完全的对立关系，可以在其中找到合理的配置均衡点，使得分散与集中处理并存并达到效率的最大化。

北京中源创能工程技术有限公司（以下简称"中源创能"）在寻求效率最大化的道路上，一直走在前列。中源创能根据对厨余垃圾大量的探索发现，厨余垃圾的产量比餐厨垃圾更大，性质更复杂、产生更加分散。全国每天大约会产出餐厨垃圾30万吨，因为过于分散，一般不采用中转方式，而是以直运为主，所以收运成本、收运难度远高于生活垃圾。

基于以上探索和发现，中源创能总结出一条适用于厨余垃圾处理的技术路线，即规模合理、就近处理，以减量化无害化为主。

2019年7月26日，《黄山市餐厨垃圾管理办法》正式出台。安徽省黄山市是旅游城市，游客在繁荣当地经济的同时也给当地景区带来了大量的餐厨垃圾。为减少餐厨垃圾以及做好非洲猪瘟疫情防控工作，黄山市将建立中心城区餐厨垃圾无害化处理、垃圾循环利用体系作为下一步目标，计划建设一座餐厨垃圾资源化处理中心，将产生的餐厨垃圾实施无害化处理与资源化利用。这也是黄山市首个餐厨垃圾处理项目。

2019年11月，中源创能中标黄山屯溪区餐厨垃圾资源化利用及无害化处理项目。

多年来，中源创能做了大量的厨余垃圾分类处理模式实践，并连续多年跟踪调研了垃圾分类的全生命周期。截至2019年，中源创能的业务范围覆盖至15个省级行政区域，先后实施了400余个有机垃圾分散处理项目，其中包括城市餐饮服务机构餐厨垃圾就地处理、农村易腐垃圾就近分散处理、乡镇有机垃圾相对集中处理、县市有机垃圾规划布局处理等。

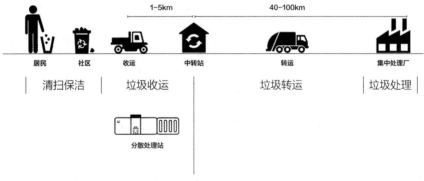

中源创能的创新业务模式

浙江省德清县是我国的垃圾分类示范县，"绿水青山就是金山银山"的发展理念在德清县早已牢固树立。中源创能的德清县项目重新构建新型的城乡垃圾分类全产业链循环模式，集有机垃圾资源化处理中心、有机垃圾产物高值利用深加工中心、有机肥农业应用示范中心、垃圾分类宣传教育中心于一体，将垃圾分类宣传教育、垃圾处理、产物深加工、资源化利用有机结合，紧密联系居民生活与垃圾分类，形成"四位一体"的综合示范性基地。

在黄山项目中，中源创能通过大量数据分析，特别为其设计了"前端分类+就近处理+末端资源回收"的系统性城市生活垃圾处理解决方案。

首先，根据整个城市人口、地域、位置、城市规划等特点，设计了项目的处理规模和发展规模，并为未来提供了升级预案和相应准备。

同时，结合现有生活垃圾收运处理体系，基于优化分散式有机垃圾收集—运输路径，中源创能选择了七个地方作为餐厨垃圾处理的分中心，实现小型生态资源化利用站（0.3~0.5吨/日）、大型生态资源化处理中心（10~20吨/日）的分散式处理网络，覆盖城区及周边乡镇，不仅实现了规模化运行，把分散在各镇（街道）的管理职能有机整合起来，确保整改城市的垃圾资源化处理中心高效、顺利运行。

经过七个分中心所处理的餐厨垃圾，最终产出物符合《农业标准商品有机肥料标准》（NY525-2012），可回归农田实现有机肥的回收与利用。部分有机肥再运送至屯溪区餐厨垃圾处理中心，用于中心大棚蔬菜的种植，可再回到居民的餐桌。在这个过程里，既减少了臭味，又减少了各分中心负责区域的餐厨运输量，大大节约了运输成本，同时，解决了产品的出路问题。

整体上，项目的规划设计跨越了简单的垃圾无害化处理模式，通过技术的升级与模式的创新，构建新型的城乡垃圾分类全产业链循环模式，成为屯溪区有机垃圾资源化生态综合体示范基地，也被称为"有机垃圾处理概念厂"，是一座面向未来的垃圾分类处理中心，采用了清华大学环境学院研发的最新技术，代表了行业最领先水平，形成一条有机垃圾从分类收集到处理、利用、推广的全产业链模式。

黄山屯溪区餐厨垃圾资源化利用及无害化处理项目占地约6,600

平方米，设计研究垃圾日处理规模为40吨。包括一座面向城区餐饮单位产生的餐厨垃圾的有机垃圾资源化处理中心、一座有机肥农业应用示范体验中心、一座污水处理系统、一座面向全市人民群众的垃圾分类宣传教育中心。形成餐厨垃圾"规范化、无害化、减量化、资源化"的四化循环收运处理体系，实现垃圾"产生于大自然，回归于大自然"。

中源创能基于城乡总体规划，探索了多种有机废弃物收集—处理—管理的综合处理模式，而每一种都具有较强的可复制性。黄山项目模式或将成为引领安徽乃至全国垃圾处理分类普及工作的典范，势必会对下一阶段我国垃圾分类的全面推广提供良好的示范。

结　语

随着餐厨垃圾处理政策的推进，和市场的发展，已经逐渐形成以地方政府主导、企业运作、产生单位参与、收运一体化的模式，餐厨废弃物无害化处理和资源化利用的产业链也逐步打通，并向农业等环节延展。

从最初的试点到如今的遍地开花，体现了有机垃圾企业及从业人员的不懈努力，通过开展试点项目不断探索适宜餐厨废弃物资源化利用和无害化处理的技术，提升餐厨垃圾管理水平，增强资源化、无害化处理的能力，走出了一条符合实际的有机垃圾管理路子，并朝着"无废化"的城市愿景不断迈进。

目前，全国每年产生厨余垃圾约9,000万吨，每天约25万吨，实际清运量约20万吨/日，而每天（包含在建）的厨余垃圾处理能力仅为3.2万吨/日，缺口很大！有机垃圾处理处置之路，仍任重道远！

但垃圾分类"强制时代"的到来，也必将进一步促进有机垃圾末端处理处置的市场需求。正如2017年薛涛在固废战略论坛上所说，固废产业即将进入合久必分的3.0时代，我们可以期待，有机垃圾处理行业正进入一个新的发展周期，或将迎来新的发展高潮！

参考文献

[1]边城雨.餐厨垃圾处置"宁波模式"走向全国.《宁波晚报》,2014年.

[2]杨瑞雪.普拉克:餐厨垃圾能源化第四个"苹果"的钥匙.中国固废网,
2013-01-12,http://www.solidwaste.com.cn/news/194729.html.

[3]徐冰冰.蓝德环保施军营:有机废弃物综合处理技术的应用.中国固废
网,2019-07-04,http://www.solidwaste.com.cn/news/293356.html.

[4]周文.带你了解全球最大的城市有机垃圾处理项目.中国固废网,2019-
08-05,http://www.solidwaste.com.cn/news/294616.html.

[5]赵凡.嘉诺环境严峥:有机垃圾处理市场洞察"六看".中国固废网,
2019-07-05,http://www.solidwaste.com.cn/news/293442.html.

[6]李艳茹.文一波:两网融合下的固废行业大循环.中国固废网,2017-12-
16,http://www.solidwaste.com.cn/news/268048.html.

[7]李少甫.破题垃圾收费难:宁波生活垃圾处理收费机制研究项目启动.中
国固废网,2017-09-28,http://www.solidwaste.com.cn/news/264372.html.

[8]陈荞.北京清理400万立方垃圾大坑挖出垃圾筛分处理.《京华时报》,2013年.

[9]潘功,李少甫,刘琪,等.薛涛年度报告(下):垃圾分类之辩——四大博弈红蓝
交织中.中国固废网,2020-01-19,http://www.solidwaste.com.cn/news/301866.html.

[10]李少甫,丁宁,刘琪.薛涛:合久必分、分久必合——垃圾分类下的固废产业新
格局.中国固废网,2018-01-01,http://www.solidwaste.com.cn/news/268757.html.

(本章作者:陈伟浩　谷　林)

七 风起云涌：

环卫市场的前世今生

傅涛曾指出："十年以前没有人认为环卫可以做成产业，现在环卫变成了大家抢着做的行业。"

十多年间，环卫行业从寂寂无声到声名鹊起，从低速到高速，从小且散到不断聚集，从"小环卫"到"大环卫"，从与其他领域浅交集到不断走向融合，从无典型模式到各类模式独树一帜，从不被资本关注的角落起飞到被资本市场青睐有加，环卫市场正迎来无比宽阔的发展前景。

薛涛在"2019（第十三届）固废战略论坛"上总结："环卫业务发展初期是固废行业1.0时代，城市刚刚发展，其目标仅需要达到小时空的无害，也就是卫生保洁。20世纪90年代以后，进入环保年代，焚烧兴起，追求无害化、稳定化和减量化，也就是固废行业的2.0时代。我们现在追求有多米诺效应的长时空下的安全，也就是固废行业3.0时代所带来的生态要求：源头减量、减少使用、加强循环等要求，行业发展目标进入生态级别。"

本篇在专家定论的基础上聚焦从1.0版清洁卫生延续而下的环卫历史脉络，考虑到近年兴起的垃圾分类并非如垃圾末端处理那样附着于清洁卫生，而是与传统清扫、保洁、收运有着复杂的关系，文章也将穿插垃圾分类。

本篇叙述将沿着这条线的演化抽丝剥茧，聚焦环卫作业升级变化，以及环卫服务市场化来展现环卫市场的逆袭之路，着墨那些已经发生以及正在发生的精彩瞬间，尝试从别人的故事中看自己。

前　世

从"一把扫帚"到"环卫机械化作业"，从"统管包办、政事合一、政企不分"到"政事分开、管干分离"的市场化，环卫逐渐开启了"星星之火，可以燎原"的态势，在这一阶段，环卫市场化初见端倪，北京环卫（前身）、侨银股份、劲旅环境等在此期间应运而生。

这些为数不多的环卫企业像极了初春时寂寞荒原上几颗破土而出的嫩芽，十多年后，环卫市场萌发的嫩芽已然成长为参天大树，并在环保行业整体陷于发展低迷之时，成为业界侧目的"靓丽风景"。

这也让人不禁心生疑问，难道世界真有未卜先知？究竟是无心插柳柳成荫还是有心人抢占先机。本篇的实例证明：如果没有灵敏的商业嗅觉、没有深刻的行业认识，即使企业身处其中，也不会演绎出华丽的今生。

〰️ 一把扫帚扫大街

作为一名"80后"，对环卫最初的理解大概始于这样的场景：

当你不认真读书时，总会有家长或者其他长辈站出来数落一番：看见没？再不好好学习，长大后就只能拿着一把扫帚扫大街。然而与之形成鲜明对比的是那时小学语文课本里的一则故事：《温暖》。

天快亮了，敬爱的周总理走出人民大会堂。他为国家为人民又工作了整整一夜。

周总理刚要上车，看见远处有一位清洁工人正在清扫街道。他走过去，紧紧握住工人的手，亲切地说："同志，你辛苦了，人民感谢你。"清洁工人望着敬爱的周总理，激动得说不出话来。

一阵秋风吹过，从树上落下几片黄叶。深秋的清晨是寒冷的，周总理却送来了春天的温暖。

当时读完也疑惑，课本上的清洁工人与被人说到的、看到的不太一样，清洁工人也会收到国家总理的问候。长大后才读懂环卫工人的不易，不论风吹雨淋，一直有这么一群人在默默坚守工作岗位，也才明白，你扔掉的纸屑和垃圾原来被他们藏起来了。在普通人熟睡时，有这么一群可爱的人，他们在错峰工作。正是因为他们的坚守，才有整洁明亮的学习、生活和工作环境。

新中国成立后，在少数大城市中拿着扫帚扫大街的景象并没有持续那么长时间。一则《北京环卫集团引领四次道路作业革命》（以下简称《四次道路作业革命》）的文章系统讲述了环卫机械替代扫帚扫大街以及环卫机械化的几次演变。

大城市环卫工人手拿扫帚扫大街大概在1960年之前，在此之后，随着越来越多的人进入城市工作生活、车辆越来越多、城市道路越来越多，用扫帚扫大街的人力模式已经不再适合卫生清扫。

1963年，北京市清洁车辆大修厂研制了拖带扫路车，揭开了我国道路清扫保洁机械化作业的序幕。尽管一辆车相当于20个人的作业效率，但是由于存在扬尘等缺陷问题，这类环卫车当时并未在全国大规模投入使用。虽然受制于诸多原因，20世纪60年代开启的道路保洁机械化作业并未实现大规模应用，但是不再依靠一把扫帚搞卫生却已成为趋势。

环卫作业的机械化改良从未停下脚步。改革开放后，城市面貌迎来新变化，居民对城市环境卫生又有了新要求。

在《四次道路作业革命》的记载中，20世纪80年代末，我国第一代吸扫式清扫车研制成功，这类清扫车避免了大量扬尘的出现，并率先在北京城区主干路应用。90年代末，在道路清扫的同时，环卫部门又出动水车对主要道路进行冲刷、洒水降尘，将其作为一种道路作业工艺辅助机械清扫车辆提高作业效率，并达到无尘化清扫作业的目的。同时期，环卫作业机械化清扫开始在全国推广应用。

环卫行业拉开市场化序幕

时间继续向后移动，尽管环卫机械化作业已开始逐渐普及，环卫给人的印象仍多是扫大街。伴随环卫作业面积的不断扩大以及经济发展水平的继续提高，原有的环卫体制机制越来越不能适应当时环境发展的需求，北京开始率先进行环卫改制。

2000年，按照"政事分开、管干分离"的原则，北京市对环卫体制和运行机制进行了改革，原北京市环境卫生管理局所承担的市容环境卫生的行政管理职能划入北京市市政市容管理委员会。北京市市政市容管理委员会负责北京市城市市政基础设施公用事业、环境卫生和城市市容环境综合整治以及城市管理和执法。

2001年12月，北京市三个区域性垃圾清运处理公司（北京市一清、二清、四清环卫工程集团有限责任公司）和一个机械清扫公司（北京市北清机扫集团有限责任公司）正式挂牌。三个环卫公司主要职责是负责城四区全部和近郊区部分生活垃圾的清运处理任务，保证环卫设施的正常、有效运行；清扫公司主要承担二环路、三环路、迎宾线的主路、主桥的清扫、道路冲刷、喷雾压尘、化盐融雪、清除小广告、大型活动的保障任务等工作。2006年，北京环卫集团揭牌成立。

这些改革，促进了北京市环卫事业的良性循环和可持续发展。

从此，北京市环卫行业走向了市场化道路，并带动了全国多地直属单位进行改制。

在北京环卫市场发生微妙变化的同时，被市场化春风拂过的东南沿海城市也出现"春江水暖鸭先知"的环卫企业，即现在的侨银股份。2001年成立的侨银股份在一定程度上反映了东南沿海地区企业极其灵敏的商业嗅觉。侨银股份以园林业务起家并以此为踏板，在成立之后的两年内开始涉足环卫业务，最终成就了其精彩的环卫发展历程。

几乎同期，还有后来的深圳市龙澄高科技环保集团有限公司（以下简称"龙澄环保"），于2002年2月成立，主要从事城市生活垃圾收运、处理及二次污染的治理等；以及劲旅环境科技股份有限公司（以下简称"劲旅环境"），于2002年7月在安徽合肥成立，主要从事环卫及环卫设施设备生产等业务。这些为数不多的环卫企业像极了初春时寂寥荒原上几颗破土而出的嫩芽，彼时很多人并未预料到十多年后，伴随城镇化发展、居民对城市环境卫生服务要求的提升，环卫市场会生机勃勃、焕然一新。环卫作业标准和质量装备的升级，环卫工人不再被喊做"扫大街的人"，而是被称为"城市美容师"；环卫市场萌发的嫩芽已然成长为参天大树，并在环保行业整体陷于发展低迷之时，成为使业界侧目的"靓丽的风景"。

今　　生

随着环卫市场化逐渐推进，北京环卫集团借着奥运会的"东风"不断壮大，逐步占领了北京的环卫市场。侨银股份、龙澄环保、劲旅环境逐步发展。同时出现了其他领域跨界而来的企业，如启迪桑德、北控城市服务、盈峰环境等。它们分别凭借各自的优势叱咤环卫市场。

这个时间段是环卫道路作业装备的鼎盛时期，也是环卫企业转而开始聚焦环卫服务市场的时期。

市场不断涌现"标王级"项目，多次引数家名企争夺。环卫服务的内容也从单一的"清扫保洁"向"横向一体化"和"纵向一体化"延伸；从单一服务模式向综合服务模式进阶。多个城市开始实施垃圾分类，并更加注重制定符合自己城市特征的垃圾分类体系。

〰 奥运会与环卫市场的机遇

千禧年之前，不断革新的环卫装备车辆解决了肉眼可视的灰尘问题，然而，随着北京的申奥成功，北京承办2008年奥运会对环卫作业质量又提出了更高要求。对此，《四次道路作业革命》写到，2000年后，道路清扫作业进入精细化革命时期。吸扫车的种类不断丰富，如：纯吸式清扫车、干式清扫车等。

道路清扫只能解决污染物的收集工作，但道路清洁的问题并未彻底解决；清扫车辆边洒水、边扫、边吸，尘土被水凝结成颗粒状，车一碾，风一刮，又变成尘土，弄脏道路，污染空气，影响城市环境。

2007年，北京环卫集团的道路清洗车在长安街、天安门地区、奥运场馆等重点区域开始使用。道路作业组合工艺使道路洁净度由原来的40%提高到90%，尘负荷率下降了50%，大大提高了道路的清洁程度。

立足北京的北京环卫集团，借助北京奥运会的机遇，迅速壮大，最终创造了延续至今的领先优势。

在环卫道路作业机械化获得继续提升的同时，北京环卫集团的改革重组并未停下脚步。2006年4月，北京市一清、二清、四清和北清四个环卫集团合并重组为北京环境卫生工程集团有限公司，即北京环卫集团。

从2006年合并重组至2013年，北京环卫集团以2008年奥运会为契机，迅速发展壮大。集团凭借承接北京奥运期间的公共环境卫生服务，在北京历次阅兵等重大活动中提供专业化服务，通过合并重组构建的统一品牌和之前在环卫市场的成绩，迅速在全国铺开，奠定了其在环卫市场化大潮真正来临时实现迅速发展的坚实基础。

2009年，北京环卫集团分别与辽宁盘锦、广东江门签订生活垃圾填埋特许经营协议，迈出投资外埠项目的第一步。

2010年，被环卫行业称为环卫设施开放年，也是"十一五"收官之年。在这一年里，北京环卫集团开放小武基大型固废分选转运站、阿苏卫垃圾卫生填埋场，并与加拿大渥太华市及加拿大普拉斯科能源公司、柬埔寨金边市建立交流合作，迈出了国际化的重要一步。

2011年，北京环卫集团运营有限公司正式成立。

2012年，北京环卫集团环卫服务有限公司成立，推进四大板块协同发展。

2013年，北京环卫集团中标黑龙江哈尔滨松北区和呼兰区区域性固体废弃物综合处理项目，实现焚烧项目"零突破"，并成功签约天安门地区清扫保洁作业服务。

在北京环卫集团借势腾飞的同时，国内其他一些环卫企业也悉数登场亮相。

2007年，福建龙马环卫装备股份有限公司（以下简称"龙马环卫"）成立，瞄准环卫装备市场并以环卫机械为切入点强势进入环卫作业领域。伴随环卫市场整体机械作业率提升，福建龙马环卫对环卫市场的强势进攻为其今后上市埋下伏笔。

同年，现在的中环洁环境有限公司（以下简称"中环洁"）的前身大连新天地环境清洁有限公司（以下简称"新天地环境"）成立。

2008年，滨南生态环境集团股份有限公司（以下简称"滨南股份"）成立。

2010年，碧桂园满国环境科技集团康洁科技集团（以下简称"康洁"）成立。

……

可以说，这个时间段是第一波环卫行业企业迅猛发展的时期，也是环卫作业装备企业发展至鼎盛的时期。

在此之后，特别是2014年，PPP启动了更大更深入的环卫市场化后，环卫市场变为以环卫服务的市场化企业为主角。即使在垃圾分类政策刺激下，环卫市场出现新型环卫装备类型，环卫装备企业也多以配角形式出现而不复之前的主角光环。环卫市场从环卫装备转变到被环卫服务市场化推动，这段时期，也成为很多环卫企业转型与聚焦环卫服务市场的转折期。

之前提到的各类环卫公司，英雄各有出处，E20研究院数据中心将它们分别归类为市场化环卫企业、物业保洁市场化延伸企业、市政绿化市场化延伸企业、固废水务A方阵扩张企业、地方环卫企业市场化企业、车辆装备市场化延伸企业。在这个环卫服务市场爆发的时代，它们各展神通，共同打造了环卫市场化的春秋时代。

≈≈ 企业云起，一个项目数家争抢

2013年后，国家在促进社会力量参与市场化方面出台了很多政策。

2013年，国务院办公厅发布《关于政府向社会力量购买服务的指导意见》，明确要求在公共服务领域更多利用社会力量，加大政府购买服务力度。

2015年3月1日，《中华人民共和国政府采购法实施条例》正式实施，首次提出对政府采购实行源头管理和结果管理。

与政府采购服务政策同时影响环卫市场发展的还有PPP。应该说，不同于PPP对其他行业（尤其是水务）的影响毁誉参半，对于环卫，PPP使短周期的购买服务变成长周期的固定外包关系，环卫合同范围大幅扩张，环卫服务区域得到整合扩大，对环卫市场化最终全面走向资本市场起着至关重要的作用，也促成了环卫市场第一家以环卫服务为主业的公司——侨银股份于2020年年初率先上市。

2014年《国务院关于加强地方政府性债务管理的意见》明确提出鼓励社会资本通过特许经营等方式，参与到城市基础设施等有一定收益的公益性事业的投资和运营中。2014年9月，财政部发布《关于推广运用政府和社会资本合作模式有关问题的通知》，正式提出PPP模式这一概念。

除政府采购服务政策、PPP之外，垃圾分类政策的推进也刺激和推动了环卫市场的大发展。

2017年3月《关于转发国家发展改革委、住房城乡建设部生活垃圾分类制度实施方案的通知》提出：到2020年底基本建立垃圾分类相关法律法规和标准体系，形成可复制、可推广的生活垃圾分类模式，在46个城市先行试点生活垃圾强制分类。垃圾分类大幕正式开启，并在一定程度或多或少影响前些年形成的环卫市场。

据E20研究院数据中心不完全统计，在短短数年间，伴随市场化进程的加速，环卫从业企业数量增长速度惊人，从寥寥数家增长到一万多家。北京环卫集团、侨银股份等更是在此期间得到飞速发展，企业业绩体量大幅增长。现在我们所熟知的众多企业都纷纷借助自己的优势，寻找环卫市场切入点，比如启迪环境、北控城市服务投资（中国）有限责任公司（以下简称"北控城市服务"）北控城市服务、盈峰环境，另外还有从其他领域转型而来的企业，如杭州锦江集团、旺能环境、首创环境等，它们在短短数年之间，与众多传统环卫企业形成环卫暴风眼，促成环卫市场百花齐放。

2017年，E20研究院首次对环卫企业进行盘点，并举办了环卫企业评选，上榜的十大影响力企业至今仍是环卫服务市场的明星企业。

随着环卫企业数量剧增，超大环卫项目涌现，市场对环卫项目的争夺一度陷入白热化状态。根据中国固废网报道，2019年海南文昌市清澜片区环卫一体化PPP项目和文城片区环卫一体化PPP项目曾一度分别吸引18家与15家企业投标,其中启迪环境、中环洁、侨银股份、龙澄环保等知名企业均参与了竞标。

在中国固废网统计名单中,越来越多的环卫PPP项目出现在县城,伴随环卫服务市场下沉,环卫企业的争夺也逐渐从城市移步到县城。

序号	项目名称	省份/区域	总金额(亿)	企业数量
	半年内入围企业居多的环卫项目 (部分统计)			
1	文昌市清澜片区环卫一体化PPP项目	海南/华南	4.98	18
2	文昌市文城片区环卫一体化PPP项目	海南/华南	6.47	15
3	铅山县城乡环卫一体化PPP项目	江西/华中	4.8	12
4	德安县城乡环卫一体化PPP项目	江西/华中	6.68	11
5	资阳市城乡环卫一体化项目	四川/西南	3.57	11
6	泗洪县城乡环卫和生活垃圾分类一体化PPP项目	江苏/华东	12.78	11
7	南京市玄武区南部片区环卫保洁PPP项目	江苏/华东	6.12	11
8	沧州环卫市场化项目	河北/华北	8.5	9
9	上栗县城区环卫一体化PPP项目	江西/华中	2.2	9
10	姚安县智慧城乡环卫一体化PPP项目	云南/西南	/	8
11	河间市环卫服务市场化PPP项目	河北/华北	4.92	7
12	彭泽县乡镇环卫市场化PPP项目	江西/华中	3.03	7
13	玉溪市江川区城乡环卫一体化PPP项目	云南/西南	/	6
14	昆明市西山区环卫一体化二期PPP项目	云南/西南	5.09	5
15	滁州市城区环卫一体化PPP项目	安徽/华东	35.85	3

制表: 中国固废网

买买买! 企业开启联姻模式

随着环卫市场化的提升,很多企业都想参与进来,除了通过在招投标市场将取项目之外,还有更快捷的方式吗?当然是买!买!买!或者说是企业之间的联姻。

2017年年底,中信产业基金完成了对新天地环境的并购。经过10年发展,此时的新天地环境已经具有中国清洁清洗行业国家一级资质和优良的环卫业绩。以其为基础,中环洁正式启航。

作为环卫领域的"生力军",中环洁在短短数年之间已实现快速布局,近年来一直活跃在中国环卫市场。

2018年4月，中环洁中标辽宁省沈阳市铁西区（老城区）环境卫生作业服务项目，该项目是全国环卫市场化改革后接收人员数量、服务规模领先的整体城区项目之一。

2018年5月8日，中环洁中标安徽省黄山市农村生活垃圾治理PPP项目，该项目是全国农村环境治理范围最广、水陆一体的全域农村项目。

2019年1月，中环洁中标河北省区域内首个环卫一体化项目助力京津冀协同发展；4月中标沈阳市首个城乡环卫一体化项目；10月中标新疆阜康市项目，成功踏入中国的大西北；11月先后在山东接连中标烟台、淄博项目，拓土之势，势不可挡。

截至2019年年底，中环洁已先后进入辽宁大连、沈阳、内蒙古呼和浩特、河南郑州、安徽黄山、山西阳泉，河北沧州、山东烟台和淄博，以及天津等九省（区）14市，运营超20个各类项目，环卫项目合同额破百亿元。

中信产业基金从2015年起开始对环卫市场化领域进行深度研究，作为投资机构，其对环卫市场的关注不可谓不早，但其在环卫板块的实质性进展，业内却知之甚少。直至2017年下半年，中环洁的组建以及年底直接大手笔收购具有十多年环卫业绩积累的大连新天地等一系列的动作后，中信产业基金的环卫市场布局才得以显现，并在短时间内获得环卫业务增量的迅速聚集。

通过购买形式直接快速介入环卫市场是中信产业基金瞄准时机实现业务链条布局的方式，也成就了中环洁在环卫市场的发展壮大。

北控水务在拓展环卫市场上也有类似操作。2017年7月，滨南生态环境集团股份有限公司（"滨南股份"为曾用名）与北控水务旗下的北控城市服务签署股权合作协议，标志着北控滨南（重庆）城市综合服务股份有限公司（以下简称"北控滨南"）正式成立，揭开城市服务行业新篇章。企查查信息显示，北控城市服务持有北控滨南51%的股份，北控水务凭借滨南股份积攒了十多年的环卫服务作业经验，大范围布局环卫市场，滨南股份也借助北控水务水的品牌优势集中发力。在环境市场化大潮来临时，两者的结合成为当时一段佳话。

环卫的买买买一直在持续。距离现在最近的一次环卫买买买发生在2018年。

2018年7月17日，盈峰环境发布重大资产重组报告书，公司拟以152.5亿元收购长沙中联重科环境产业有限公司（以下简称"中联环境"）100%股权。2018年7月26日上午，在主题为"美丽中国 中联引领"的媒体专访会上，盈峰环境新闻发言人焦万江表示，盈峰环境重组中联环境属于强强融合，公司将通过整合双方资源优势，力求做出更先进、更优质的环保产品及系统，提供更完善、更有效的环境综合服务，为中国的环保事业发展作出应有的贡献。10月24日，此项并购获中国证券监督管理委员会通过。

中联环境作为一家集环卫装备研发、生产与销售，以及环卫运营服务的环卫一体化服务提供商，拥有多项专利技术、行业内优质客户资源，形成行业内颇具影响的品牌优势和核心竞争力。根据中国汽车技术研究中心提供的数据，中联环境已有环卫装备产品线的市场份额连续多年占据了整个行业的近1/3，是名副其实的环卫行业龙头。

152.5亿元的并购重组是目前国内环保行业并购金额最大的一例。此次并购完成后，盈峰环境年营业收入将达到近150多亿元，成为国内最具规模的民营环保龙头企业之一。这则消息盘踞环卫新闻头条许久，并引发诸多猜测和解读。

不管这些解读和猜测是什么，买家有买家的考虑，卖家有卖家的打算，总之这笔买卖做成了。盈峰环境以此为契机继续将中联环境环卫装备和环卫服务一并收入囊中，进行环境产业大布局。

≋ 智慧化的创新

在环卫市场向纵深迈步的时候，发现并关注行业的痛点和难点，是企业未来致胜的关键。面对互联网、大数据的热潮，如何将它们与环卫结合，成为环卫发展的一个新课题。事实上，一些嗅觉灵敏的领先企业，早已开始在此领域探索与布局。

借助垃圾分类，环卫开始逐渐走出孤立、走向融合。率先大规模试水垃圾分类的企业并不多，启迪环境即是其中一员。

启迪环境在前几年就曾将垃圾分类和互联网环卫作为固废大循环的入口并判断垃圾分类成功的标准是，"是否可以持续做下去，靠的是内生力量，而不是靠行政的高额补贴"，并在当时大力宣传尝试用市场机制解决垃圾分类问题。

时任启迪环境董事长文一波在"2017（第十一届）固废战略论坛"上介绍以垃圾分类为抓手的"好嘞亭"模式。

启迪环境在开展垃圾分类的每个社区均设立一个"好嘞亭"，每个分类亭配有两名工作人员长期驻守，通过干垃圾、湿垃圾、有害废物的分类、运输，以及终端处理系统，助力垃圾分类。

再辅以激励机制，社区居民可以将可回收垃圾送到便民服务站兑换礼品，也可以通过"好嘞"APP预约上门服务。为解决成本来源问题，启迪环境尝试让每个"好嘞亭"承担起社区的快递中转业务。在每个"好嘞亭"上，启迪环境还预留出来一块大屏幕广告位，承接广告服务。

在垃圾分类热度刚起并未进入强制分类时，启迪环境以市场化方式解决垃圾分类问题的探索具有示范参考意义。

垃圾分类的应用场景主要在家庭和社区，在人流量大、监控体系并不十分完善的公共领域，依靠人人树立环境卫生意识并不是一件容易的事情。媒体也曾多次报道诸如此类的事件，二、三线城市居民的非环保行为经常发生，给城市环境卫生治理带来不小压力，比如环卫工人刚清洁完成的街道转眼又被随手扔上垃圾，一旦有人随手扔、就会出现第二个人、第三个人。这在心理学上被称为"破窗效应"。如果这种不良现象被放任，会诱使人们不断效仿，甚至变本加厉。

从城市管理角度来看，如何解决这种"破窗效应"的困境？

在江苏省宿迁市，北京环卫集团在现有城市管理模式基础上，通过将环卫服务与城市管理现有内容的嫁接解决了这个难题。2016年，北京环卫集团中标宿迁环卫项目后，构建了智慧环卫管理系统，该系统与宿迁市城管系统实现双向对接。

政府在十字路口放置液晶显示屏，并与城管监控系统和公安监控系统进行智慧联动管理，对市民不文明行为进行拍摄并在显示屏滚动播放，如闯红灯、随手扔垃圾、随地吐痰以及公共绿地违规遛狗等。通过这种方式，教化和约束市民的不文明行为。

环卫工人若发现不文明及影响市容行为，包括违章摆摊、乱扔杂物、车窗抛物等，可通过智能手机及时将照片、视频传递给数字城管系统，也可以在十字路口的视频平台进行曝光和监督，实现整体统一和闭环管理。

这样通过智慧化应用，将环卫作业与现有城市管理功能相互衔接并非个例。

随着环卫市场大发展，在智慧环卫成为未来行业发展趋势背景下，财政部就曾以智慧环卫为标准开始示范项目选拔——侨银股份2017年中标的安徽省池州市项目就被入选财政部第三批PPP示范项目。

该项目结合了垃圾分类与智慧环卫，在其获选理由中发现了项目的三大创新做法：一是项目包括范围内所有居民区的生活垃圾分类与回收利用系统的投资、规划与建设，包括了前端分类与后端可回收物的处理；二是建设能够与池州市现有数字化城管信息平台相联通的智慧环卫管理平台；三是将物业小区和社区的生活垃圾运输纳入项目建设运营的生活垃圾清运系统。

伴随着智慧化的发展和环卫服务水平的提高，"互联网+环卫"的项目不断涌现，在此就不一一叙述。

〰️ 从小到大：一体化的趋势

2013年之前，除市场化程度比较低之外，环卫多以短周期的政府采购服务为主，且服务金额相对较小、服务内容（主要涉及道路清扫保洁、垃圾收转运等）也相对单一，通常意义上的"传统环卫"称之为"小环卫"，当时的环卫市场也呈现出"小环卫"项目的市场特征。

随着环卫行业的定义逐渐扩大，"大环卫"的概念逐渐显现。在PPP政策刺激之下，超大环卫项目不断涌现。不单是在环卫服务金额，还有环卫服务内容上都实现了服务边界的拓展，项目的服务内容不再仅仅涉及传统环卫等轻服务内容，其所涉及的环卫服务内容还多包含城市管理相关内容，如：垃圾分类、智慧环卫、公厕保洁与管养、景观管养维护、水面保洁（如果城市有内河）、再生资源利用等，可能会将其进行一体化项目打包。

云南昆明官渡区项目就是此类项目的典型。2017年，侨银股份以总合同额67亿元收获昆明市官渡区环卫一体化管理服务政府和社会资本合作项目（以下简称"官渡项目"）。

据悉，官渡项目的服务内容囊括八大类25个小项，服务范围早已超过传统环卫内容，由传统道路清扫、垃圾收集清运扩充到公厕扩建、公厕运营管理维护、绿化管养维护、景观绿化、河道湿地日常清淤等。

项目实施以来持续引入先进的环卫车辆，借助机械化力量，有效提升了道路美观度。此外，项目采用智能化管理，搭建智慧化环卫平台，有序推进官渡区城市网格化管理综合模式，对于城市的整体细节进行实时监督与管理。

一体化服务内容的实施让官渡的整体环境与"老昆明"韵味相得益彰，形成官渡的文化旅游名片。

随着环卫市场化进程的加快，一体化的趋势越来越显著。2020年上半年，两个环卫"标王级"项目惹人注目。

2020年1月19日，深圳市宝安区城市管理和综合执法局新桥和沙井街道环卫一体化PPP项目（以下简称"新桥和沙井环卫项目"）采购结果发布，北控城市服务以70亿元的合同额拿下该项。

同样，该项目也属于环卫一体化大综合模式，项目服务深圳市宝安区新桥和沙井两个街道，服务内容涉及道路综合清扫保洁、垃圾收转运、垃圾转运站运维管理、公告区域及城中村垃圾分类前端设施维护、公厕运维管理、环卫停车场建设运维管理、绿化管养、智慧环卫平台建设运维、应急保障等九个方面。

2020年5月13日，新安、福永和福海街道环卫一体化PPP项目评审结果发布，中联环境最终从24家企业中脱颖而出，获得项目，合同额约78亿元。该项目和2020年1月中标的新桥和沙井环卫项目一样，属于环卫一体化大综合模式，项目的服务内容同样涵盖上文所述的九大类。

伴随大项目不断出现、与其他领域逐渐走向融合、垃圾分类新时尚被吹响号角，以城市为整体的垃圾分类模式进一步将环卫推向融合，环卫也由此迎来大环卫时代。

≈ 大融合的未来

一面是越来越多的企业转入环卫领域，环卫市场竞争日益激烈，十多家甚至几十家企业竞夺一个项目；一面是项目逐渐从小到大，市场需求提升，一体化服务成为趋势。对于环境治理来说，从来不是头疼医头、脚痛医脚，尤其是在项目涉及多区域的情况下，一些实力强企业的服务内容开始从单一服务模式到综合服务模式进阶，以寻求更多的模式创新，实现业务领域的融合与拓展。

其中，与污水处理厂的融合就是一个正在探讨的方向。

碳源不足问题是困扰污水处理厂运营的一个难点，对于碳源不足，污水处理企业需要花费真金白银去购买，此举无形中又加重了污水厂的运营成本。虽然各地在大力推行垃圾分类，但很多城市厨余垃圾处置严重不足，厨余垃圾厂在运行时面临废水、废气处理难题。针对这种情况，中节能国祯正在探讨一种模式：把厨余垃圾处理厂建在污水处理厂附近或者直接建在污水处理厂内，通过发挥协同效应，厨余垃圾处理厂出来的渗滤液可以作为污水处理厂的补充碳源在污水处理厂就地处理。

另一种模式创新则是将环卫服务与流域治理融合在一起，比如中环洁于2018年在黄山的项目即为此例。

为践行国家高质量发展新要求，倡导生态文明建设新理念，落实新安江流域生态补偿机制，加快安徽黄山市生态文明建设，切实改善农村人居环境，发展全域旅游、打造世界一流旅游目的地，黄山市委市政府以区域合作、生态补偿、高质量发展为引领，坚持全域覆盖、城乡一体、整体设计、全域保护，强力推进新安江流域的综合治理，总体规划设计了从前端农村垃圾保洁收集、压缩转运直至末端处理的整体垃圾处理体系，从源头上杜绝污染发生，确保新安江流域的垃圾问题得到有效解决。

在此背景下，中环洁于2018年中标了黄山市农村生活垃圾治理PPP项目（以下简称"黄山项目"），并于2018年6月份成立黄山中环洁城市环境管理有限公司。目前的黄山项目已经全面投入运营，并且运营效果显著。

黄山项目覆盖三区四县，覆盖乡村常住人口共116万，占全市人口的79%。覆盖地域面积约9,188平方千米，河流长度3,658千米，水域面积96平方千米，占全市面积的95%，保洁区域包括黄山市100个乡镇的684个行政村，含6,450余个大大小小的自然村落。

黄山项目不仅包含城乡，还涉及大范围水域垃圾保洁。对于水域垃圾保洁，不仅要保证源头全程作业保障，还要考虑到洪水汛期和水草丰盛季，作业量和作业难度可想而知。在项目实施过程中，黄山中环洁以无人机巡检全流域水域、大力开展水域保洁作业等方式，实现水域垃圾的有效治理。

全流域水域无人机巡检及水域保洁作业、全产业链全周期收转运体系建设、全域覆盖的数字化管理平台建设的"黄山模式"，实现了水域垃圾治理、垃圾日产日清、垃圾源头管控。

项目实施后，新安江水域治理效果显著、农村垃圾久治不愈的历史问题得到了有效解决，对陆地垃圾实施全覆盖全程不落地的处理方式，避免了二次污染，彻底改变了小型焚烧炉的落后治理模式、大幅改善农村垃圾乱丢乱倒的落后面貌，解决了陈年垃圾。

在取得显著环境效果的同时，该项目也收获了良好的社会效益。据悉，项目解决四千余人的就业问题，精准扶贫千余户，环卫一线员工权益得到妥善保障。此外，项目还建立了"共建共治共享"新机制，当地百姓在美化的人居环境中获得了红利。

中环洁曾公开发言表达以优质资本+高端环卫实体企业的运作模式产生"1＋1＞2"的裂变效应，中环洁快速发展得益于资本方对竞争的把握以及环卫市场化的风口效应。中环洁成为了产业基金进入环卫行业的典范案例，同时也是环卫企业借助资本力量扩张的典型案例。

〰️ 太原：一个城市的探索

要说现在最热的话题是什么，必然少不了垃圾分类！几乎每个人每天都会发自灵魂地拷问："你是什么垃圾？"

很多人虽然知道垃圾分类这个事，也知道生活垃圾主要分为四类，但对于具体怎么分，大家还是无从下手，而且各地垃圾分类方式并不完全相同，也让大家一头雾水。

上海的生活垃圾分类主要分为了可回收物、有害垃圾、湿垃圾和干垃圾。在浙江，生活垃圾分为易腐垃圾、其他垃圾、有害垃圾和可回收物四类。在台湾，生活垃圾主要分为资源垃圾、厨余垃圾和一般垃圾三类。而北京将生活垃圾分为厨余垃圾、有害垃圾、其他垃圾和可回收物。山西太原与北京分类方式大致相同，但是太原在四分类的基础上因地制宜，增加了新的内容。

山西省太原市是垃圾分类试点城市之一。2019年10月17日，太原市城管局发布了《太原市关于生活垃圾定时定点分类直运示范小区试点工作的实施方案》，先行在小店区、迎泽区等地选定部分区域开展试点。

2020年4月16日，山西省人民政府第65次常务会议通过《山西省城市生活垃圾分类管理规定》（以下简称《规定》）。《规定》自2020年6月1日起正式施行。该《规定》的出台，标志着山西省将全域迈向生活垃圾分类管理的新阶段。

全国多个城市加速垃圾分类，太原如何因地制宜？据了解，太原实行"4＋2"垃圾分类模式。除四大主要垃圾分类（可回收物、餐厨垃圾、有害垃圾和其他垃圾）外，太原还将装修垃圾和大件垃圾也纳入分类收运体系中，构建具有太原特色的生活垃圾"4＋2"分类模式。

"4＋2"，是充分考虑山西省现有垃圾处理设施和产业链布局的基础上提出来的。

以太原为例，山西省固废中心的有害废弃物处理能力为100吨/日，完全能满足太原及周边城市的有害垃圾的处理；已建成投产和在建的垃圾焚烧厂处理能力为6,100吨/日，完全满足太原及周边地区其他垃圾全部焚烧的需求。仅此两项设施就能保证太原有害垃圾、其他垃圾的全覆盖、全焚烧和零填埋；按照太原厨余垃圾"精分"的思路，全市还需建设500~600吨/日厨余垃圾处理设施，就可以将全市的果蔬垃圾和家庭厨余垃圾全处理（目前已有500吨/日的餐厨垃圾处理设施）。太原各区县都有自己的渣土场，能够处理掉生活产生的装修垃圾；大件垃圾各区县正在规划建设，可以实现全量处理。

《规定》第十八条要求还提出"加快推进可回收物回收利用和有害垃圾处置、厨余垃圾处理、其他垃圾焚烧设施建设，实现可回收物回收利用和有害垃圾处理全覆盖、厨余垃圾全处理、其他垃圾全焚烧、零填埋"。"全覆盖、全处理、全焚烧、零填埋"的任务要求正是建立在对垃圾分类本质的认知基础上提出的重要方针。全省各市如果按照"三全一零"的要求来部署工作，通过垃圾分类将生活垃圾的无害化、资源化进行到底，必将对山西省各市的生态环境改善、产业转型升级、能源革命起到推动作用。

每个城市都有自己不同的发育土壤和外部环境，在国家确定的四分法规则之下，如何联接城市的经济、政治、文化、社会、生态体系，让垃圾分类从一个"甜蜜的负担"转变成为城市发展的内在驱动力？这就需要"一城一策"，在系统性、匹配性两大原则之下，充分考虑城市的山、水、城、产、文、人等影响因素，结合气候因素和所在区域整体布局，制定符合自己城市特征的垃圾分类。让每个城市都能在生态文明建设的大框架下，找到与自己发展路径最匹配的、系统性的垃圾分类模式，这也是E20研究院持续两年开展垃圾分类理论研究和地方实践的初心和动力。

在"2019（第二届）环卫一体化高峰论坛"上，太原市市容环境卫生科学研究所所长杨迪表示，太原市作为典型的资源型城市，长期依靠能源资源的高投入、高消耗拉动经济发展，资源紧张、生态功能退化、环境承载力下降等发展不协调、不可持续的问题日益突出。尽管环境治理压力重重，太原正努力积极实现突围。

作为全国第一批46个生活垃圾分类示范城市之一，太原市正在努力构建基于城市自身特点构建太原独有发展模式，并联合第三方力量以研究课题形式做实地研究分析。他们正与E20环境平台联合开展"可持续发展战略下的资源型城市垃圾分类体系研究与示范"研究，具体包括资源型城市可持续发展下的垃圾分类理论研究、太原落实垃圾分类的实践工作方案研究以及太原市垃圾分类试点建设。

结　语

环卫市场化经历了政府管理阶段、小规模市场化试点阶段和市场化推广发展阶段。从2017年，环卫市场化大幕正式拉开之后，短短几年实践，环卫市场化实现了由最初单一的"扫大街"模式到"清扫保洁、垃圾收转运、末端处理"产业链条的打通，同时涉及了垃圾分类、餐厨垃圾收运处理、绿化养护、市政管养等内容。其中垃圾分类市场也迎来了新的商机。

随着未来人们对生活环境要求不断提高，以及政府对环境管理需求的相应提升，环卫服务正不断纳入新的内容，服务范围也由城市扩展到了乡村，"城乡一体化"项目成为环卫服务主要模式之一。伴随着机械化、信息化和智能化的普及，环卫设备将进一步升级，机械化清扫进一步提高，依托物联网、移动互联网及大数据技术将不断被应用到环卫服务领域。

在环卫市场的项目争夺中，市场化环卫企业、物业保洁市场化延伸企业、市政绿化市场化延伸企业、固废水务A方阵扩张企业、地方环卫企业市场化企业、车辆装备市场化延伸企业等几类企业将继续角逐环卫服务市场，这中间必将产生一些优质环卫公司。目前，众多环卫服务企业已启动上市公司的步伐。2020年，侨银股份和玉禾田环境发展集团股份有限公司分别在深圳证券交易所中小板和创业板上市，香港庄臣控股有限公司和北控城市服务分别于香港联交所上市，加上已经上市的龙马环卫、盈峰环境和启迪环境等公司，环卫服务行业进入"上市公司"时代。而环卫行业仍处于快速发展之中，未来几年的竞争格局将会如何？相信时间会给出答案。

参考文献

［1］傅涛．两山经济．北京：中国环境出版集团，2018年．

［2］傅涛．环境产业导论．北京：清华大学出版社，2019年．

［3］薛涛，汤明旺，李曼曼．涛似连山喷雪来——薛涛解析中国式环保PPP．北京：中国电力出版社，2018年．

［4］傅涛，成卫东，潘功．垃圾分类不简单．北京：中国环境出版集团，2020年．

［5］潘功等．薛涛年度报告（下）：垃圾分类之辩——四大博弈红蓝交织．中国固废网，2020-01-18，http://www.solidwaste.com.cn/news/301866.html．

［6］北京环卫集团引领四次道路作业革命．北京：北京环卫，2018年．

［7］李艳茹．文一波：两网融合下的固废行业大循环．中国固废网，2017-12-15．

［8］程云．北京环卫集团：三方协作共赢，规避宿迁环卫项目"破窗效应"．中国固废网，2018-12-17，http://www.solidwaste.com.cn/news/284883.html．

［9］李晓佳．中环洁陈丽媛："黄山模式"的缘起、落地与成果．中国固废网，2019-11-26，http://www.solidwaste.com.cn/news/299359.html．

［10］成卫东．成卫东：山西省生活垃圾分类的3个特点．中国固废网，2020-05-17，http://www.solidwaste.com.cn/news/308486.html．

［11］刘影．杨迪：发挥科研优势，引领太原市垃圾分类新时尚．中国固废网，2019-11-07，http://www.solidwaste.com.cn/news/298455.html．

（本章作者：安志霞　王　妍　顾春雨）

群雄竞起：

危废处理，明天会更好

危险废物处理市场近几年迅速发展，被看作是固废行业中的一个新兴领域。事实上，如果以1989年《环境保护法》正式颁布及加入《巴塞尔公约》作为危废行业发展的起点，危废行业至今已有31年的发展历史，只不过受条件限制，危废处理市场的发展在早些年间滞后而缓慢。

与其他环保领域一样，政策的倾斜，驱动了整个危废市场的大发展。在这个过程中，我们看到了长期深耕危废领域的龙头企业东江环保，老牌外资巨头苏伊士、威立雅等，以及传统环保企业在原有业务基础上的涉足和探索，更有资本驱动下，跨界而来的黑马……经过多年的摸爬滚打，危险废弃物处理行业已经逐步从"散、小、乱"、低水平向规模化、规范化转变……

巨头登陆，龙头诞生

如果书写中国环保发展史，威立雅、苏伊士这两大外资环保巨头必然有浓墨重彩的一笔。在危废领域也是如此，威立雅、苏伊士两家外企提前看到了中国危废处理市场的发展前景，在进入中国环保市场的初期就已经展开布局，它们不仅是最早进入中国市场的环球环保企业，也是第一批在中国危废市场"吃螃蟹"的人。在外企扩张的同时，这个市场也在孕育着中国自己的领先企业，如东江环保，披荆斩棘，在外资强势进入的背景下，打下了属于自己的江山，占据了行业的龙头。

≈≈ 两大外资巨头入华

威立雅、苏伊士两家企业很早就进入中国市场，均是水务领域的佼佼者，在水务、环保领域均有所建设，也是危废处理领域两大主要的巨头。两家外企提前看到了危废行业在中国的发展前景并进行布局，是最早进入中国市场的环球环保企业，也是第一批在中国危废市场"吃螃蟹"者。

说起危废处理行业的大事件，2003年的非典疫情必须要被提起。那一年，突如其来的病毒让中国经历了一场生死考验。随后，我国针对医疗废物发布了一系列相关管理要求和技术规范，完善了医疗废物管理体系，特别是把医疗废物划为环保废弃物，由原来的卫生部门负责改为环保部门处置。同年9月，由威立雅投资建设的天津有毒有害废弃物处置中心正式投入运营，大量的医疗废物被交给了威立雅来处置。

这是中国官方第一个在危废处理领域与国外公司合作的项目，也是国内首座集焚烧、物化处理、安全填埋、资源化为一体的现代化综合性危险废物处理处置中心。

威立雅负责设计、建造和运营管理危废设施。根据天津合佳威立雅环境服务有限公司（以下简称"天津合佳威立雅"）技术总监伉沛崧介绍："早在1997年，天津市环境保护科学研究所就想在天津建设一个有毒有害废弃物处置中心。那时候中国还没有类似的处置中心。为了建设这个中心，天津市环境保护局想引进一些国外技术，就和威立雅开展了合作。"作为国际环保巨头，威立雅20世纪90年代初进入中国，是第一批进入中国市场的全球环保企业之一。主要为中国各大中城市、政府机构和工业企业提供水务、固体废弃物和能源管理领域的方案和服务。其中，威立雅在中国的固废业务基本包含了固体废弃物管理的方方面面，是当之无愧的"全能手"。

威立雅董事会主席、全球首席执行官安东尼·弗莱罗在采访中多次强调，业务重点从成熟市场向新兴市场转移是威立雅企业战略的一大支点，加大对中国市场的投入是应有之义。"威立雅一直看重和看好中国市场，我们与中国的合作是双赢的局面。"弗莱罗在采访中还表示，威立雅与广东、浙江、江苏、天津、河北和湖南等六个省、直辖市合作的八个危废处理项目正在如火如荼地进行或即将展开。"百年威立雅有自己的使命，必须对自身提出更高的要求，走别人没走过的路，想别人没想过的事情。"除了在危废领域的地区扩张，威立雅还积极参与危废应急管理。近年的重要事件中，不得不提2015年天津港爆炸事故。威立雅在此次事件中临危受命，参与了爆炸事故的环境污染应急处置工作。在应急指挥部的指挥下，天津合佳威立雅派出专业应急人员携带专业设备紧急赶赴现场，积极与其他科研团队、环保部门紧密配合。2015年8月14日进入爆炸核心区现场，连续工作数月，对核心区域含氰污水和危化品固体废物进行了收集、运输、处理处置，科学高效地完成了含氰废水安全无害处置、现场固体废弃物清理等处置任务。

据伉沛崧介绍，"天津爆炸事故的遗留场地复杂得多。事故现场是多种危化品仓储库，遗留污染物不明，而且爆炸过程中不排除发生二次化学反应生成新污染物。种种原因，造成我们没有办法提前知道污染物的成分比例。因此，我们技术人员必须在极短的时间内去判断是什么废物，对运来的废弃物进行检测、小试、大试等。即使带了整个团队，我当时都一个月没怎么休息。一个月之内，我们终于基本掌握了爆炸污染物的成分，后面处理起来就快多了。"

也因为在此次应急工作中的突出表现，天津合佳威立雅赢得了环境保护部和地方政府的充分肯定和多次表彰。威立雅在应急工作中的突出表现离不开2012年威立雅与哈尔滨工业大学、中国环境科学研究院等单位共同承接的一个国家环保公益项目课题，研究突发环境事件发生后如何对事故应急产生的各类废弃物进行辨识、控制、处理。通过对技术成果的实践利用，威立雅的工业服务团队也获得了更多的处理经验。

日常工作中，威立雅更是积极保障各危废项目的稳定安全持续运营。继天津合佳威立雅一期的成功运营，威立雅位于天津南港工业园区的项目二期——天津滨海合佳也正式启动。此项目于2014年投入运营。

从点出发，向外延伸扩张。除天津外，威立雅在全国各地区积极布局。从中国第一个现代化综合性危废处置中心落户天津开始，十多年来，威立雅运营和在建多个示范性危废项目，覆盖华北、华南、华中、华东和东北等区域，可以说是中国危险废弃物综合处置领域当之无愧的领军者。正如威立雅"资源再生，生生不息"的企业宗旨所展示的，威立雅从首批进入中国危废领域的外资巨头到"中国危废行业的领头羊"，一切都仿佛水到渠成。

花开两朵，各表一枝。与威立雅比肩齐名，同为国际环保巨头，同样千亿产值的苏伊士集团，也是最早进入中国市场的另一位大佬，在中国危废市场上的展露最早可以追溯到2003年。

2003年，苏伊士与上海化学工业区签订合作协议，为化工区工业客户提供危废处置服务。上海化学工业区是亚洲最大、最集中、水平最高的世界一流石化基地之一。从2006年开始，苏伊士危废项目正式运营，为上海化学工业区内外企业提供危废焚烧处置服务，保障危废安全有效的处置。相比于最初的危废处置量，目前，上海化学工业区内危废处置能力达到每年12万吨，完全满足区内企业危废处置需求。

基于苏伊士在上海化学工业园区创造的危废处理模式，苏伊士积极在中国其他地方进行复制。2014年，苏伊士在江苏南通投资、设计、建造和运营的危废处置项目，用于处理南通当地工业企业所产生的危险废弃物以及医疗废弃物，是苏伊士首个集危险废弃物和医疗废弃物处置为一体的项目。

2017年，苏伊士与在中国大陆及香港的基建及服务业的主要投资和运营者——新创建集团有限公司（以下简称"新创建集团"）联合成立"苏伊士新创建有限公司"（以下简称"苏伊士新创建"），以单一品牌管理大中华地区全部的水务运营、固废资源管理、水务工程及智慧与环境解决方案。苏伊士持有"苏伊士新创建"58%的股份并对该公司行使管理权。目前，苏伊士通过苏伊士新创建管理着大中华30多个城市的70多个水务和固废资源管理项目。

在2019年第二届中国国际进口博览会期间，法国企业代表团之一的苏伊士新创建拿下了山东东营市河口蓝色经济产业园危废处置项目，总投资约3.5亿元。时隔数月，2020年年初，苏伊士新创建与上海化学工业区、上汽集团携手在上海建设危废处理项目，这成为其在大中华地区的第十个危废处理项目。

值得注意的是，退城入园是目前我国鼓励企业尤其是重污染企业集中资源对工业"三废"进行治理的模式。纵观苏伊士新创建合作的项目，瞄准工业园区治理需求或成常态战略。

关于苏伊士进驻我国危废处置市场，苏伊士亚洲地区固废资源管理首席执行官郭恩堂曾表示，我国危废处置设施进入大刀阔斧的建设阶段，管理上既有高风险，也有不稳定性，因此，比技术更重要的是对危废的专业知识和处置管理经验。同时，他也提到，新固废法带来了新的机遇和挑战，尤其是危险废物跨省转移问题。苏伊士新创建洞察到了我国危废处置需求的上涨以及处置能力的欠缺，可谓是踩点进场。

苏伊士亚洲地区首席执行官郭仕达指出，未来几年中国在危废管理及回收利用、土壤修复等领域的市场前景将非常广阔。特别是政策愈加重视，危废处置业务将保持增长势头。但由于目前行业过于分散，管理要求差异巨大。郭仕达计划每年拓展两个新项目，加速在中国危废处理市场的布局，通过苏伊士全球经验帮助中国企业解决危废处置问题。

除了危废处置项目上的建树，苏伊士新创建还积极参与危废突发性事件管理。这次新冠肺炎疫情牵动了全球数十亿人的心，苏伊士新创建位于南通的医废处置项目，积极配合南通市卫生健康委员会和相关监管部门做好新冠肺炎病毒医疗废弃物的安全收集与处置，也在集团全球范围内分享成功的处置经验。

威立雅和苏伊士两大外企在中国危废行业中深耕布局，以项目安全管理及运行为己任，并主动担当、积极参与危废突发事件应急管理，目前是危废处理领域的两大外资危废巨头及行业标杆。

≈≈ 龙头企业成长记

在外企扩张的同时，国内的危废市场也在孕育着中国自己的领先企业。东江环保股份有限公司（以下简称"东江环保"）就是我国工业和市政危废处理领域的领军者。从深耕广东市场的地方型代表企业到积极扩大全国范围的危废项目，再到通过国资入股转向与各地政府合作、建立综合环保产业园，东江环保的发展史是乘势而动、抓住风口、布局全国的成长史。

东江环保起步于1999年，从建立之初就一直关注废物处理及资源化利用。2003年，东江环保在香港挂牌上市，是国内第一家在境外上市的民营环保企业。让时间回到2005年，东江环保与威立雅共同建设了广东省首个危险废物综合处理示范中心，该项目的建成填补了广东省危险废弃物集中处置的空缺，也为东江危废业务覆盖珠三角、长三角、京津冀、环渤海及中西部市场奠定了基础。

在广东项目后，东江环保继续深入拓展无害化处置业务，加快全国性布局，以广东为基点，由近及远，逐步扩张至福建、江西、安徽、新疆等地区。2015年，东江环保更是大手笔收并购七家环保企业，布局环渤海区域。至此，东江环保"夯实珠三角、做大长三角、谋篇京津冀环渤海、布局中西部市场"的区域拓展战略已定下基调。东江环保的危废业务版图基本已经遍布各大地理区域。东江环保在中国危废领域的布局主要采用"跑马圈地"的策略，该策略的成功离不开其在行业领域耕耘20多年持续累积的经验。

2016年，东江环保又迎来了公司发展史中浓墨重彩的一大事件：广东省广晟资产经营有限公司（以下简称"广晟公司"）成为公司控股股东。东江环保董事会秘书王恬在采访中表示："通过引入广晟，释放国资优势，凝聚内部力量，充分发挥国企和民企的综合优势、取长补短，树立国有控股、A＋H两地上市的混合所有制优秀典范。"

国资背景入主，对于身处危废这种需要前期投入大量人力、财力、物力行业中的企业来说，未尝不是一件好事。同年度，东江环保还成功剥离了部分废旧家电拆解业务，进一步聚焦危废业务。

进入2017年，这一年危废行业可以说是风云变幻，危废市场并购爆发，并购数量超过20起。因为危废处理行业在环保这个薄利领域中是个"异类"，供需不平衡使危废行业在2017年毛利率最高达50%，高利润、高盈利引得资本、跨界者强势进入，各方企业跑马圈地纷纷抢占市场，打响人才争夺战。

2017年4月，东江环保总裁陈曙生在接受新华社记者采访时，也曾发表了类似看法，他认为，未来五年，千亿危废市场将迎来二次整合，这场"大浪淘沙"，将诞生一批上规模的龙头企业。

企业的发展离不开行业的高速发展。"十三五"期间的"两高司法解释"带来了危废处置需求的急剧增长，危废行业迎来风口、迅猛发展，这也为东江环保的发展推波助力。2017年是东江环保优化战略规划的一年，东江环保明确了聚焦危废主业的企业路线，并创新融资方式，多渠道释放产能。这一年，东江环保危险废物经营许可证资质达160万吨，营业收入达31亿元。

在这样的背景下，2017年6月24日，由E20环境平台、广晟公司联合主办，东江环保承办的"2017固废热点系列论坛——首届危废论坛"开幕并颁布"2016—2017年度中国危废企业评选"榜单，目的是深度挖掘危险废弃物处置领域，寻找危废行业"黑马"及优秀跨界者，实现危废行业的卓越同行。东江环保在"2016—2017年度中国危废企业评选"榜单中的危险废物经营许可规模和实际处理规模上均位居榜首，是危废行业当之无愧的领头羊。

东江环保坐拥危废龙头宝座，虽然目前处于急速扩张期，但公司审慎的风险管理带来的稳定现金流，依然能让东江环保在行业竞争中处于绝对优势。东江环保的企业愿景是做受人尊敬的环保产业领跑者。相信东江环保在危废处理领域的实际表现已经交出了一份满意的答卷。

国企抢滩，三雄争霸

在一定程度上，东江环保是中国危废行业的异数。由于危废行业的特殊属性，行业中的各大国企因为拥有良好的政府关系而具有天然的优势。出身名门、传承优质项目的光大绿色环保，固废处理领域"大拿"首创环境和身负重任的环保央企代表中国节能都是此间的佼佼者。

∽ 出身名门的光大绿色环保

中国光大绿色环保有限公司（以下简称"光大绿色环保"）业务涵盖生物质综合利用、危废及固废处置、环境修复等，2017年5月由光大国际分拆上市。光大绿色环保的危废发展之路可以说是从项目出发，一步步稳扎稳打。

光大绿色环保的第一个危废处置项目（苏州危废填埋项目）于2006年投运。该项目是国内同行业中第一个采用政府监管、市场化运作的项目，也是国家治理太湖流域的重点项目，同时是江苏省已建成规模最大的危险废物填埋场，总设计规模为4万吨/年。

2013年5月，光大国际签订山东淄博危废焚烧项目（一期、二期）投资协议，涉及危废年处理规模为39,830吨，这是光大国际投资的首个危废焚烧处置项目。

2016年，光大国际与苏伊士新创建共同出资建设江苏常州危废焚烧项目，设计年处理规模为三万吨，建成后为常州市最大的危废综合处置项目，这也是光大国际的首个危废处置外商合资项目。

截至2019年6月30日，光大绿色环保共有45个危废及固废处置项目，年处置危废及固废约184万吨。

光大绿色环保的项目主要位于华东地区，以江苏省、山东省等地为主要阵地，其在华东地区的危废处置能力首屈一指。近期内将进一步扩展危废处置业务至黑龙江省和内蒙古自治区等区域。

光大绿色环保在危废项目的选择中极其审慎，重点关注危废生产高度集中的区域，特别关注在工业园区及周边布局危废处理设施，并加强与地方政府的合作、积极磋商排他性安排，保障对其服务的稳定需求。

光大绿色环保在危废处理市场中一方面注重集中管理经营所在地

区的客户关系、市场营销及运输，提高运营效率；另一方面更是注重项目的安全运营，成立环境、安全、健康及社会责任（ESHS）部门，监督与环境、安全、健康及社会责任相关的事宜，在建设及运营过程中采纳严格的质量政策及安全标准。

根据E20环境平台在2017年评选出的2016—2017年度中国危废企业评选榜单，光大绿色环保在危险废物经营许可规模和实际处理规模两项上均名列前茅。

≈ 奋起直追的首创环境

再来看看另一家国企——首创环境——的危废发展之路。

2018年12月26日，扬州首拓环境科技有限公司——扬州危险废物处置项目顺利取得江苏省生态环境厅颁发的《危险废物经营许可证》。这是首创环境在国内的第一张危废经营许可证，标志着首创环境正式开启了危废板块的新篇章。

从整个固废产业的发展轨迹来看，首创环境的历史并不长，但它的每一步都深刻地影响着产业的发展。如几年前，首创集团大手笔收购新西兰固废公司，不仅让公司固废业务在海外的市场份额剧增，也刷新了我国环境企业对外投资收购的纪录。

这之后，首创环境加速开拓固废领域，安营扎寨，一步步构筑其在固废行业的基石。在"2014（第八届）固废战略论坛"上，时任首创环境执行董事兼行政总裁曹国宪曾表示，经过三年多的拓展，首创环境基本明确了全产业链的布局。

首创环境对危废处理业务的布局始于2016年，先后取得江苏扬州危废处置项目、北京蓝洁利德危废运输项目、山东淄博临淄区危险废弃物综合利用及处置中心项目等。尤其是，实现对北京蓝洁利德环境科技有限公司的收购后，首创环境获得了北京市交通委运输局颁发的从事危险废物运输经营的资质，可在全国范围内开展危废运输业务。目前已经投产建成的扬州危废处置项目，标志着首创环境在危废处理行业真正崛起。

首创环境在固废行业中可以说是兢兢业业、稳扎稳打。在2019"年度固废十大影响力企业"评选中，首创环境连续第八次上榜。在危废领域，首创环境奋起直追，通过顺利拿到第一张危废经营许可证，已进入头部企业。

八年来，首创环境厉兵秣马，已经从单一的终端处理设施投资走向了以生态导向开发、生态解决方案提供为主的跨领域、多维度、产业融合发展的行业企业。

〰 身负重任的央企代表

2020年年初，新冠肺炎疫情暴发，突如其来的一场危机影响了大部分人的生活，也把大家的记忆带回到2003年的"非典"时期。非典疫情后，我国针对医疗废物发布了一系列相关管理要求和技术规范，完善了医疗废物管理体系，铸造了危废管理的基石。2020年，国家、地区分别出台文件，规范疫情期间的医废管理。这中间少不了企业的行动。

有一家企业就利用自身的医废危废处置治理优势，积极参与湖北、河南、广西、四川、江苏、山东等省区11个地市防疫工作，这就是中国节能环保集团有限公司（以下简称"中国节能"）。

中节能清洁技术发展有限公司（以下简称"中节能清洁"）是中国节能旗下企业，致力于全国危废处置领域行业资源整合，提供危险废物综合治理的整体解决方案和工业领域的清洁技术服务，专注于医疗废弃物和工业废弃物集中处置。

2020年1月23日，中国节能所属各项目公司全部制定《突发公共卫生事件专项应急预案》，对医废应急处理做了统一部署，保障各项目公司服务区域内医疗废物的妥善处置。"医疗废物处置是本次疫情防控的最后一道防线，安全、稳妥、高效处置医废是有效杜绝病毒二次污染的重要手段。"中国节能环保党委书记、董事长宋鑫要求，"在此次疫情防控中承担医疗废物处理、垃圾处理、污水处理等疫情防控直接相关的下属企业，切实发挥专业优势，增强责任意识，为确保切断医疗废物中新冠肺炎病毒二次污染，全力以赴做好当地党委政府交办的各项工作。"

中国节能以说到做到的态度完成了各项任务。3月2日，随着一套日处理量五吨的医疗废物处理装备完成装车，湖北十堰市郧阳区的医疗废物在医废处置能力告急一个月后终于可以实现就地处置了。2月，由于疫情的突发，郧阳区的医废产生大幅度增加，区政府将居民的生命安全以及保障水源地的安全性放在第一位，联系了中国节能的下属企业中节能环保装备股份有限公司（以下简称"中环装备"），希望该公司能迅速提供高温热解气化装备，紧急支援该地的医废应急处置中心建设，中环装备也不负众望，第一时间启动优化设计和生产制造，将原本需要一至两个月的整套设备的生产制造任务缩减到短短两周时间内，为医废应急处置中心的安装调试争取了更多的时间。

自新冠肺炎疫情暴发以来，中国节能在集团公司党委和疫情防控领导小组的统一指挥调度下第一时间启动应急预案，成立防控领导小组，超过500名员工放弃了宝贵的休假机会、坚守岗位，平均每天出动100余次车到一线接受医废，保证医废日产日清、应收尽收，并得到专业化处置。同时中国节能还派出一支精干队伍紧急驰援湖北。

中国节能在医废处理中的肩负重任离不开各地方项目的支持。2003年非典疫情后，中国节能在全国范围内着手推广医废处置业务，经过十多年的探索、发现，中国节能目前拥有共七家医废无害化处置公司，分布于湖北、河南、山东、江苏、广西、四川六个省份。中国节能也在多年的建设中培养了一只专业化、高水平的医废处置人才队伍。代表项目包括：四川攀枝花危废（含医废）处置项目，年处置规模达2.1万吨，业务覆盖四川全省；广西危废（含医废）处置项目，年处置规模达4.01万吨，处置范围覆盖广西14个地（市、州）；江苏徐州危废（含医废）处置项目，负责收集并处置江苏徐州市及周边地市的危险废物和徐州市的医疗废物。

资本跨界，谁主沉浮

先行者蹚出了道路，肯定会有后来者快速跟上。随着危废处理的政策利好，市场逐步火热，更多的资本投向了这个领域。不管是携百亿资本，强势跨界的雅居乐环保，还是稳抓稳打、抓住机会的上海电气，都选择了危废行业作为突破口。相信未来，随着危废行业的不断发展，越来越多的跨界企业会通过"买买买"的方式强势突入危废市场。

≈≈ 雅居乐环保：天下武功，唯快不破

2015年可以说是危废行业风云变幻的一年，这一年，危废行业终于"出圈"了！这个大事件的主角就是携百亿资本大举以危废为切入口进入环保领域的房产大咖雅居乐集团控股有限公司。2015年年底，雅居乐集团控股有限公司成立全资子公司雅居乐环保集团（以下简称"雅居乐环保"）。

据不完全统计，2015年，有24家企业跨界进入环境产业。凭借着PPP浪潮，它们快速涌入流域治理、市政污水处理等领域。然而与其他跨界者不同，雅居乐环保起初对环保PPP项目趋于谨慎，并未将其作为核心业务。经过一番市场调研和审慎思虑后，雅居乐环保另辟蹊径，选择将危废业务作为公司"拳头"业务和突破口。

做出这样的选择，雅居乐环保主要基于三点考虑：一是国家政策的大力支持。最高人民法院和最高人民检察院明确规定非法危废倾倒3吨以上入刑，为危废治理提供了坚实的政策基础；随着环保督查形势紧迫，长江经济带固体废物大排查和"清废行动"的陆续开展，大量不合规、隐匿窝藏的危险废物亟需送入有资质企业处置，推动了危废存量处理的释放；二是工业危废无害化产能缺口大，供不应求，是环保领域少有的蓝海；三是危废行业呈现出小而散的局面，很多企业资金实力不够，管理相对粗放。这些都给有实力的后来者提供了足够的机会。

雅居乐环保计划主要通过并购方式，采用好的管理模式和手段，将小、散、乱的项目资源整合，并让它们规范化、高标准运行下去。这样做，一方面可使雅居乐环保有快速成为标杆的机会，另一方面能提前变现将蛋糕做大，管理上又不让合作方过分操心，可以形成双赢的局面。

基于这样的思考，雅居乐环保决定采取"快鱼吃慢鱼"，即所谓"天下武功，唯快不破"的企业发展战略，以并购手段快速抢占全国市场。

凭借着百亿资本的底气，雅居乐环保的环保跨界可谓是大张旗鼓，来势汹汹。经过3年多的"开疆拓土"，雅居乐环保不仅站稳市场，而且在危废处理领域"闯出一片天"。截至2019年1月，雅居乐环保已经先后在华东、京津冀、华中、华南、西部四个区域，和山东、广西、海南三省全面布局，拥有数十家项目公司。2019年年中，雅居乐环保下属的项目已经达到52个，其中包括38个危废处理项目；已拥有近350万吨/年的危险废物经营许可证资质、逾1,800万立方米的安全填埋场库容，成功跻身行业领先企业阵营。关于收购，雅居乐环保是这样说的："并购项目就像买小鸡，并不是说买了一只鸡，养到一定程度再高价出售，而是要实实在在、认认真真地持续经营好，让它下更多的蛋，更好的蛋。"根据这样的收购"价值观"，雅居乐环保对于危废项目精挑细选、认真经营，同时，也很重视集团的人才建设。针对人才建设，雅居乐环保特别提出"重新定义，引领变革"的口号，自己做培训营，做人才的"黄埔军校"，联合设立国家级的研究中心，并采用最新的IT理念和技术来打造雅居乐自己的ERP和物流平台。

≋ 上海电气：500强的危废梦想

无独有偶，另一家企业也通过"买买买"跨界进入危废处理领域。这家企业选在2018年入场。2018年，环保政策执行力度相比往年明显提升，从资本市场来看，市场流动性趋紧，相对来说是环保行业一个动态中去平衡的一年，这也给很多观望环保领域的企业们带来了新的突破口。上海电气集团股份有限公司（以下简称"上海电气"）

从高端装备领域进军危废处理领域。

2018年，上海电气拟以11亿元收购东方园林旗下江苏省吴江市太湖工业废弃物处理有限公司100%股权以及宁波海锋环保有限公司100%股权。吴江市的项目为高端危险废弃物综合处置项目，是苏州及周边地区制造业产业链的重要末端。宁波海锋环保有限公司当时拥有两个子项目（综合处理项目及安全填埋场项目），主要包括危险废弃物焚烧、物化处理，及安全填埋等业务。上海电气表示未来还将进一步加强在固废和危废领域的投资合作。

〜 地方企业的出路

根据调研，2018年我国危废处置经营规模首次超过一亿吨，许可证份数超3,000张。一些立志于占领全国市场的企业忙于攻城略地，另一些扎根于地方的大佬也在做厚做深。比如上海城投集团旗下的上海市固体废物处置有限公司（以下简称"上海固废公司"）积极探索危废处置的新技术——等离子体技术，以及依托四川省成都危险废物处置中心的成都兴蓉环保科技股份有限公司（以下简称"兴蓉环保"）扩展产业链，抓住地区合作机遇。两种不同的选择均给企业带来了新的发展机遇。

上海固废公司的前身是成立于2001年10月的上海市固体废物处置中心，隶属于上海城投集团，拥有上海唯一的医疗废物专用焚烧线、医疗废物与危险废物混合焚烧线、危险废物填埋场、医用一次性塑料输液瓶（袋）回收利用处理线等离子体固废气化科研中试装置和危险废物应急处置队伍与装备。2017年年底，上海市固体废物处置中心改名为上海市固体废物处置有限公司。

成都兴蓉环保科技股份有限公司依托四川省成都危险废物处置中心，主要提供固体废弃物（含危险废物、生活垃圾）的处置、固体废弃物解决方案咨询以及环境工程建设服务等，是成都市唯一一家具备危险废物综合处置能力的国有企业，承担着为成都市环境污染治理"兜底"的重任。

两家企业肩负地区型危废处置中心的重任，负责所在地区的危废处理处置，均在"2016—2017年度中国危废企业评选"榜单中榜上有名。

上海城投集团一直致力于融合发展求突破，转型升级再出发，以制度创新孕育科技创新。早在2014年，上海市固体废物处置中心等离子体危废气化科研项目启动并进入试运行。整个等离子体危废气化科研项目占地约1,500平方米，处置规模为30吨/日，预处置对象包括危险废物、医疗废物和生活垃圾焚烧后产生的飞灰，项目总投资约3,200万元。

等离子体处理技术是新一代的固体废物气化处理手段，具有反应速度快、二次污染小、适用范围宽等特点。等离子体处理技术克服了传统处理技术如焚烧、化学处理等二次污染大、工艺复杂、对废物有选择性等缺点。特别适合于医疗垃圾、石棉、焚烧飞灰、电池、轮胎、放射污染等固体危险废物的环保处理，是一种环境友好型技术，具有处理彻底、无二次污染、碳排放少等优点。

早在2009年，中国固废网和清华大学联合主办的第三届中国固废高级论坛上，就对固废处理的另一种处理方式和思维模式——等离子体技术进行了介绍。

2019年9月，上海危险废物处置和资源化工程技术研究中心揭牌成立。工程技术研究中心的成立填补了上海危险废物领域工程研究中心的空白，可以进一步加强危废处理技术探索，实现危废核心技术成果转化和市场化应用。

镜头转向西南内陆地区的成都市，兴蓉环保建设运营的四川省成都危险废物处置中心是国务院颁布的《全国危险废物和医疗废物处置设施建设规划》中的建设项目之一，危废处置范围覆盖四川省除攀枝花市和凉山州外的其余19个地（市、州），主要通过焚烧、物化以及固化等处理措施对危险废弃物进行安全处置。公司除了现有的危废处理处置项目以及填埋场运营外，还计划对外扩展包括危废综合化利用以及建筑垃圾资源化等固废相关项目，积极扩大固废领域涉及范围。

2018年7月，生态环境部发布了《关于公开征求〈中华人民共和国固体废物污染环境防治法（修订草案）（征求意见稿）〉意见的通知》（环办土壤函〔2018〕644号），重点指出"鼓励临近省、自治区、直辖市之间开展区域合作，统筹建设区域性危险废弃物集中处置设施。"

2018年11月，四川省生态环境厅与重庆市生态环境局共同签订了《重庆市 四川省危险废物跨省市转移合作协议》（以下简称《合作协议》），明确重庆市、四川省将建立危废管理信息互通机制、危废处置需求对接机制、危废转移快审机制、突发事件危废应急转移机制以及危废监管协调会议机制等五项机制。对两地危废管理通报信息以及环境突发事件中产生的危废转移处置等均作出规定。

川渝两地未来在危废处置领域的深度合作离不开两地的危废处置企业，相信合作协议的签订能给两地区企业带来更大的发展机会，实现区域生态环境保护联防联控、基础设施互联互通。而地处成都的兴蓉环保定能搭上这股东风，趁势而起。

≈≈ 从"非典"到"新冠"

如果说2003年非典疫情的肆虐，让人们意识到了医疗废弃物处理处置的必要性，2020年年初新冠肺炎疫情的暴发，则让包含医疗废物在内的危险废弃物处理处置的意义被提升到新的历史高度。在这些危难之际，我们需要感谢国家的重视，以及医废企业的付出。作为危废市场的再细分领域，未来医疗废物处理处置加速也许会成为危废市场起飞的重要动力。我们也期待，随着社会各界的重视，以及企业们的创新进取，危废市场这个曾经干瘪的沙漠之花最终会得以绽放。

20世纪90年代以前，我国医疗废弃物基本按照生活垃圾进行处理，对环境和人民健康造成极大威胁；20世纪90年代末期至2003年，医疗废物多采取焚烧、填埋等措施处理。2003年6月国务院出台了首部《医疗废物管理条例》，是我国医疗废物管理的里程碑，各级各类医疗机构对医疗废物的管理工作逐步进入规范化历程。

2015年，我国超过九成以上的医疗机构建立了医疗废物管理制度、医疗废物分类交接制度、医疗废物收集运送制度、医疗废物暂存地管理制度、医疗废物流失泄漏扩散和意外事故应急处理制度等相关制度，各医疗机构的医疗废物管理做到了有章可循。对医疗废物进行了分类收集的医疗机构据统计也超过90%。

2020年年初，暴发的新冠肺炎疫情来势汹汹，口罩、防护服和其他大量医疗物资被快速消耗，同时产生了大量具有感染性的医疗废物。这些医疗废物的安全处置，也是疫情防控后方的一道防线。

新冠肺炎疫情暴发以来，启迪环境（2019年7月，启迪桑德正式更名为"启迪环境科技发展股份有限公司"，以下简称"启迪环境"）紧急组织医废应急工作队驰援武汉。工作队中既有经验丰富的湖北宜昌医废项目负责人，也有医废领域的技术专家，有实践经验丰富的一线操作员，还有专门的安全合规负责人。各类专业人员组成了一个种类齐全、个个能力突出的小型医废战队。

启迪环境移动式处理系统+快速反应运营方案+网状专业支持平台的"三位一体"医疗废物应急管理运营体系是医废应急工作队快速组建的前提条件，该体系具有专业化程度高、集成化效果好、无害化处理能力强的特点，在应对环境污染、危废医废处置等重大环境突发事件中能发挥重要作用。

视线转向上海，上海固废公司也在"守住城市的最后一道防线"。每天下午，一辆辆医疗废弃物收运车陆续开出厂区，在接下来几个小时内，陆续到达上海全市定点医院、设有发热门诊的医院，收运医疗废物。全程密封"冷链"运回的医疗废弃物将在上海固废公司得到规范、达标处置。应急处置突击队严格按照作业流程，将一箱箱医疗废弃物投入专用焚烧炉内进行焚烧，产生的烟气经先进净化工艺严格处理后达标排放，为疫情防控医疗废弃物处置筑起了牢固的"防火线"。

结　语

如果以1989年《环境保护法》正式颁布及加入《巴塞尔公约》作为危废行业发展的起点，危废行业至今已有31年的历程。经过这30多年的发展，危险废弃物处理行业逐步从"散、小、乱"、低水平向规模化、规范化转变。行业中既有长期深耕危废领域的东江环保，也有老牌外企，如苏伊士、威立雅等，还有因为危废行业"米多锅少"、市场集中度低、行业前景诱人而进入布局的环保巨头和跨界企业。

随着政策更新和行业变化，行业中的企业不断洗牌，技术发展进步，危废行业的供给侧和需求侧会逐渐达到平衡，良性健康的市场环境将有望被建立，新的市场格局即将出现。在此期间，从"2017年固废热点系列论坛——首届危废论坛"到"2019（第七届）上海固废热点论坛"，E20环境平台一直持续跟踪行业动态，深入剖析行业内部矛盾及规律，为行业中的企业建言献策。

相信未来20年，危废行业会更加精彩。

参考文献

［1］威立雅. 专访威立雅危废达人仇沛崧: 我为中国危废行业的飞跃而自豪. 威立雅
微信公众号, 2019-08-01, https://weibo.com/ttarticle/p/show?id=2309404400523485773832.

［2］夏子怡. 威立雅6亿投资香港污泥焚烧处理厂. 新华08网, 2012-12-18,
http://www.solidwaste.com.cn/news/111742.html.

［3］中国环境报. 环保部致信感谢参与天津港事故环境应急工作相关单位. 中
国环境报, 2015-10-30, http://huanbao.bjx.com.cn/news/20151030/676687.shtml.

［4］环球网. 进博会法国收获丰硕苏伊士新创建获得逾3.5亿危废处理项目.
环球网, 2019-11-11, https://www.sohu.com/a/352960036_99900743.

［5］董瑞强. 苏伊士集团CEO: 未来5年,中国业务有这三个增长目标. 经济观察
网, 2019-07-14, https://finance.sina.com.cn/roll/2019-07-14/doc-ihytcitm1844258.shtml.

［6］张平,凝炼. 苏伊士集团或将参与中国化工风险管理. 德国之声, 2019-
04-17, https://www.dw.com/zh/%E8%8B%8F%E4%BC%8A%E5%A3%AB%E9
%9B%86%E5%9B%A2%E6%88%96%E5%B0%86%E5%8F%82%E4%B8%8E%E4%
B8%AD%E5%9B%BD%E5%8C%96%E5%B7%A5%E9%A3%8E%E9%99%A9%E7%
AE%A1%E7%90%86/a-48372263.

［7］程云. 光大国际王天义: 情系生态环境筑梦美丽中国. 中国固废网,
2018-12-17, http://www.solidwaste.com.cn/news/284867.html.

［8］刘琪. E20国际发展部潘功: 我国危废行业的发展探索——蓝海·红
海·沙漠之花. 中国固废网, 2017-06-28, http://www.solidwaste.com.cn/
news/260162.html.

[9] 程云,刘琪.10个经典危废处置项目揭晓:无害化＋资源化＋水泥窑工艺全在!.中国固废网,2018-08-20,http://www.solidwaste.com.cn/news/279462.html.

[10] 田皓.曹国宪:2015,首创环境的新战略.中国固废网,2014-12-18,http://www.solidwaste.com.cn/news/218713.html.

[11] 张晓娟.【年度大榜】2019固废＆环卫十大影响力企业榜单出炉.中国固废网,2019-12-20,http://www.solidwaste.com.cn/news/300528.html.

[12] 经济日报-中国经济网.中国节能环保集团启动应急响应预案严防医废危废处理过程中污染事故.经济日报-中国经济网,2020-01-26,http://www.ce.cn/xwzx/gnsz/gdxw/202001/26/t20200126_34190635.shtml.

[13] 王雅洁.省去运输环节,全部就地处理! 中国节能这样应对湖北医废应急处置.经济观察网,2020-03-09,https://finance.sina.com.cn/stock/relnews/cn/2020-03-09/doc-iimxyqvz9116916.shtml.

[14] 陈博.切入环保仅三年雅居乐就做成了单打冠军.经济观察网,2018-09-28,https://new.qq.com/omn/20180928/20180928A0B0YK.html.

[15] 格隆汇.上海电气拟以十一亿元收购东方园林两危废项目.格隆汇,2018-11-19,http://huanbao.bjx.com.cn/news/20181119/942513.shtml.

[16] 中国上海.上海等离子体危废气化项目进入试运行.中国上海,2014-02-24,http://www.chinacace.org/tech/view?id=860.

[17] 中国固废网.2009中国固废高级论坛—固废行业的年度盛会.中国固废网,2009-12-29,http://report.solidwaste.com.cn/2009_meeting/news.shtml.

[18] 潘功,刘琪.川渝、苏、晋接连发布危废新政,危废处置攻坚战已拉开序幕.中国固废网,2018-11-23,http://www.solidwaste.com.cn/news/283734.html.

[19] 刘琪.新冠固废战"疫"（一）:医疗废物主战场战局沙盘.中国固废网,2020-02-07,http://www.solidwaste.com.cn/news/302744.html.

[20] 刘琪.新冠固废战"疫"（三）:医废各战区号角响起.中国固废网,2020-02-12,http://www.solidwaste.com.cn/news/303016.html.

[21] 启迪环境. 前线启迪人 | 日夜兼程千里驰援, 启迪环境医废应急团队"逆行"
　　 武汉. 启迪环境, 2020-02-13, http://www.tus-est.com/News/detail/?ContentID=426.

[22] 经济参考报. 国企力量支撑超大城市战"疫"有条不紊. 经济参考报, 2020-
　　 03-09, http://www.xinhuanet.com/politics/2020-03/09/c_1125682718.htm.

[23] 上海城投(集团)有限公司. 密织医疗废物收运处置安全网急难险重面
　　 前显担当. 上海城投(集团)有限公司, 2020-02-26.

（本章作者：刘　琪）

编 后 记

2020年年初，一场突如其来的疫情打乱了很多人的计划，也为E20带来了更多时间，可以沉下心来对产业进行系统性思考，做更深入的产业观察。在此期间，E20环境平台董事长傅涛开播了自己的视频节目《听涛》。同时，他决定出版一本以企业发展为脉络、展现产业市场化进程的图书，并将图书定名为《大江大河——中国环境产业史话》。

环境产业市场化二十年，有那么多的跌宕起伏。无数企业在其中不断创新、奋进，它们是历史的见证者、创造者，也是行业的标杆，中国的环境产业发展史上理应有它们的印记。傅涛希望在疫情当前的紧要时刻，铭记与弘扬环境产业领先者的贡献和正能量，为行业树立信心。

大的方向确定之后，下一步需确定写作思路、图书调性和写作结构。由E20环境平台执行合伙人薛涛调动其下传播中心、研究院、资源部门几十人共同参与，将内容分解为八大领域，一起梳理领域线索和重大内容，确定发展节点和图书的整体风格。

2020年3月中旬，写作工作正式启动，按完稿顺序先后在微信上发布。自4月中旬微信发布第一篇开始，至8月初结束，本主题内容连续发布了19期，总浏览量超过8万。

写作过程中，对统稿者最大的挑战是协调各部门各位作者，尽量让每一位写作者能按照预设的风格和结构来进行写作，并就写作中存在的问题进行沟通和修改。从发布稿整体质量看，还是比较让大家满意的。

所有稿件发布后，E20决定将图书交由中国水利水电出版社出版。待到与出版社深度沟通后我才发现，之前的内部沟通和审改只是图书出版的准备阶段，后面才是真正的挑战。

出版社有更专业严格的规定，对于很多内容，都有更为细致的要求。比如语言表达是否准确可靠，文件名及其出处、标点符号、全称简称、参考文献是否规范等，核对每一项都是一个需要耐心和细心的过程。

往往因为一句稍显模糊的表述，便需要查阅数十篇相当于十多万字的资料进行梳理和核实，对欠妥当的表述和问题进行修改。即使一些交由作者核改后的内容，也需要统稿者重新核校一遍，谨防疏漏。对于由不同作者创作，总计几十万字的图书来说，这的确是个不小的工程。

另外，薛涛建议，希望可以文字之外搭配一些精彩的历史照片。由于要与图书般配，同时要考虑内容的适应性和美观、大小等问题，最后挑出来的图片并不是很多。如果有机会二次印刷，到时可请书中涉及的企业多提供一些它们自己的珍藏照片。

按照计划，图书将于3月31日在"2021（第十九届）水业战略论坛"上正式与读者见面。就在上周，2021年两会正式结束，北京也放开了对来京者的核酸检查。这无疑是个重要的信号：我们距离如往昔一样正常的日子不远了。

从去年春节前到今年春节后，一年多的时间，一年多的煎熬与困苦，也有一年多的收获。疫情使很多企业受到了影响，但也有不少企业在逆市中仍然保持了良好的状态。疫情是一次创痛，也是一个机会，让自强者变得更强。

初步统计，全书八个领域共涉及企业大约300家，重点论及的企业将近80家。这些企业都在环境产业发展的"大江大河"中扮演着一定的角色，做出了自己的贡献。正是基于它们的不断推进，环境产业才得以产生并逐步成长至今。

在图书即将出版的时候，需要特别感谢参与本书出版的每一位领导和同事，包括出版社的团队，更需要感谢几十年来以自己的努力和创新来推动环境产业持续发展的领先企业。正是大家一起，才让我们有更多信心去设想环境产业的美好未来。正如傅涛所言，时光不恋过往，大江只会奔腾。愿2021年成为环境产业新的起点，在"十四五"里迎接更多辉煌。

谷　林

2021年3月19日